体验人生价值美

——胡经之美学文选

胡经之 著

山东文艺出版社

出版说明

"中国现代美学大家文库"共收入王国维、蔡元培、朱光潜、宗白华、蔡仪、李泽厚、汝信、蒋孔阳、刘纲纪、胡经之、周来祥、叶秀山、杨春时、朱立元、曾繁仁等15位美学大家的著作。这些大家分别为中国现代美学开创奠基时期、建设发展时期与当代反思超越时期的代表性学者。所选文章均为他们的代表性作品,且有部分是未发表的新作。作为现代著名美学家主要成果的汇集,本文库旨在对一百多年中国美学辉煌而曲折的发展历程进行梳理与回顾,全面立体地展示现代美学大家的主要学术成果,给美学研究者与普通读者提供经典、全面、权威的美学文本,从而推动新时代中国美学研究向纵深发展。

在编选过程中,对于王国维、蔡元培、朱光潜、宗白华、蔡仪等开创奠基时期美学大家的作品,为了保存历史的真实,依据其原始版本,除对文字明显讹误进行订正外,其余不做较大修改。对于其他美学大家的作品也尽量保持初次发表时的原貌。其中疏漏,尚祈读者指正。

山东文艺出版社
2019年12月

总序

中国百年美学辉煌而曲折的创新之路

尽管审美作为一种艺术的生存方式在中国五千多年悠久文化中有着极为丰富的呈现,中国自有独具特色的东方形态的美学,但现代美学学科却由西方创立并于20世纪初传入中国,迄今已有一百多年的历史。一百多年来,美学领域一代又一代学人在中国传统文化的基础上,历经艰难曲折,辛勤耕耘,不断创新,出现众多著名学者,涌现一批又一批丰硕成果。本丛书作为现代著名美学家主要成果的汇集,旨在回顾这一百多年中国美学辉煌而曲折的发展历程。同时,今年正值新中国成立70周年,中国美学发展的一百多年占据主要时间域的是党所领导的新中国成立后的70年,特别是改革开放40年。因此,本丛书从某种意义上来说,也是新中国成立70年的一份献礼。回顾历史是为了在新时代推动中国美学走向更加辉煌的未来。

众所周知,"美学"一词由德国学者鲍姆加登于1735年首次提出,其原文实为"感性学"之意,日本学人中江肇民用汉语"美学"一词翻译,传入中国后王国维使"美学"成为定译并被中国学人普遍接受。尽管"美学"一词来自外国,美学学科也是近代以来才出现的,但审美作为一种艺术的生存方式却早就存在于中国悠久的历史之中,美学也随着中国五千年的文明史而存在。现代以来伴随着中华民族坎坷曲折的发展历史,美学也在中国不断地发展,而且呈现空前兴盛的状态,这在世界美学史上是罕见的。美学为现代以来中国的人文教育贡献了自己的力量,也在诸多学人的努力与中西古今的冲撞影响中逐步形成现代中国特有的美学精神,值得我们为之书写与发扬。为此,山东文艺出版社特地出版本丛书,共收入15位现代美学家的文选。现代中国美学面临中与西、古与今、革命与学术三种发展境遇。首先是中西之间的关系,这是一种矛盾共存、吸收融合的关系。中西之间一直存在体用之争,长期以来中国美学走的是"以西释中"之路,但历史证明审美既然作为人的一种艺术的生存方式,那么中西之间就不存在先进与落后之别,而只有类型之不同。因此中国美学必须走出一条立足本土、吸收西方有益经验的美学建设之路。本丛书中的美学家的学术之路进一步证明了这一点,充分说明百年中国美学就是一条奋力探索中国美学话语之路,并取得显著成就,给我们以激励与启示,需要我们一代又一代美学工作者承前启后,继续前进,以创新性发展与创造性转化向中国和世界提供愈来愈有价值的美学理论。而马克思主义是放之四海而皆准的真理,马克思主义特别是中国化的马克思主义,对于现代中国美学的指导作用已经被历史事实充分证明。其次是古今关系问题,现代以来中国美学发展面临的主题是中国古代美学资源的现代转化问题。因为中国古代美学资源虽有着与现代美学相异的面貌，但有着巨大的价值，无论从民族立场还是从美学自身建设来说，都需要利用这一宝贵的资源，以便建设具有中国气派与中国面貌的现代美学形态。百年来中国美学界同仁为此付出艰辛努力，本丛书15位美学家的奋斗史也呈现了这种为中国美学民族资源现代转换而奋斗的现实状况。中国现代美学发展还面临着学术与革命的二重变奏，此前被认为是启蒙与救亡的二重变奏，有"救亡压倒启蒙"之说。但笔者倒认为，无论是启蒙与救亡，或者是学术与革命，都是历史的宿命，可以说不是美学工作者自己所能选择的，而且两者之间不仅是一种矛盾，也呈现一种互补。正是在民族救亡的抗日战争硝烟烽火之中，才出现了中国现代"为人民"与"为人生"的美学，才涌现了充满民族情怀的文艺作品，成为中华民族史的辉煌篇章。新中国成立后发生在中国的两次美学大讨论，面临着美学自身学术的发展与批判唯心论革命任务的二重变奏，使得唯物与唯心成为衡量正误的标准，这当然有限制学术发展的局限，但也促使美学界同仁钻研马克思主义，特别是马克思的《1844年经济学哲学手稿》，使得我国现代美学的马克思主义水平有了明显提高，这也是一种重要的学术收获。

本丛书收入的15位美学家其历史跨越幅度较大，基本上可分为中国现代美学开创奠基时期、建设发展时期与当代反思超越时期等三个时期。我们分别按照不同时期对于15位美学家做一个基本介绍。

首先是从20世纪初期开始直至新中国建立前的开创奠基时期，众所周知，包括美学在内的诸多人文学科的现代开创奠基之功首先归于王国维与蔡元培，现代形态的美学与美育就是他们率先引进并加以初步构建的。前已说到"美学"一词就是由王国维认可而从日本引进的。王国维还在1903年《论教育之宗旨》一文中首倡"美育"，并将之界定为"心育"，并提出了美育的"无用之用"的重要作用。当然，王国维还在著名的《人间词话》中提出了"审美的境界"论，继承古代"意境"之说，吸收西方理念之论，成为20世纪中西交融美学之重要成果。

蔡元培也是中国现代美学的重要奠基者之一，他以中西交融的学术修养和崇高的政治学术地位对现代美学，特别是美育的发展与传播做出了杰出的贡献。首先是以其担任教育总长与北大校长的便利，将美育首次纳入教育方针，并力倡"以美育代宗教"之说，强调了美育的科学与民主精神。蔡氏还在美学与美育的学科建设与课程建设上进行了开创性的探索。

朱光潜、宗白华与蔡仪则是继他们之后中国现代美学的开创者与奠基者。朱光潜在20世纪20年代后期即开始在中国倡导美学，并在美学基本知识、文艺心理学、悲剧美学、西方美学与中西比较美学等诸多方面最早进行研究介绍，出版《谈美》《悲剧心理学》《文艺心理学》《诗论》等论著，产生了重大影响，成为现代中国美学史上用力最多最专、影响最广的美学家之一。朱光潜对我国西方美学研究领域有开拓之功，他在新中国成立前的两本心理学论著就是以西方文献为主,并于1948年出版《克罗齐哲学述评》,其中对克罗齐直觉论美学的评述,使其成为我国研究西方美学的领跑者。特别是1963年出版的《西方美学史》,奠定了我国西方美学学科的发展基础,成为该领域的经典。朱光潜倾其毕生精力于西方美学论著的翻译,译介了柏拉图《文艺对话集》、黑格尔《美学》与维科《新科学》等名著,为我们提供了集信、达、雅于一体的西方美学经典译本,惠及一代又一代学人。朱光潜也是我国主客观统一的"创造论美学"的奠基者。在1957年开始的那场美学大讨论之中,朱光潜作为被批判者一方面努力学习马克思主义论著,一方面积极应对论争。他根据马克思主义基本观点明确表示不同意当时占据话语统治地位的"认识论"美学,因为"依照马克思主义把文艺作为生产实践来看,美学就不能只是一种认识论了,就要包括艺术创造过程的研究了"。朱光潜认为艺术创造是以主客观统一为前提的,他的创造论美学是我国美学大讨论的重要理论收获之一。朱光潜还是我国中西美学比较研究的开创者之一,他早期写作的《诗论》,应用文艺心理学原理,采用中西比较方法,对中国传统诗学与美学进行了认真的梳理,是我国现代中西比较美学研究的重要成果。朱光潜晚年潜心钻研马克思主义基本理论,特别是《1844年经济学哲学手稿》,写作了《谈美书简》和《美学拾穗集》,力图以马克思主义为指导研究美与美感、形象思维、现实主义与浪漫主义等基本问题,成为马克思主义美学中国化的可贵探索。朱光潜为我国美学事业奋斗了一生,被称为"美学老人",其作品和思想在国内外具有广泛深远的影响。

宗白华是我国古代美学研究的重要开创者与奠基者。宗白华有深厚的西方学术功底,曾经留学欧洲,翻译了多种西方美学经典,特别是他所翻译的康德《判断力批判》上卷,表现了对于康德美学的深刻理解,成为该论著的翻译经典,至今仍有重要价值。但宗白华却将自己的研究视角聚焦于中国古代美学,在中西结合的广阔视域中提出"气本论生命美学",为立足本土创建具有中国特色的美学理论奠定了基础,做出了示范。宗白华于20世纪80年代出版的《美学散步》与《艺境》,成为现代中国美学研究的经典读本和当代研究古代美学的必备之书,被广泛地引用与研究。宗白华于1928年前后写作《形上学——中西哲学之比较》,又于1979年发表《中国美学史中重要问题的初步探索》等文,为中国古代美学研究奠定了哲学的基础。在前文之中,宗白华明确将西方哲学(包括美学)基础表述为抽象时空之几何哲学,中国乃"四时自成岁之历律哲学",划分了西方美学之科学主义与中国美学之天人合一人文主义之区别。后文乃第一次将《周易》作为我国最重要的古代美学经典之一,指出"《易经》是儒家经典,包含了宝贵的美学思想。如《易经》有六个字:'刚健、笃实、辉光',就代表了我们民族一种很健全的美学思想"。这就为后人的中国美学研究奠定了扎实的理论基础。宗白华首次提出中国古代美学研究应以传统艺术与艺术创作为中心,由此开辟了中国传统美学独特的研究路径。他说,"在西方,美学是大哲学家思想体系的一部分,属于哲学史的内容……在中国,美学思想却更是总结了艺术实践,回过头来又影响艺术的发展";因此,他主张"研究中国美学史的人应当打破过去的一些成见,而从中国极为丰富的艺术成就和艺人的思想里,去考察中国美学思想的特点"。他本人正是这样实践的,总结了绘画、戏剧、建筑、音乐、诗歌之中的美学思想,别开生面,使人耳目一新。宗白华还以中西比较的视野建构了中国传统美学研究的特殊内涵。首先是他对中国传统美学"意境"的理论进行了全新的研究与阐释,将意境阐释为"有节奏的生命"或"生命的节奏";同时,宗白华还深入研究了中国传统美学之中的时间与空间关系,提出中国传统美学化空间于时间的重要艺术论题,对中国传统美学的虚实相生进行了独特的研究。宗白华还阐发了中国传统美学的其他有关范畴,例如国画的"气韵生动"、书法的"筋血骨肉"、建筑的"飞动之美"、戏曲的"以动代静"、舞蹈的"生命玄冥的肉身化之美"、音乐的"声情并茂的胜妙之美"和诗歌的"情景交融的意境之美"等等。可以说,宗白华的成果尽管字数不多,却是浓缩的精华,可谓字字千金。

蔡仪是中国现代唯物主义美学的开创者与积极推动者。他于20世纪40年代白色恐怖的历史语境下,排除重重障碍写作出版了著名的《新艺术论》和《新美学》两本专著,以大无畏的理论勇气力批当时盛行的唯心主义哲学与美学理论,系统而有力地创立了富有理论特色的唯物主义美学与艺术思想体系。他在《新美学》开头第一句话就指出：旧美学已完全暴露了它的矛盾，而他的新美学是以新的方法建立新的体系。他在这两本著作之中明确提出"美在客观事物"与"美在典型"等崭新的美学理论观点，被称为"中国现代第一个依据自己的思考去表述自己的有系统的美学思想的学者"。新中国成立后，蔡仪继续以其对马克思主义的信仰与对真理的追求，带领他的团队为创立中国特色的马克思主义的唯物论美学而奋斗，进行了科研、学生培养与文献译介等一系列富有成效的学术工作。特别是以其坚持真理、矢志不渝的精神投入第一、二次美学大讨论之中，树起了"客观派"的美学大旗，深入阐释了他所坚持的马克思主义唯物主义美学原理，积极参与学术论辩，建构具有鲜明特色的中国式的马克思主义唯物主义美学体系。该体系包括"美在客观存在""美的认识""美是典型"等紧密相关的美学范畴。蔡仪旗帜鲜明地提出："美的本质是什么呢？我们认为美是客观，不是主观。"他又说："美的事物就是典型的事物，就是种类的普遍性、必然性的显着者。"后来蔡仪又引入了马克思《1844年经济学哲学手稿》中有关"美的规律"的论述，认为美的客观性与典型性表现为按照美的规律来造形。蔡仪还提出了"自然美""社会美""具象概念"与"美的观念"等美学范畴，具有创造性的学术价值。他所主编的《文学概论》教材为推动我国高校美学与文艺学教学起到重大作用。

我国美学发展的第二个时期是新中国成立之后，在马克思主义与毛泽东思想的指导下美学有了新的发展，具有显著的中国特色。这一时期最重要的美学学术事件就是两次美学大讨论，使得美学出现了从未有过的兴盛，尤其改革开放后的第二次美学大讨论更是兴起了一股美学热，为世界美学史所罕见。新中国成立后的美学发展交织着革命与学术的二重变奏，所谓"革命"是指第一次美学大讨论起源于对唯心主义美学观之批判，目的是进一步普及马克思主义的唯物论，政治的指向性非常明显，大讨论中的政治色彩也非常浓厚；所谓"学术"是指这次美学大讨论是以"百家争鸣，百花齐放"的方式展开的，也就是说大讨论的过程中对于所谓唯心主义观点一般当作"学术问题"处理，而其结果也的确在一定程度上起到了普及马克思主义唯物论的作用，产生了以李泽厚为代表的"实践论"美学，其具有科学性与理论的自洽性，极大地影响到中国很长一段时期内美学学科的发展及其面貌。本丛书涉及的李泽厚、汝信、蒋孔阳、刘纲纪、胡经之、周来祥与叶秀山就是这一时期的代表人物。

李泽厚是新中国成立后我国美学研究领域的标志性人物，是社会论实践美学的创立者与两次美学大讨论的重要推动者，也是少有的具有重要国际影响的中国现代美学家。他是巴黎国际哲学院院士、美国科罗拉多学院荣誉人文学博士，其《美学四讲》入选著名的《诺顿文学理论与批评选集》。李泽厚在哲学基本理论、中国思想史、美学与伦理学领域均有重要建树。在美学领域，他成为第一次美学大讨论社会学派的领军人物，在这次美学大讨论中起到实际的主导作用。在20世纪80年代的第二次美学大讨论中他力倡的"主体性"理论成为改革开放后思想解放运动的代表性思潮。他更加明确地提出"实践论美学",以马克思关于物质生产实践是人类一切活动之基础的理论为指导,提出"人化自然""实践本体""情本体"与"积淀说"等一系列具有独创性的美学观点。他出版了《批判哲学的批判》《美的历程》《华夏美学》与《美学四讲》等经典美学论著。晚年,李泽厚深入研究中国传统文化,探索"以儒学代宗教"的"天地境界论",提出"中国审美主义的感情以深植历史性为'本体'"的"以美育代宗教"之说。李泽厚强调的"美是合规律性与合目的性的统一""救亡压倒启蒙"与"中国文化的儒道互补"等观念对中国现代美学的发展产生了重要影响。

汝信是这一时期西方美学学科的重要开拓者,他早在20世纪50年代就开始了西方哲学与美学的研究,并于1958年在《哲学研究》上发表《论车尔尼雪夫斯基对黑格尔美学的批判》。1963年又出版了《西方美学史论丛》,是国内第一本以西方美学为主题的综合研究著作,与同年出版的朱光潜的《西方美学史》一起,标志着在我国西方美学已经成为一门独立的学科。1983年汝信又出版了《西方美学史论丛续编》。汝信坚持马克思主义指导西方美学研究,特别坚持马克思主义唯物史观的指导。他从宇宙观、认识论、伦理观与政治思想等方面全面地、认真地研究柏拉图的美学思想,对新柏拉图主义的重要代表普罗提诺进行了深入剖析,填补了这一方面的研究空白。他的《黑格尔的悲剧论》深刻剖析了黑格尔悲剧论广阔的历史感与社会文化视野，成为西方美学研究的范本。汝信还对俄国别林斯基、车尔尼雪夫斯基与普列汉诺夫等人的美学思想进行了深入的研究，均有开拓的价值。汝信用具有说服力的材料批驳了当时苏联哲学界流行的将德国古典哲学说成是德国贵族对于法国大革命的一种反动的错误判断，论证了青年黑格尔是当时德国新兴资产阶级的思想代表，黑格尔的辩证法反映了资产阶级上升时期的愿望和要求。汝信对黑格尔的劳动和异化理论的开拓性研究填补了国内研究的空白。此外，他在现代西方美学研究方面有许多新的拓展。20世纪80年代，汝信到美国哈佛大学访学之时即逐步将美学研究的注意力转向黑格尔以后发展起来的另一条相反的思想线索，即以个人为特征的由克尔凯郭尔和尼采所代表的社会思潮。此时汝信逐步转向现代西方哲学与美学研究，他率先并引领学生发表了有关文章，出版了专著，在国内学术界开风气之先，影响深远。汝信不仅在西方美学理论研究方面辛勤耕耘，还直接从西方艺术作品与古迹中去找寻美，并于1992年出版了《美的找寻》一书，成为西方美学审美意识研究的重要范本。他担任主编，历时九年写作出版了四卷本《西方美学史》，以其资料的原初性与理论创新性为特点，成为进入西方美学研究的"钥匙"。1998年，汝信担任中华美学学会第三任会长，以其谦虚、开放与睿智的人格与扎实学风富有成效地引领中国美学学科由20世纪进入21世纪。

　　蒋孔阳是我国现代美学建设发展时期最重要的代表人物之一，他的美学贡献是多方面的。首先，他是我国现代西方美学研究的奠基者之一，1980年《德国古典美学》出版，该书是蒋孔阳的代表作，也是我国第一部断代的西方美学专著，在国内外均产生了重大影响。该书以整体研究的方法，坚持唯物史观的指导，对德国古典美学的产生、发展与内涵进行了深入的研究与阐发，具有独到的见解。蒋孔阳还与朱立元一起主编了七卷本《西方美学通史》，是迄今为止我国最全的一部西方美学通史，对西方美学研究起到了重要推动作用。蒋孔阳是中国古代音乐美学研究的奠基者之一，他于1986年出版的《先秦音乐美学思想论稿》一书，引起广泛影响，至今仍然是音乐美学领域的经典论著之一。蒋孔阳首先确定了中国古代音乐美学的重要地位，认为公元前2世纪的《乐记》完全可以与古希腊亚里士多德的《诗学》相媲美。他以唯物史观为指导，从经济社会的广阔背景上研究了先秦音乐产生的社会文化根源。蒋孔阳以扎实稳妥的文献考订为基础，探索了中国先秦时期音乐思想的特殊范畴及丰富内涵。他还采取整体研究方法，将先秦时期诸多学派的音乐思想作为一个整体来审视。蒋孔阳是我国美学大讨论的主将，也是实践派美学的重要参与者与创新者之一。特别是1993年出版的《美学新论》，是他一生美学研究的总结，也是新时期我国美学研究的重要成果与收获。他突破了实践美学"美先于美感"的基本判断，提出美与美感同生同在的观点。美与美感到底谁先谁后呢？他说，"从生活和历史的实践来说，我们很难确定先有那么一个形而上学的、与人的主体无关的美的存在，然后再由人去感受和欣赏它，再由美产生出美感来",事实上,美与美感,像"火与光一样,同时诞生,同时存在"。这实际上是对实践美学的重大突破,并从实践美学的人生本体走向审美关系论美学,因此蒋孔阳的"新美学"可以概括为"审美关系论美学"。他提出了审美关系的四重属性:感性基础、自由属性、整体属性与情感属性。蒋孔阳突破了实践美学将实践局限于物质生产的理论界定,而是将精神生产甚至是审美活动也看作一种实践。蒋孔阳还在《美学新论》中突出了审美的"创造性"特色,提出独树一帜的"多层累的突创说"。总之,蒋孔阳的审美关系论美学是新中国成立以来直至20世纪90年代我国美学研究的一个总结。

刘纲纪是我国美学建设发展时期的重要推动者,他在美学基本理论、中国古代美学与书画美学方面取得一系列具有突破性的重要成就。刘纲纪是我国两次美学大讨论的重要参与者,也是实践美学的重要开创者之一。他在20世纪80年代出版的《艺术哲学》已经成为实践美学的经典论著之一。刘纲纪从研究马克思《1844年经济学哲学手稿》出发,提出"社会实践本体论"的重要观点,认为马克思的本体论在本质上是实践本体论,并认为物质生产实践是艺术、美感与美的本源,认为劳动对美的创造还与人类生活实践创造紧密结合。刘纲纪构建了一个实践美学理论框架,这个框架以实践本体论为哲学基础,以创造为主体性活动,最后以自由为人的根本诉求,可概括为"实践—创造—自由"相统一的美学体系。刘纲纪继承宗白华美学传统并加以发展,成为中国美学领域的重要开拓者之一。20

世纪80年代，刘纲纪与李泽厚共同主编《中国美学史》，特别是由刘纲纪独立执笔撰写的第一、二卷被认为是中国美学史的开山之作。该著作提出了中国美学史的对象、任务、特征与分期等问题，以及儒、道、释、禅四大主干的重要观点和中国美学史的六大特征，为中国美学史的进一步发展奠定了基础。刘纲纪于20世纪90年代初出版的《周易美学》是对宗白华周易美学研究的拓展，成为中国周易美学研究的经典之作。刘纲纪准确地提出将《周易》作为中国古代美学研究的切入点，挖掘其生命论美学内涵，为中国古代美学进一步健康发展找到了一条较佳路线。刘纲纪结合中国美学特别是周易美学特点提出，中国美学常常在没有"美"字的地方包含着美的内涵，从而揭示了中国美学的特殊性所在。他还具体揭示了《周易》之"元亨利贞"与"阳刚阴柔"所包含的美学内涵。刘纲纪还从中西比较视野深入阐释了《周易》之生命论美学相异于西方的特殊价值意义，《周易美学》是中华美学走向世界与走向现代的有益尝试。刘纲纪还是著名书画家，在书画美学领域建树颇多。

胡经之教授是我国文艺美学学科的重要倡导者。1980年在昆明召开的全国首届美学会上，胡经之在发言中指出，高等学校的美学教学不能只停留在讲美学原理的层面，还应开拓和发展文艺美学。这实际上是在改革开放背景下贯彻"解放思想，实事求是"思想路线的结果，试图突破以政治代艺术的错误思潮，加强对文艺内部规律的研究。胡经之又于1982年1月在北京大学出版社出版的《美学向导》一书中发表《文艺美学及其他》一文，第一次从独立学科的角度论述了文艺美学。他还于1989年在北京大学出版社出版的《文艺美学》学术专著中，全面论述了文艺美学的对象、方法与内涵。胡经之教授还主编了与文艺美学有关的《中国古典美学丛编》《中国现代美学丛编》《西方文艺理论名著教程》等书，为中国文艺美学的进一步发展奠定了文献基础。正是在胡经之等学者的不懈努力下，文艺美学正式进入被教育部认可的学科体系，成为中国语言文学学科的二级学科文艺学的重要学科方向之一，进而培养了数量众多的研究人才。

周来祥是我国美学建设发展时期的重要参与者与积极推动者。他从事美学研究60多年，涉及领域广泛，在美学基本理论、文艺美学、中国古典美学、中西比较美学与审美文化史等方面均有特殊贡献，尤其是他倾其毕生精力创立并发展了"和谐美学学派"，影响深远。他于1984年就出版了《论美是和谐》，此后又出版了《再论美是和谐》《三论美是和谐》与《古代的美 近代的美 现代的美》等论著，全面阐释了"美是和谐"的基本命题。周来祥是中国两次美学大讨论的积极参与者和实践派美学的重要推动者。他以社会实践为哲学前提，而其学术指向则是"和谐"，即"人与自然、人与社会、人与自身的和谐"，和谐既是美学追求的最高目标，也是人生最高的审美境界。他以马克思主义为指导论述了古代素朴的和谐美、近代的崇高美以及社会主义的新型的辩证的和谐美，构建了自己的"文艺美学"体系，被称为"和谐论文艺美学"。周来祥还以"和谐美学"为指导对中西美学进行了深入的比较研究,撰写了《中西古典美理论比较研究》等专著,他认为中西美学都以古典和谐美为理想,既有共同规律又有各自特点。周来祥还以"和谐美学"为指导主编了大型的六卷本《中华审美文化通史》,在中国审美文化研究方面多有建树。

在我国美学的建设发展时期,还必须提到叶朗教授对于中国传统美学研究发展所做出的重要贡献,他的《中国小说美学》《中国美学史大纲》与《美在意象》成为我国新时期传统美学研究的代表性成果。

叶秀山是我国著名哲学家与美学家,中国社科院学部委员。他的主要成就在于西方哲学研究上的诸多创新,但叶秀山对于美学也有着浓厚的兴趣,并积极参与,著作甚多,影响深远。他曾经参与了王朝闻主编的《美学概论》的编写,历时四年,做出了自己的贡献。在美学理论上,他于1988年出版著名的《思·史·诗》,成为我国最重要的现象学哲学与美学论著之一。该书深入地论述了现象学领域中哲思、历史与诗歌的关系,以及后现代理论家对此的解构与超越,给我国当代美学建设诸多启发。他于1991年出版《美的哲学》一书,该书并没有局限于美学学科内部研究范式,探讨"美"的本质与现象,而是从哲学的高度进行高屋建瓴式的阐发。叶秀山通过剖析人与世界的关系和人的生存状态,将艺术视为一种基本的生活经验和基本的文化形式、一种历史的"见证",在独特的哲学视角下阐释了自己的美学观与艺术观,呼吁让生活充满美和诗意。叶秀山对京剧与书法有着特殊的兴趣并进行了深入的研究。20世纪60年代开始,他出版了《京剧流派欣赏》与《古中国的歌——京剧演唱艺术赏析》等书,深入阐发了作为世界三大戏剧流派之一的京剧载歌载舞的艺术特征。他酷爱中国书法,曾经在20世纪70年代特殊时期偷偷研究书法艺术并练字。1987年他出版《书法美学引论》,提出"西方文化重语言,重说;而中国文化重文字,重写"的观点,开启了从这一特殊视角进行中西对话的新领域;并在该书中提出,中国书法"是一种活动的线条的舞蹈,那么,很自然地就会以草书作为它的范本",从美学的角度阐述了书法重节奏和韵律的美学特点,深化了我国书法美学研究。

20世纪90年代以来,中国改革开放进一步深化,工业化的弊端逐步显露。加上西方后现代文化的影响,中国文化领域逐步步入具有后现代色彩的反思与超越阶段。在美学领域,表现为对于两次美学大讨论,特别是对于"实践美学"的反思与超越,反思其固有的认识论理论根基、主客二分的思维模式与"人化自然"的理论局限,于是出现"后实践美学"。

首先是杨春时在1993年北京美学年会上提出了"超越实践美学,建立超越美学"的新见解,成为新时期当代中国美学的新气象。由此,出现"实践美学"与"后实践美学"的争论,这实际上是对实践美学的反思与超越,对于推进和活跃中国美学研究具有重要意义。杨春时也在批判以认识论为基础的实践美学的基础上建立了自己的生存论美学体系,用

"审美是自由的生存方式与超越解释方式"取代"美是人的本质力量的对象化"的定义,树立起自己的后实践美学的大旗。"生存"是其超越美学的逻辑起点,他认为,"生存"既不是"物的存在",也不是"动物的存在",而是"人的存在",是一种"自我的存在""有意义的存在"。"生存"与"实践"的区别在于它有超越性的本质,以理想超越现实,以感性超越理性,以精神超越物质,以个性超越社会性。2002年之后,他从生存论走向存在论,从主体性走向主体间性,逐步建立起自己的以"存在"为本体的"主体间性"超越美学的理论体系。由此说明,中国美学发展终于开始与世界美学的发展相同步。

1900年,胡塞尔即提出"现象学"方法,"悬搁"工具理性时代流行的主客二分对立,后来又发展到"相互主体性",即"主体间性",欧陆现象学以及由之产生的存在论哲学与美学逐步成为哲学与美学的主潮。与之相应,英美分析哲学与美学日渐发展,以"分析"解构了各种理性主义的本质主义。中国新时期的"后实践美学"就是试图以这种现象学与分析哲学的武器,突破传统美学,建设当代新的美学形态,朱立元就是从实践美学阵营中脱颖而出的当代美学家。他是继朱光潜、汝信与蒋孔阳之后我国西方美学研究方面的代表人物。他先是协助蒋孔阳主编了七卷本的《西方美学通史》,本人也著有多本西方美学论著,具有广泛的影响。朱立元长期继承发展蒋孔阳的实践美学思想,并持此观点参加当代学术界有关实践美学的讨论。但从20世纪90年代中期以后,朱立元开始反思实践美学认识本体论的局限。他从哲学范畴"本体"即"存在"的视角思考突破实践美学认识本体论的理论框架,逐步形成自己的"实践存在论美学"理论。2004年,朱立元发表论文正式提出自己的美学思想"以实践论与存在论的结合为哲学基础"。2008年,朱立元主编的《实践存在论美学丛书》五卷本出版,将实践存在论美学以较为完整的理论形态呈现于学术界。朱立元的"实践存在论美学"的基本特点是将马克思的"实践"概念赋予"实践存在论"的崭新含义,实际上是对传统实践美学的突破与发展。他指出,马克思在《1844年经济学哲学手稿》中多次提到"存在论的"(ontologisch)一词,"有力地证明了马克思存在论思想和维度的客观存在"。他以马克思的"实践存在论"为出发点,突破传统的"美的本质"的美学研究逻辑起点,认为"审美活动是美学问题的起点",因为审美活动是人的实践存在方式之一,而审美活动正是审美关系的具体展开。为此,朱立元突破传统的"美、美感与艺术"的三元美学研究逻辑框架,提出"审美活动—审美形态—审美经验—艺术审美—审美教育"的美学研究逻辑框架。朱立元的探索是对传统实践论美学的突破,也是对马克思美学思想的新理解与新阐释,具有重要的学术意义。

　　承蒙山东文艺出版社的抬爱,将笔者作品也收入本丛书。笔者是从20世纪80年代初期由于教学工作的需要参与美学研究的,主要在西方美学、审美教育与生态美学方面用力较多。西方美学方面出版《西方美学简论》《西方美学论纲》与《西方美学范畴研究》等论著,审美教育方面曾出版《美育十讲》与《美育十五讲》等论著。收入本丛书的是生态美学方面的论文。生态美学是20世纪90年代中期在反思与超越的基础上产生的一种美学形态，笔者第一篇生态美学文章《生态美学：后现代语境下崭新的生态存在论美学观》发表于2002年，此后出版《生态存在论美学论稿》《生态美学导论》《生态美学基本问题研究》与《中西对话中的生态美学》等论著。生态美学产生于反思我国严重的环境污染、人类中心论的蔓延与美学领域实践美学的"人本体""工具本体"与"自然人化"等美学观点，在哲学基础上由传统认识论过渡到实践存在论，并由人类中心论过渡到生态整体论；在美学研究对象上突破"美学是艺术哲学"的观点，而将人与自然的审美关系包含在审美对象之中；在哲学方法上，突破传统美学主客二分的认识论方法，运用生态现象学方法；在自然审美上突破传统的"人化自然"的观点，认为没有实体性的自然美，自然美是审美对象的审美属性与人的审美能力交互产生的人与自然的审美关系；在审美属性上，否定静观美学，倡导"参与美学"；在美学范式上突破传统的以如画为主的形式美学，倡导一种生态存在论美学，将诗意的栖居、家园意识与场所意识等引入生态美学；在传统文化上，认为中国传统社会以农为本的特点决定了中国传统美学本身就是一种生态的美学与艺术，是一种生生美学，应当发扬光大。生态美学是一种正在建设发展中的美学形态，需要更好地结合生活与文化的现实，在中西比较对话中加以完善，有望成为与欧陆现象学生态美学、英美分析哲学环境美学鼎足而立的中国特色生态美学。

回顾历史是为了更好地推动中国美学发展，当前我国进入中国特色社会主义建设的新时代,在"两个一百年"奋斗目标中,国家将"美丽中国"建设写到社会主义宏伟蓝图之上,为我国美学学科的未来发展开辟了更加广阔的天地。相信更多的青年学者会在美学学科中大展宏图,书写更加辉煌的美学篇章。

注:本文写作过程中参阅了科学出版社出版的《20世纪中国知名科学家学术成就概览》(哲学卷)等文献。

曾繁仁2018年9月29日写,2019年3月21日改定

目录

代序 / 001

第一编 文艺美学 / 001

文艺美学及其他 / 002

文艺美学试起步 / 024

论艺术形象 / 030

艺术美略论 / 077

艺术的审美价值 / 102

虚实相生取境美 / 131

论艺术创造 / 135

超越古典向当代 / 157

艺术应求真善美 / 169

第二编　文化美学　/ 175

走向文化美学　/ 176
文化美学应时生　/ 184
文化美学待深探　/ 191
焕发新审美精神　/ 196
美学伴我悟人生　/ 216
人文之美靠创造　/ 235
美的规律各异同　/ 239
中华文明重和美　/ 263
和而不同共谈美　/ 270
时代呼唤文化美　/ 276

第三编　自然美学　/ 285

珍重天地自然美　/ 286
生态之美究何在　/ 297
天地大美而不言　/ 306
最美海上夕阳红　/ 313

附录　胡经之写作年表　/ 347

代序一

美的探求

美学，作为人文科学之一，和社会科学、自然科学一道，都承担着复兴中华民族的伟大使命，发挥各自的作用，作出不同的贡献。如今，生态文明的新时代来临。"人类经历了原始文明、农业文明、工业文明，生态文明是工业文明发展到一定阶段的产物，是实现人与自然和谐发展的新需求。"①我国进入新时代，更加要求物质文明、精神文明、政治文明、社会文明和生态文明协调发展。美学应与时俱进，应人民之所需，面向当下现实，适应时代要求，以马克思主义为指导，探索和回答在建设美丽中国和创造美好生活的伟大实践中的美学问题。

美学不只是提升自我修养，培育美好人格的为己之学，而且是应人民之所需，按美的规律来创造美好生活的为人之学。在我们已跨入新常态的当今时代，美学应大有作为。

---

① 习近平：《习近平关于全面建成小康社会论述摘编》，中共中央文献研究室编，中央文献出版社2017年版。

一

真、善、美,这是人类的价值追求,具有不朽的永恒价值。正是由于对真、善、美的永恒追求,人类具有了精神动力,激发和鼓舞着人类去从事改造世界的伟大实践,使世界变得更美好,创造更加美好的生活。著名科学家爱因斯坦在回顾自己的一生时,作了这样的归结:"照亮我的道路,并且不断地给我新的勇气去愉快地正视生活的理想是善、美和真。"①

自然科学要研究自然界不同物种的存在和互动的自然规律,社会科学要研究不同社会的发生和发展规律,人文科学也要研究不同人文的发生和发展规律,探索人和世界(含社会和自然)的关系。但无论是社会科学还是人文科学,最终的价值追求,还是要向往人类和社会的协调发展,走向真、善、美的境地。美国哲学家艾德勒在《六大观念》②一书中,对人类普遍常用的真、善、美和自由、平等、正义这六大观念作了全面的梳理,发现人类对真、善、美更为看重,乃人类更为根本的价值理念。

哲学,作为人类的世界观,重在探索人生的价值和意义,义不容辞,理当探讨真、善、美的辩证关系,三者如何互动、互补,协调发展,促进世界更美好。发展到生态文

---

① 《爱因斯坦文集》第三集。
② [美]艾德勒:《六大观念》,郗庆华等译,生活·读书·新知三联书店,1998年版。

化，求美将提升到更为重要的社会需要。正在向百岁高龄挺进的北大教授张世英，晚年的哲学研究转向了美学，把美的哲学称之为第一哲学。这位以研究西方哲学著名的哲学家之所以如此重视美的哲学，乃是对西方哲学发展历程作了全面反思，又对中华美学精神作了继承和发扬，经深思熟虑而作出的决断。如今，视美学为第一哲学者，已不乏其人。

中华文明，源远流长，底蕴深厚，尊崇真善美，尤其富有美学精神。儒家文化倡导尽善尽美，由善入美，突出了美和善的关联，彰显人文之美。道家文化倡导返璞归真，由真入美，突出了美和真的关联，彰显自然之美（天地大美）。禅宗文化倡导内心修炼，色即是空，空即是色，由心生美，方为本色，突出了美和心的关联，彰显心灵之美。各家凸显的精神不同，但都趋向于美的追求，共同构成中华美学精神。中国要建设和发展美学，理所当然应高扬中华美学精神，吸取精华，剔除糟粕，为中华民族的伟大复兴，作出应有的贡献。

美学，作为一门学科，虽然产生于德国，但在辛亥革命前就已传入中国，历经一百多年了，经由蔡元培、梁启超、王国维等先辈的倡导，美学在新文化运动后逐渐兴起，在中国落地生根。美学在中国的启蒙运动中发挥了积极作用，使越来越多的人意识到，美的追求，乃是人生中不可缺少的一个价值维度，作为精神动力，推动着人类不断向前进取。全国解放初期，在"百家争鸣，百花齐放"声中，美学也发出了自己的声音，对精神解放起了积极作用。到了改革开放之初，在精神解放的鼓舞下，全国更涌现了美学热，推动了新启蒙运动的蓬勃发展。如今，我们已进入中华民族伟大复兴的新时代,就更需要美学发挥作用,探索如何建设美丽中国。

尽管在文化研究兴起之后,美学在中国也走向了边缘化,但美学还是在反思中逐步发展,总结历史的经验,中国美学史、西方美学史、马克思主义美学史等学术著作陆续问世。在中国走向现代化的历史过程中,实际上已存在三类美学传统:中国的、西方的和马克思主义的。古典美学如何现代化,西方美学如何中国化,马克思主义美学如何本土化,值得我们继续探索。改革开放之后,西方美学大量拥入,中国的美学受强势文化的影响,西方化的趋势日益明显,一些先知先觉的明智之士已经发声:中国的现代化并非只是西方化,要借鉴西方经验,但不能"西方化",而要"化西方"。但是,我们的美学怎样去"化西方",却值得我们去进一步思考。在我国的美学发展中,中国美学、西方美学、马克思主义美学各自分立,各行其道,各说各的话语,不相与谋,长此以往,如何方能发展出中国特色的马克思主义美学?

随着我国全面小康即将实现,人民生活日益提高,大家对美好生活的向往将促进美学的进一步发展。新常态下探索美学,美学应从各说各话、自说自话跨进到相互对话、彼此交流的境界,进而对美学中的基本问题,逐渐形成一些共识。我国人民所追求的美好生活究竟应是什么样的,美学难道能避而不谈吗?

美学要研究些什么问题?朱光潜在《文艺心理学》一开头,就开宗明义:"近代美学所侧重的问题是'在美感经验中我们的心理活动是什么样?'至于一般人喜欢问的'什么样的事物才能算是美'的问题还在其次。这第二个问题并非不重要，不过要解决它，必先解决第一个问题；因为事物能引起美感经验才能算是美，我们必先知道怎样的经验是美感的，然后才能决定怎样的事物所引起的经验是美感的。"他把审美的心理活动放在美学研究的首位，美学探讨的第一问题。他的《文艺心理学》就以美感为中心，对美感的心理因素如通感、联想、移情等作了探索。受当时西方盛行的审美心理学的影响，朱光潜把审美的心理过程视为美学最根本的问题。审美心理和常态心理不同，乃是一种变态心理，所以要在心理学中分出，单独研究与常态心理不同的审美心理。朱光潜的美学成了心理学，移情说成为三十年代最流行的审美学说。对此，国内早就出现了不同的声音。

蔡元培在1934年为他的同学金公亮所编的《美学原论》作序，其中说了这样一番话："通常研究美学的，其对象不外乎'艺术''美感'与'美'三种。以艺术为研究对象的，大多重在'何者为美'的问题；以美感为研究对象的，大多致力于'何以感美'的问题；以美为研究对象的，却就'美是什么'这问题来加以探讨。我以为'何者为美''何以感美'这种问题虽然重要，但不是根本问题；根本问题还在'美是什么'。单就艺术或美感方面一讨论，自然很好；但根本问题的解决，我以为尤其重要。"

我最早接触美学是在二十世纪四十年代读中学时看了朱光潜的《给青年的十二封信》以及《谈美》，吸引我对文艺作美学的思考。但到了二十世纪五十年代，我在北大开始接触蔡元培的美学，才逐渐懂得，美学不仅要研究美感经验，还要研究现实中美的存在，探究美究竟是什么。后来读了马克思的著作，懂得了美学更要研究两者之间的连接，主观和客观如何联结起来,这里正存在着"美的规律"。苏联在斯大林时代过去之后,审美学派、文化学派、符号学派陆续兴起,受此启发,我对马克思所说的"美的规律"深感兴趣。

价值哲学的积极倡导者文德尔班在他的《哲学导论》(1914年)中,归纳了西方美学发展有两种不同的道路。他特别提醒说:"我们将自然中的美和艺术中的美区分开来,后者是人所创造的。因此,美学沿着两条道路发展。它要么从自然之美出发,然后去理解艺术美;要么从对艺术之美的分析中获得定义,然后再转向自然之美。第一条道路处理的是对美的享受;第二条道路处理的则是对美的生产和制作。"他对美的这种区分很重要:自然之美不是人的创造,我们人类面对自然之美,只是享受,而不是生产;艺术之美却是人类的创造,所要研究的是如何按美的规律来生产。

我的美学研究是走的第二条道路,先从文艺美学着手,探索文学艺术之美,再进而探索更为广泛的文化之美。这都是人类的创造,美学就是要研究文化艺术如何按美的规律来创造。但我晚年的关注,却更多的是对自然之美的思考,探索自然之美何在,如何享受自然之美。自然美并非人的创造,但却是自然向人而生,客观上符合了美的规律。我的美学研究虽然走了第二条道路,但我的审美经验的获得却与此相反,乃是先感受到了江南水乡的自然之美,进而又感受到了江南民间的风俗人情之美,然后才进入欣赏艺术之美,江南丝竹、苏州评弹、吴中园林尽收眼底。我的审美经验符合了第一条道路,最先从大自然获得审美享受,但还未进入美学的研究。

在感受自然之美和艺术之美之外,我也感受到了风俗人情之美，这是一种人文之美。人和人的交往活动，人际关系本身也能生成人文之美。马克思主义创始人在谈到工人阶级团结起来，发动共产主义宣传运动之后，"他们也因此产生一种新的需要，而作为手段出现的东西则成为目的。当法国的社会主义联合起来的时候，人们就可以看出，这一实践运动取得了何等辉煌的成果。吸烟、饮酒、吃饭等等在那里已经不再是联合的手段或联络的手段。交往、联合以及仍然以交往为目的的叙谈，对他们说来已经足够了。人与人之间的兄弟情谊在他们那里不是空话，而是真情，而且他们那由于劳动而变得结实的形象向我们放射出人类崇高精神之光。"踵事增华，日久生情，这种人情之美在民间习俗中不时涌现，我在年少时常有感受，至今难忘。

我们所面对的世界，天、地、人、心、符融为一体，分别呈现为天地自然之象，人文创造之象，人心营构之象。我的美学探索先从文艺美学着手，继而进入文化美学。但我对自然之美的追寻情有独钟，在我的审美生活中，既是起点，又是终点。这个新世纪之初，我从喧闹的深大新村迁居到深圳湾畔、深圳河侧，得以常有和大自然亲近的机缘，对自然之美的审美体验更深了一层。2010年夏，我和严家炎、李光羲全家到俄罗斯作了一次文化之旅，先到莫斯科、彼得堡，然后登游轮漫游伏尔加河，亲近波罗的海。在旅途中偶尔发现了契诃夫在札记、书信中写下的一些话，过去没有见过，深得我心，于是用笔记下。这位文豪坦言，他这一生在生活中所获得的享受，仅只来自两个源泉：写作和大自然。他对大自然的评价极高："大自然的亲近和闲适乃是幸福的必要条件，舍此不能有幸福。"他称赞乡村美景，"不仅是好，甚至是美妙。"还说:"富足的人不在于他拥有很多钱财,而是在于他拥有条件生活在早春提供的色彩斑斓的环境中。"这些精妙之语,已在2015年被译成中文。

体会这些精辟之论,我常想起马克思对大自然的评价。针对当时有人把劳动推崇为人类财富的唯一源泉时,马克思旗帜鲜明地指出,自然也是财富的源泉,并非只有劳动才是。如若没有自然,人类就什么也创造不出来。马克思一生,学术志趣重在探索社会规律,突出实践唯物主义,但是,"在这种情况下,外部自然界的优先地位仍然会保持着。"大自然是本源,是母体。自然和劳动不仅是人类财富的源泉,而且自然和劳动还给人提供了精神享受,契诃夫就在写作劳动和大自然中深切感受到了。

大自然的发展自有其规律,不依人的意志为转移。荀子早就意识到了,"天行有常,不为尧存,不为桀亡。"天晓不因钟鼓动,月明非为夜行人。但人有灵明,在实践中掌握自然规律,所以能过着"同已被认识的自然规律相协调的生活"(恩格斯语),诗意地栖居在大地上。生态美学是传统自然美学的拓展和提升,应大力倡导。但生态美学不能以"生态"为中心,仍然必须以人为本。面对生态危机,还是要发挥人的主观能动性,如恩格斯所说,人应成为社会的主人,自然的主人,更应成为人自己本身的主人,才能由人来调节人和自然的关系,取得动态平衡,使我们的世界更美好,人民的生活更美好。

二

美学是从西方来的,但移植到中国来后,确实需要中国化,就像马克思主义也是来自西方,但融入了中国经验,发展了、中国化了。这里的关键是要通过社会实践,吸收中国自己的新经验,解决中国的新问题,从而作出新的理论概括。

改革开放以来,西方的美学经典陆续得到阐释,中国的古典美学经典也都在获得新解。在中国的美学,经历了"我注经典,经典注我"的发展路程,需要进入一个新的阶段,那就是要:"经典解今,创新经典。"我们已经知道了那么多的中外古今美学经典,不能只停留在贮藏知识的水平,而应面向当今现实,用经典来解释社会实践中出现的新现象,解决美学中的新问题,这样才能对经典作创新阐释,进而创造出新的经典,推进美学的创新发展。美学要创新,只有以问题为导向,抓住当今现实中的重大美学问题,促使马克思主义美学、中国美学、西方美学都关注现实问题,共同凝聚于问题的解决,作出新的理论概括。我期盼,我们的美学发展路径还是要走这样的路:"马列指导,古为今用,洋为中用,解决问题。"

那么,美学应关注当下现实中什么样的问题呢?

人民的生活,在改革开放以来发生了巨大的变化,那么,人民的审美需要又发生了什么样的改变?至今还未得到很好的研究。

马克思说得好:"人以其需要的无限性和广泛性区别于

其他一切动物。"人民的需要应是丰富多样，物质的需要，精神的需要，社会的需要都应得到自由发展。但是，在阶级压迫沉重的旧社会，人民的最基本需要也无法得到满足，所以鲁迅在1925年就喊出："我们目下的当务之急是：一要生存，二要温饱，三要发展。"人首先得活下来，吃得饱，穿得暖，然后才能谈到进一步发展。恩格斯的时代，远早于鲁迅的时代，但那时西方已在现代化，生存条件不同于旧中国，所以恩格斯就指出：人不仅要为生存而斗争，而且要为享受而斗争，再为发展而斗争。在《自然辩证法》一书中提出："生存斗争不再单纯围绕着生存资料进行，而是围绕着享受资料和发展资料进行。"我从自己的经验出发，觉得享受的需要渗透在整个人生的发展过程中，在物质生活、社会生活和精神生活中都存有享受的需要，无须专门突出享受，成为人生中独立的一个环节。

我对人生追求的体认，可以归结为三：一要生存，二要发展，三要完善。人来到这世上，首先得活得了，然后方能求活得好，而要活得更好，就要追求活得美。人生在世，适者生存，善者优存，美者乐存。人在能够生存之后，就要求发展，但发展到哪里去？还是要向完善的方向发展，完善的人生，就如马克思之所说，追求的是"人类的幸福和我们自身的完美"。美好的人生，不只是个人独乐，更是与人同乐，人人都能幸福。

人的审美需求乃从物质生活中产生，在物质生活中得到的物质享受引起生理快感，逐渐上升到心理享受引起的心理快感，再上升为精神享受引起精神快感。审美享受虽从物质生活中滋生，但在社会生活和精神生活中得到了更高的发展和提升，审美需要在物质生活、社会生活和精神生活的不同领域中，都在不断变化。仅就衣食住行的物质生活领域来说，如何"行"的变化是巨大的，所获的审美享受也就不同。我少年时代，出行去苏州、无锡、上海都是乘船，乌篷船、敞篷船，后来又有了轮船。乘船有乘船的好，我的前辈同乡钱穆家在靠近无锡的鸿声里，青年时代在我的无锡老家梅村小学教国文，常乘船行走在伯渎江上，他就利用乘船的几个小时，读起古书来，休息间歇，又兴致勃勃地观赏两岸风光，湖光树影，获得美的享受。我到十八岁时，才第一次乘上火车，从无锡去南京小汤山探望参军的学友。在宁沪线的火车上，远眺好似在旋转移动的平坦田野、树林山峰，别有一番风味，这是我第一次在火车上体验到窗外风光。三十年之后，我在北大，方有机会第一次登上飞机，从北京飞到昆明去参加中华美学学会的成立大会。飞机穿过云层，直上云霄，从窗口看去，只见白云舒卷，遍漫天际，我们好似行走在无际无边的棉花堆上，面对的是一片洁白的世界。十多年之后，我得有机缘开始亲身体验到了欧美在七十年代兴盛起来的豪华邮轮海上游。我从深圳出发先到香港，在维多利亚港登上十多层高的邮轮，然后向东南亚游弋。在这汪洋大海上漂浮的六星级酒店里眺望海上风光，更是全身心都立体投入了审美享受，兴味无穷。如今，深圳前海湾也已在太子湾建成了豪华邮轮母港，世界最大的邮轮都能停泊，由深圳出发，可以通向更遥远广阔的世界。

时代的发展推动了人类审美需要的变化，从物质生活中的审美，提升到社会生活中的审美，精神生活中的审美，审美需要不断扩大和提升。早在两千多年前的思想家墨子就已经意识到：食必常饱，然后求美；衣必常暖，然后求丽；居必常安，然后求乐。我有幸，还在创建特区的初期，就来到了深圳这块正待开发的处女地，得以亲历亲见了这座现代化、国际性、创新型大都市的飞速发展历程。我初次踏上这方热土，见到的只是一个从小渔村发展起来的边陲小镇，只有二三万人口，加上周边的宝安、龙岗等地，也就是二三十万人口。仅仅过了三十多年，如今深圳已发展成了近两千万人的特大城市，超越性的发展，使这块开发不久的热土，迅速从前现代发展到现代，又很快跨入了后现代。在这飞跃的历史发展过程中，深圳人的追求，也在从追求物质享受向追求精神享受提升。深圳正在向图书之城、音乐之都、生态城市等高层次发展。人类的发展，应是对美的追求的结晶。恩格斯说得好："文化的每一个进步，都是迈向自由的一步。"人要从依赖人的关系中提升，又要从依赖物的关系中提升，培养全面发展的自由个性，任重而道远，需要我们不懈奋斗，不能停顿。

中国地广人多，发展极不平衡，不少地方还正在从前现代迈向现代化，少数地方则已在向后现代迈进。当务之急，我国还需消灭贫困，以实现全面小康。全面小康实现之后，还需要进而向中等富裕水平提升，不仅满足人民的物质需要，还要进而满足人民不断增长的社会需要和精神需要。在经历了数十年的超常发展之后，我国已进入了新常态，这是一个需要高扬真、善、美的伟大时代，美学应大有作为，紧跟时代的步伐，把握住人民的新的审美需求，推进美学面向当下现实，回答实践中出现的美学问题，提升美学研究的水平。

三

美学要创新发展,只能面向当下现实,把握时代脉搏,回答实践中涌现出来的问题。当今现实,错综复杂,正如马克思主义创始人所说:"包括了一个广阔范围的多样性活动和世界的实际关系。"而美学理当密切关注现实生活中的审美现象,德国美学家德索,早在《美学与艺术理论》中提醒世人"审美需要强烈得几乎遍及一切人类活动",美学应跟踪追寻,加以考察。

人来到这世上,就和这世界产生了千丝万缕的联系,进行着物质、能量和信息的交换,人的需要和对象密不可分。为了满足人的需要,就需要面向对象展开活动,通过活动又和世界建立了多种多样的关系,实践的关系、认识的关系、审美的关系等等。马克思说得好:人,"积极地活动,通过活动来取得一定的外界物从而满足内心的需要。(因而,他们是从生产开始的。)由于这一过程的重复,这些物能使人们'满足需要'这一属性,就铭记在他们的头脑中了。"人通过活动满足了自己的需要,也由此而认识和体验到了这个世界,进而,"也就学会'从理论上'把能满足他们需要的外界物同一切其他的外界物区别开来"。美学也正是依据外界对象物能否满足人类的审美需要而区别美、丑,这是一种价值属性。

人类为了追求美而展开了多种多样的活动,可称之为求美活动,以区别于求真活动和求善活动。求美活动中,当然首先包括了审美活动。面对大千世界、错综复杂的现象,人不仅要学会分别真假、善恶，而且也能学会审辨美丑，美能引发人的审美快感，丑则使人产生审美反感。但审美活动只是一种精神活动，只对人的心灵发生精神作用。只具精神力量，使人获得审美享受。审美活动要提升为教育实践，培育人的品性，改变人的精神结构，使人具有美的人格。审美教育要以审美活动为基础，但教育已是人对人相互作用的交往实践，审美教育内含着审美这一精神活动，但已经上升为精神实践，按照"美的规律"来提升人的品位，可称为育美活动。人类为了求美，不仅需要进行审美活动和育美活动，还需要开展创美活动。育美活动是改造主观世界的精神实践活动，创美活动则是改造客观世界的精神实践活动。随着人类实践的拓展，审美领域在不断扩展，精神审美、人文审美、自然审美都在发展，但人类不满足于现实的审美，进一步要按美的规律去改造客观世界，创造新美，更要按"美的规律"去改造主观世界和客观世界的关系，走向和谐世界。

依我看来，美学当然包含了审美学，但不仅仅只是审美学，还应有育美学和创美学。因此，我所理解的美学，应是研究人类求美活动的规律之学。人类的求美活动，包括了审美、创美和育美。美学的中心议题，应是探索美的规律。当初德国美学家鲍姆加登把感性学命名为美学，原本是要探索感性认识的完善，并未把感性活动包括进来，所以，那时的美学，还只停留在精神学、心理学层次，称之为审美学未尝不可。但美学的发展却日益超越了审美领域，黑格尔的美学，重心已转向艺术美学，探索美的艺术的创造。尽管黑格尔突出了艺术的精神审美，但实际上美的艺术创造已是一种精神实践活动，内含着精神活动，却已付诸实践，生产了"意义",通过符号实践来表达精神意蕴,成了生产"意义"的创美的实践活动。马克思在1844年谈到物质生产时,更进一层提出,物质生产也应该按"美的规律"来创造,这就把美学推进到物质生产这一领域了。艺术生产乃精神实践活动,物质生产则是物质实践活动,显然,物质生产也要按"美的规律"来创造了。物质生产是人和物的互动,精神生产重在心和人的互动,而作为人的生产的教育实践,更多重在人与人的互动,但都需遵循"美的规律"。美学不能只研究艺术,也应研究如何按"美的规律"来改造主观世界和客观世界,更应探索如何在主观世界和客观世界之间建立和谐关系之路。因此,美学研究不仅要有对象意识,还要有自我意识,更要有关系意识,探索主体和客体之间的审美关系。这就应运用间性思维,关注处于一定境遇下的主体和客体间的关系状态。

于我而言,美学首先是为己之学。美学使我体悟人生,在我一生中,美学助我体验人生,领悟人生的价值和意义。由自己切身的审美体验出发,我自己的美学研究也就重在对人生价值的体验作些探索。因此,我追求的美学是人生美学、价值美学、体验美学的三位一体。

人生之美,乃是美学探索中应有之题。自美学传入中国,蔡元培、梁启超、王国维等的美学都求解决人生难题,探索人生的意义,成了我国现代美学的一个传统。人生,乃是人的整个的生命活动,一生的生活,具有宽广的、丰富的、多层次的内容。马克思说:"物质生活的生产方式,制约着整个社会生活、政治生活和精神生活的过程。"这里已提出了物质生活、社会生活、精神生活的多个层面,甚至,生产活动本身，也构成生产生活。马克思就把"劳动这种生命活动"称作"生产生活"。所以，马克思所说的生活，是一个包括了生产在内的宽广的概念。德国文德尔班的价值哲学里，生活不仅包括了社会生活、政治生活，而且还有"道德生活、宗教生活、科学生活和艺术生活"。这里所说的生活，也正是我所理解的整个人生。审美，渗透在整个人生的不同层面的生活中，只是，大量存在的是依存美，但追求自由美的也不乏其人。所以，美学不能只注视艺术美，还应关注人文创造之美和天地自然之美，进入天地境界。

美学关注人生，目的在探讨人生的价值，追求真、善、美的统一。所以，美学探索必然要进入价值论。生活中充溢着真、善、美，却也存在着假、恶、丑。美学理应成为审辨美丑之学，探讨审辨美丑之理。其实，把美学现象、审美活动从价值学上来研究，这也是中国现代美学的另一个传统，不能丢弃。我生也晚，要到1953年才开始接触蔡元培美学，方知道他早在1915年就把美学放在价值论的视域来考察。他所写的《哲学大纲》中专设了《价值论》一编，其中一节就是探讨美学。《价值论》开宗明义："价值论者，举世间一切价值而评其最后之总关系者也，其归宿之点在道德，而宗教思想与美学观念亦隶之。"在1927年，蔡元培还写了《真善美》一文，探索人生的最高目的。受蔡元培的价值论的影响，当五十年代后期苏联的审美学派、文化学派也开始用价值论来谈论美学、文化时，我就发生了浓烈兴趣，并进而对马克思的价值论作了些探索。我终于懂得了，如若没有价值分析，如何能审辨出真、善、美和假、恶、丑？美学要经常谈论生命、生活、存在、实践、现象、身体、心灵、意象等等，但这些都美吗？不见得。生活有美好的生活，也有丑陋的生活，实践能创造美，也能制造丑，有美好心灵，也有丑恶心灵，有美的意象，也有丑的意象，如此等等。关键在于，生命也好，生活也好，实践也好，心灵也好，意象也好，无论哪种存在、现象，是否符合美的规律。人类之所以需要美学，不正是要在审察世界万象的基础上，进而探索美的规律，区分出真、善、美和假、恶、丑吗！

但要探索美的规律，又必先从审美体验着手。人是在生活实践中获得审美体验，在体验中分辨出真、善、美和假、恶、丑。我所理解的审美活动，就是经由审美体验来掌握世界（包括外在世界和内在世界）。人在世界中，世界映心中；精神融实践，天地人互动。我们的生活世界，是天地人互动的世界，我们要从实践上去掌握这个世界，也要从精神上去掌握这个世界。但从精神上去掌握世界也有多种方式，科学的、道德的、宗教的等等。审美活动是以体验的方式来掌握世界。我这也是有感而发。我看上个世纪二三十年代的美学，在探讨美感时，大多趋向于移情说，审美者将自己的感情移植到外界对象上去，才产生美，从而引发美感。可是，蔡元培的美学却独辟蹊径，对移情说作了分析（特别是对立普斯的积极移入和消极移入有较深入的分析），提出了"有许多美感的情状，并不含有感情移入的关系"。因此，蔡元培说："感情移入的理论，在美的享受上，有一部分可以应用，但不能说明全部。"受此启发，我就开始思索审美活动区别于其他精神活动方式的特点，因而更多关注了心理学。上个世纪六十年代初，我参与蔡仪主编的《文学概论》第一章的编写，想钻研一下反映论，所以特地请留学苏联的北大同学孙美玲从莫斯科买来一本鲁宾斯坦的《心理学的原则和发展道路》（俄文本，1959年版）。书中有一个观点深深地吸引了我："人的意识不只包含知识，而且也由于人的需要、利益等的关系，而对世界上对他有意义的东西的体验。由此在心理中就产生了动力的倾向和力量；由此也就产生了这样的能动性和选择性。由于有这样的能动性和选择性，意识就不单是消极的反映，而且也是关系，不只是认识，而且也是评价、肯定或否定，企求或排斥。"最后这位世界著名的心理学家这样说道："实在的意识以体验的形式包含着人的实践活动和理论活动的动机。"此后，我就转向对审美体验的思索，明白了，审美体验是对人生价值的一种独特的体验，是对审美价值的体验。在人的精神活动中，虽然体验活动和意向活动、认识活动密切关联着，但相互间还是有所区别。审美活动凸显的是体验。

人生、价值、体验就这样在我的美学探索中连成一起了，成为我的美学研究的中心，我的美学研究也由此展开。人生，这是人的全部生命活动的整体。人的自然生命、社会生命、精神生命的活动整体，构成人的生活状态。美就从人的活生生的生命中涌现出来。人的生活丰富多彩，从生活状态中涌现出来的美的多样性，正是源于生活状态本身。席勒在《审美教育书简》的第二十五封信中说得好：

> 美对我们来说固然是对象，因为有反思作条件我们才对美有一种感觉；但同时美又是我们主体的一种状态，因为有感情作条件，我们对美才有一种意象。因此，美固然是形式，因为我们观赏它；但它同时又是生

活,因为我感觉它。总之,一句话,美既是我们的状态又是我们的行为。

受此启发,我所理解的美,乃是标志人生的一种状态。人生并不都美好,但我们都向往美好的生活,最终目标是达到真善美相统一的境地。人生,其实就是人的整个生存状态,可简称为人的生态。生态的狭义,只指自然生态,但若作广义的理解,生态可有多个维度,自然生态,社会生态,精神生态是最重要的维度。恩格斯说得好:

> 当我们深思熟虑地考察自然界或人类历史或我们自己的精神活动的时候,首先呈现在我们面前的,是一幅种种联系和相互作用无穷无尽地交织起来的画面。[1]

在这里,自然辩证法,社会(历史)辩证法,精神辩证法相互交织,相互作用。美学探索美的规律,正在于掌握自然规律、社会规律和人文规律来为人民服务,创求美好生活。如今我们倡导的五大文明建设,五位一体,相互协调,正需要美学的参与。我们的美学理应探索人类怎样才能按照美的规律,把自我和世界连接在一起,建构成美的生命共同体。所以,我的人生美学,也就通向了生态美学。人生在世,所为何求?

江南岸边草　苍茫一书生。
乐读万卷书　好作万里行。

---

[1] 《马克思恩格斯全集》第3卷,人民出版社,1972年版,第417页。

心向真善美　敬重天地人。
复归大自然　犹怀世间情。
二〇一六年十一月十二日
深圳湾望海书斋

此文原题为"美学论说二题",原载聂运伟主编的《中文论坛》2018年第1辑,社会科学文献出版社出版。现稍作修改,作为代序。

胡经之
2018年12月20日

第一编

文艺美学

文艺美学及其他

文艺美学,顾名思义,当是关于文学艺术的美学。它的研究对象,当然是文学艺术的整体。然而,文艺美学究竟研究些什么问题,它要解决什么特殊矛盾?深究起来,却要颇费口舌。

文学艺术,无论是作为人类一种独特的实践创造活动,还是作为这种活动的特殊产物,都是一种社会现象。这种社会现象,看似寻常,实则复杂,因而,向来被哲学、社会学、历史学、心理学等好几门科学研究着。文艺学和美学,就是所有研究文学艺术的科学中最重要的两门。

文艺学和美学的深入发展,促使一门交错于两者之间的新的学科出现了,我们姑且称它为文艺美学。文艺美学是文艺学和美学相结合的产物,它专门研究文学艺术这种社会现象的审美创造特性和审美创造规律。

那么,文艺美学和文艺学、美学之间是什么关系?它们之间的联系和区别,究竟何在?

一

文艺美学和文艺学紧密相连,可说是文艺学的一个特殊门类。

因此，要弄清文艺美学和文艺学的联系和区别，不能不先了解文艺学的对象和内容。

文艺学，专以文学艺术为研究对象，对它作全面的、综合的、系统的研究。诚然，其他一些科学也要研究文学艺术。例如，哲学、史学、社会学、经济学、政治学、伦理学、宗教学、心理学、语言学、符号学，以至工艺学、色彩学、音响学等等，也都这样或那样地研究文学艺术现象。然而，这些科学只是研究文学艺术的某一方面，揭示其某种关系和某种特性。文学艺术，在这里只是说明某门科学范围内的特殊规律的材料。这些科学分别研究社会规律、心理规律、物理规律等等，其中也包括了文学艺术这种现象的社会性质、心理规律、物理规律等方面。然而，对于这些科学说来，文学艺术不是其主要研究对象，更不对文学艺术作综合的、全面的、系统的研究。专以文学艺术为对象，对它作综合的、全面的、系统的研究，很早就构成了一门独立的科学：文艺学。

文艺学有广、狭之别。广义的文艺学，研究对象包括所有的文学艺术；狭义的文艺学，只研究文学的艺术，成为关于文学的科学，而与艺术学相区别。我这里所说的文艺学，是广义的，既包括艺术学，又包括文学学，研究对象包括了古代所说的艺文，现代所说的文艺。

文艺学的日益发展，本身也分成了许多部门。文艺学的主要部门有三个，那就是：文艺理论、文艺史和文艺批评。

文艺批评，是三个部门中最活跃的一门，它和文艺实践有着密切的关系。文艺批评不是一般意义上的认识活动，而是一种评价活动，对文艺价值作评价。它紧随着作家、艺术家和文学艺术作品，对此作出这样或那样的评价，从而以自己的评价去影响读者、听众和观众。文艺批评，反过来又作为读者、听众或观众的呼声，对作家、艺术家发生作用，使得作家、艺术家重视社会的需要，从而影响着今后的创作。因此，文艺批评是文学艺术作品的作者和受者之间的桥梁，是创作者和欣赏者的反馈关系的中介。每个时代的文艺批评，受那个时代的文艺历史和文艺理论的制约，从一定的文艺思想、文艺史观出发去评价文学艺术；文艺批评反过来也影响着文艺理论和文艺史观。文艺批评，按别林斯基的说法，是"行动的美学"，直接或间接地表现了那个时代的美学观点、思想。历史上有许多文艺批评著作，本身就既是文艺批评，又是文艺理论，并且还是美学著作。法国，伏尔泰的《论史诗》，狄德罗的《论戏剧艺术》，雨果的《〈克伦威尔〉序》；德国，莱辛的《拉奥孔》《汉堡剧评》，歌德、席勒的一些评论；俄国，别林斯基、车尔尼雪夫斯基和杜勃罗留波夫的大量文艺评论，是对许多具体文学现象所作的批评，但也阐发了自己的文艺理论和美学见解，文艺批评史、文艺理论史和美学史，都要研究它们。在中国，自古至今大量涌现的诗话、词话、文论、曲话、剧说、乐论以及小说评点等等，大多是即兴随感的文学艺术品评，和西方的文艺批评相比，缺乏严密的逻辑论证，少有系统的理论体系。但就是这种即兴随感式的艺术品评中，也不时闪耀着文艺理论和美学思想的光辉，并且缓慢地在形成着自己独特的体系，出现了像刘熙载的《艺概》那样的杰作。文艺理论、美学思想在文艺批评中逐步发展，并且和文艺批评密切结合，这，也许是中国的传统文艺理论、美学思想的显著特点。但从世界范围看，文艺批评发展到近代，由于它同文艺创作实践的关系如此紧密和直接，已日益显示出它的独特趋向：文艺批评，作为一种文艺价值的评价活动，和文艺理论和文艺史的区别越来越明显，它既不属于历史科学，又不属于理论科学，而成为类似文艺实践活动的特殊形态，越出于文艺学范围之外。如果说，文艺批评仍然还是一门科学，那也是应用科学，它有自己的历史。苏联的库列肖夫在二十世纪七十年代所撰的《十八—十九世纪俄国批评史》，把文学批评作为一门专门学问予以考察，系统地阐明了俄国文学批评的历史发展过程。美籍捷克学者韦勒克在二十世纪五六十年代撰写的《近代文学批评史》，更为详尽地叙述了西方近代的文学批评历史发展过程。在中国，五四以来曾陆续出现了好几部中国文学批评史，尝试把中国自古以来的文学批评的历史理出一个线索。郭绍虞不满足于此，在撰写中国文学批评史的基础上，还曾尝试撰写中国古典文学理论批评史。但是，文学批评和文学理论尽管紧密相连，毕竟还是有区别，随着科学研究的逐步深入，包容好几门学科的中国文学理论批评史，势将分解成单独的中国文学批评史、中国文学理论史、中国美学思想史等等。

文学艺术史，作为历史科学，又作为文艺学的一个部门，研究文学艺术本身的历史发展过程。世界上的文学艺术，从中到外，古往今来，浩如烟海，不可胜数。因此，对于文学艺术历史的研究，不得不分门别类地进行。如果以艺类分，有对某一艺术种类的历史研究，如文学史、音乐史、绘画史、戏剧史、电影史，等等。而对下一层次艺术体裁的历史研究，就出现了小说史、诗歌史、散文史等属于文学史的更为具体的部门。甚至，每一艺术体裁还可以细分：小说史中又有白话小说史、文言小说史，长篇小说史、短篇小说史等等；绘画史中又有版画史、水彩画史、连环画史等等。这些是由上而下的历史研究。自下而上，也可以对几个艺术种类作综合的历史研究，例如，把绘画史、雕塑史、工艺美术史等综合研究，就有了美术史。如果对所有艺术种类作综合的历史研究，就成了包容一切艺术的艺术史。综合的艺术史，产生在对各门艺术的分门别类的历史研究基础上，反过来，又促进各门艺术史向更深入发展。

如果以国别分，就有各别国家、几个国家和整个世界的文学艺术史。研究中国的文学艺术，就有中国文学史（细分，又有中国小说史、中国诗歌史等），中国戏曲史，中国美术史（细分，又有绘画史、雕塑史等），中国音乐史等等。研究欧洲地区的文学艺术，就有欧洲文学史、欧洲美术史等。研究阿拉伯诸国的文学艺术，就有阿拉伯文学史、阿拉伯美术史等。对世界各国的文学艺术作综合的历史研究，就形成世界文学史、世界音乐史、世界电影史等等。如果从时代分，就有文学艺术的断代史、通史。在中国，就有中国先秦文学史、魏晋南北朝文学史、唐代文学史、宋代文学史等。研究欧洲的文学艺术历史，也可以按不同时代来进行：古希腊罗马时代、中世纪、文艺复兴时代、启蒙主义运动时代等等。无论研究各别国家还是世界诸国的文学艺术，也可以采取通史的形式，例如俄国艺术通史、欧洲音乐通史、世界美术通史等等。

对文学艺术作历史研究，如黑格尔所说，"它的任务在于对个别艺术作品作审美的评价，以及认识从外面对这些艺术作品发生作用的历史环境。"[①]文学艺术史，作为历史科学，从历史现象出发，理出历史线索，展示历史过程。然而，文学艺术史还要进而探索文学艺术的历史发展规律，作出理论说明，历史和逻辑相结合。"在这种主要是历史的研究里，会出现不同的观点，……像在其他从经验出发的科学里一样，这些观点经过挑选和汇集之后，就形成一些一般性的标准和法则，经过进一步的更侧重形式的概括化，就形成各门艺术的理论。"[②]

文艺理论主要运用逻辑的方法研究文学艺术。逻辑的方法，就

[①]［德］黑格尔：《美学》第一卷，朱光潜译，商务印书馆，1979年版，第26页。
[②]同上，第19页。

像恩格斯所说,"无非是历史的研究方式,不过摆脱了历史的形式以及起扰乱作用的偶然性而已。"①在从历史上升为逻辑的过程中,文艺学产生了一些处于历史科学和理论科学的过渡形式,例如比较文艺学、文艺发生学等等。这些科学,很难说只是历史科学,它也要作理论研究。在研究各别国家文学艺术的基础上,进而把不同国家的文学艺术作比较研究,探索异同,找出规律,这是历史研究,又是理论研究。如果说,比较文艺学中的法国学派,侧重于"影响"比较,因而富于历史科学的意味;那么,美国学派,扩大了研究范围,注意于"平行"比较,甚至发展为不同艺术种类之间的比较研究,这就更具理论科学的性质了。

由于文学艺术的样式、体裁、种类复杂多样,文艺理论可以分门别类地发展:文学理论,戏剧理论,电影理论,音乐理论,等等。例如,在欧美较为流行的《文学理论》(韦勒克、沃伦著),在苏联一再版行的《文学原理》(季摩菲耶夫著),都是文学理论的著作,并非囊括一切艺术的文艺理论。但是,文艺理论也可以把所有文学艺术作为一个整体对象来研究,探索文学艺术共有的性质、功能、规律,这才是确切意义上的文艺理论。

把文学艺术作为一个整体对象来研究,并不妨碍文艺理论本身的多样。不仅由于研究对象的复杂,而且也由于研究方法的多样,促成了文艺理论本身的多面发展,形成不同学科。文艺理论同其他科学有紧密联系,特别同哲学、社会学、心理学和美学的关系最为密切。文艺理论侧重于同哪一科学的联系,着重于从某一种方法来研究文学艺术的某个方面,便形成了文艺理论的不同学科。于是,艺术哲学、文艺社会学、文艺心理学和文艺美学,就分别或交错出

---

① 《马克思恩格斯选集》第2卷,人民出版社,1972年版,第122页。

现了。

　　过去出现过的"艺术哲学",有的是《美学》(如黑格尔的),有的却只是从一般哲学上探讨文学艺术中的哲学问题,法国丹纳的《艺术哲学》就是如此。居友的《从社会学见地来看艺术》,也是从一般社会学观点来研究文学艺术的社会规律,弗里契的《艺术社会学》,哈拉普的《艺术的社会根源》,都是如此。关于丹纳(泰纳)、居友,蔡仪有过较中肯的评价:"无论泰纳也好,居友也好,他们从社会学的见地去考察艺术,至多只能是艺术研究,不能是美学;换句话说,只是艺术的属性条件的考察,而不是艺术的本质的考察。"(《新美学》,第14页)

　　对文学艺术作心理学的研究,使文艺理论深入到文学艺术的创造和欣赏过程中去,接触到这种复杂现象的更微妙的方面。但是,从心理学上来研究文学艺术,有的是近于美学,例如朱光潜的《文艺心理学》,有的属于文艺学,如赵雅博的《文学与艺术心理学》,有的则只是一般的心理学,例如弗洛伊德的精神分析的著作。对文学艺术作一般心理学的研究,只是以文学艺术作为材料,阐明的只是普通心理学规律,并未揭示出文学艺术活动中特有的心理规律,因而,严格说,它不属于文艺学之列。

　　对文学艺术的研究,不满足于一般哲学、一般社会学和普通心理学的水平,要求跨上哲学美学(审美哲学)、社会学美学(审美社会学)和心理学美学(审美心理学)的阶梯,于是就有了文艺美学。文艺美学从美学上来研究文学艺术,深入到文学艺术的审美层面,揭示文学艺术的审美创造特性和审美创造规律。

　　文艺理论,不只是文艺美学,也不只是文艺心理学,文艺社会学等等,它是对文学艺术作多层次、多方面研究的综合。文艺理论对文学艺术这种复杂现象,作综合的研究,从哲学、社会学、心理学、美学等各方面揭示它的多方面特性、功能、结构。从这个意义上说,文艺美学不过是文艺理论的一个部类。然而,在文艺理论的所有学科中,文艺美学处于最核心的层次,具有特殊的地位,它跨越文艺学而进入美学行列。

二

文艺美学属于文艺学,又可归入美学。

关于美学的对象,不管历史上有过多少激烈的争论,美学,时而被称是美的哲学,时而被归结为文艺理论,但似乎谁也不否认,美学研究对象必须包括文学艺术。美学要研究文学艺术,然而美学并不因此而就是文艺理论。美学曾是哲学的一个部门,然而美学发展到今天,也已成了一门独立的科学,它有自己的发展史。

美学思想,在人类早就存在,但并非一开始就构成理论科学。人类最早的美学思想,表现在古代的神话、传说中。古代的美学思想,是和哲学思想、政治思想、伦理思想、宗教思想等等交织在一起的,后来,又主要包含在哲学和文艺学这两门科学中。我国先秦时代,儒、道、墨诸家,都有美学思想,但大多和其他思想交织在一起,并不独立成美学。古希腊的毕达哥拉斯、苏格拉底、柏拉图的美学思想,也都包含在哲学体系或文艺见解中,并不独立。早于亚里士多德《诗学》并已构成体系的公孙尼子的《乐记》,主要是关于音乐的理论,但它涉及了多种艺术,甚至比艺术更广泛的领域。按郭沫若的看法,"中国旧时的所谓'乐',它的内容包含得很广。音乐、诗歌、舞蹈,本是三位一体可不用说,绘画、雕镂、建筑等造型美术也被包含着,甚至于连仪仗、田猎、肴馔等也可以涵盖。所谓乐也,乐也。凡是使人快乐,使人的感官可以得到享受的东西,都可以广泛地称之为乐。"(《公孙尼子与其音乐理论》)这样的著作，虽然主要是艺术论，但实际上已是美学，只是没有这样的名称而已。

在漫长的历史发展过程中，美学始终既同哲学又同文艺学紧密相连。我国的《文心雕龙》，是系统的文学理论巨著，而其中就包含着美学理论。只是，在刘勰的眼光看来，文学，包括了所有文体的文章，并不仅仅是艺术的文学，所以，它实际上是文章理论。刘勰把文章（包括艺术的文学）放在整个哲学体系中来考察，并从哲学上加以阐释，所以，《文心雕龙》带着浓厚的哲学意味。但中国古典美学，总的说来，不大注重自上而下出发来建立理论体系，而多从具体文学艺术现象出发，由下而上，有感而发，各抒己见，在鉴赏品评中发表自己的美学见解。这同西方古典美学的发展道路不尽相同。然而，中国古典美学也在日益完善，形成体系。它逐渐从哲学、伦理学的附庸中解脱出来，形成《文心雕龙》那样的著作。以后，它又趋向于由具体审美感受、未成系统的美学见解，上升为理论概括。唐宋以来，苏轼的《传神记》、严羽的《沧浪诗话》、王夫之的《姜斋诗话》、叶燮的《原诗》、刘熙载的《艺概》等，都有自成体系之势，但都不是单纯意义上的美学，而是美学和文艺理论、文艺批评相结合。到了近代，王国维、梁启超、蔡元培和鲁迅等，一方面继承了中国古典美学的传统，一方面又吸取了西方美学的成果，才逐渐使美学成为一门独立的科学，在中国发展起来。

西方的美学，长时期内也一直只在哲学和文艺学两个领域内发展，到了启蒙运动时代方形成一门独立的科学。美学，作为独立科学的名称，是由十八世纪德国哲学家鲍姆加登命名的。在1735年出版的《关于诗的哲学思考》这篇拉丁语学位论文中，鲍姆加登第一次使用古希腊词语Aesthetics，来称呼一门新的学问。1750年，他又用这个词语来命名自己的一部美学著作。从此，西方便开始沿用。所以，鲍姆加登被称作"美学之父"。其实，鲍姆加登只是"美学教父"，他不过是给早已存在的一个学科确定名称。美学这门科学的确切称呼应为：审美学。它不只研究美，而是研究整个审美活动。只是，由于我国、日本在翻译时，把它译成美学，约定俗成，也就习以为常了。鲍姆加登虽倡名美学，但他的美学仍属于哲学。他把美学看作是感性认识的理论，研究世上事物是如何通过感觉而被认知。为弥补哲学向来只有逻辑学和伦理学而无感性学之不足，他因而另立美学，从而使美学成为哲学内的一个独立部门。

鲍姆加登的美学，开创了一条道路，使得美学尽管还在哲学的范围内，但已有了相对独立的发展。沿着这条道路，康德、费希特、谢林、黑格尔等都从哲学上来研究美和审美。就是歌德、席勒这类文学家，他们的美学也寓有哲理色彩。整个德国古典美学，都带着浓重的哲学性质。在车尔尼雪夫斯基看来，只有德国古典美学，才称得上真正的美学。这有一定道理，因为，德国古典美学具有严密的逻辑体系。今天，我们把德国古典美学这种以哲学见长的美学，称之为哲学美学（或审美哲学）。例如，康德的美学巨著《判断力批判》，主要是从哲学上来论证美和崇高等等。他的美学，只是其整个唯心主义哲学体系"批判哲学"中的一个环节：《纯粹理性批判》研究"真"，《实践理性批判》研究"善"，而《判断力批判》研究"美"，这样，哲学体系完备了。这种逐渐从哲学中独立出来而仍属哲学部门的美学，正是哲学美学（审美哲学）。但是，就是这种从哲学上来研究审美、极为抽象的哲学美学，也仍然离不开对文学艺术的研究。德国古典美学的集大成者黑格尔，建立了一人宏大的美学体系，从而结束了美学作为百科全书式的包罗万象的哲学体系的时代。黑格尔的美学是哲学美学，然而，他已不满足于一般的哲学美学，而集中于研究文学艺术的美，致力于全面研究"美的艺术"，而非一般的艺术，所以，黑格尔自称其美学为"艺术哲学"。有时更确切地说是"美的艺术之哲学"。黑格尔的"艺术哲学"，正在跨出哲学的范围，日益从哲学中独立出来。但是，黑格尔的美学，仍然主要是研究文学艺术与其他审美活动共有的一般规律，如他自己所说："是要阐明美一般说来究竟是什么，它如何体现在实际艺术作品里。"（《美学》第1卷，第23页）黑格尔的"艺术哲学"开了文艺美学的先河，但它基本上仍属于哲学美学领域。

德国古典美学的终结，开启了西方美学的新时代：美学不限于哲学美学（它本身也仍在发展），而在哲学之外独立地向多方面发展。资产阶级美学，形形色色，学派林立；民主主义美学（从俄国革命民主主义美学到空想社会主义美学），相继兴起，蓬勃发展；马克思主义美学，异军突起，面目一新。

由于美学同其他科学的不同联系，产生美学的不同方法，形成美学的众多门类。文艺美学，符号学美学，生理学美学等等纷至沓来，二十世纪以来的美学，逐渐发展为三个基本部门：哲学美学（审美哲学），心理学美学（审美心理学）和社会学美学（审美社会学）。①

哲学美学（审美哲学）沿着鲍姆加登、康德、黑格尔的道路继续前进，对审美作哲学的探索，以便弄清审美活动的本质。看来，哲学美学今后还将继续发展，不会衰竭。随着人类审美活动的不断发展，审美现象越来越复杂，美学愈深入，也就需要从哲学上作更高的、更概括的综合，哲学美学需要在更高的水平上发展。

---

① ［英］李斯托威尔：《近代美学史评述》，蒋孔阳译，上海译文出版社，1980年版，第121、188页。

心理学美学（审美心理学）在近代西方得到了特别的发展。德国费希纳，从心理实验着手，自下而上地由审美经验出发来研究审美活动中的心理规律，从而开创了心理学美学，因而被誉为近代科学美学的创始人。自此以后，心理学美学构成了美学中的一个新的部门。随着心理学美学的发展，对审美心理的研究已经不限于心理实验，而进入对更为复杂的审美感情、审美想象、审美趣味、审美理想等的心理分析。作为审美心理的集中而特殊的形态，文学艺术中的心理活动，当然成为心理学美学的重要研究对象。布洛的"心理距离"说，里普斯的"移情"说，桑塔耶那的"对象化的愉悦"说，都涉及艺术心理，阿恩海姆的《艺术心理学新论》更是如此。

社会学美学（审美社会学），是近代西方美学的又一新的部门。这个美学部门，主要是在英、法等国发展起来的，着重研究审美创造这种最重要的活动的性质、规律、作用和意义。文学艺术，作为人类的重要的审美创造活动，当然也是社会学美学的研究对象。法国著名美学家拉罗的好几部美学著作，都对审美创造活动作了社会学的考察。尼达姆的《论十九世纪法国和英国社会美学的进展》，详尽阐述了社会学美学的历史发展轮廓。这种社会学美学，在许多国家还在继续发展。

有趣的是，哲学美学、心理学美学和社会学美学也都要研究文学艺术，然而，文艺美学，还是得到了独立发展，成为一门专门研究文学艺术的审美特性和创造规律的学科。这不是根据个别人的命令，而是在社会实践中历史地形成的。

人类的审美活动，遍及社会生活的所有实践领域。生产斗争、政治生活、道德、科学、艺术的实践活动等等，都可能伴随或渗透着审美活动。但是，人类并不只满足于对既有现实的审美，而且更进而要来创造美，因而有了创美活动。人类是按照"美的规律"进行创造的，并不只是文学艺术活动才是审美创造活动；审美教育也并不限于艺术教育。哲学美学、社会学美学、心理学美学以人类的整个审美活动作为自己的研究对象，而不是只研究文学艺术。它们，是要研究文学艺术和其他人类审美活动共有的审美的普遍规律。哲学美学，主要研究审美活动中美的本质，弄清自然美、社会美、艺术美共有的性质，因而它首先是美的哲学。但哲学美学并不限于研究美，更不只研究艺术美，它，还要研究美的对立面——丑，揭示自然、社会和艺术中的丑的共同本质。进而，哲学美学还要研究美、丑的变种：崇高和滑稽，悲和喜，等等。因此，哲学美学，不仅是美的哲学，还是丑的哲学，又是悲的、喜的哲学，崇高的、滑稽的哲学，等等。哲学美学当然也研究文学艺术的美、丑、悲、喜等等，但它的使命不在研究文学艺术的特殊性质和规律，而是研究文学艺术和生活中的美、丑、悲、喜等的共同性质和普遍规律。心理学美学研究审美主体的心理活动的本质和规律，揭示审美心理和非审美心理的联系和区别。在审美活动中，心理过程极为复杂。审美心理学研究审美反映的过程和状态，其中当然包括了文学艺术的创造和欣赏的审美规律。但是，审美心理学并不穷尽文学艺术的所有心理规律，而只是研究文学艺术和其他审美活动共有的普遍规律。社会学美学则探索人类社会的审美创造的本质和规律，研究人怎样从实践上去创造美，产生新的审美价值。

那么，文学艺术自身与其他审美创造活动相区别的特殊审美性质和美的规律，由什么科学来研究呢？文艺美学。

近代以来，西方美学和人类实践活动有了更为紧密的联系，美学向着更为具体的实践部门纵深发展，更为具体的美学部门出现了：生产美学（技术美学、劳动美学），生活美学，运动美学等等，都迅速发展，文艺美学也是如此。这些更为具体的部门美学，在哲学美学、心理学美学和社会学美学的基础上产生和发展，但不停留在审美创造活动共同本质和普遍规律的探索，而是深入到各种具体审美创造活动中去，找寻它们的特殊审美性质和规律。比如，在欧美和苏联都得到蓬勃发展的生产美学（技术美学、劳动美学），就是专门研究生产活动中的审美创造规律的美学。随着物质生产的发展和社会审美需要的提高，人类要求把一般的生产劳动提高到审美创造活动甚至艺术创造的水平，不仅劳动产品要美，就是劳动过程也要成为审美活动，使人得到审美享受。生产劳动，事先不仅要有科学设计，而且要有艺术设计，就是劳动对象和劳动环境也都要符合社会审美要求。于是，专门研究生产劳动的特殊审美创造规律的生产美学（技术美学、劳动美学）应运而生。

物质生产要按美的规律来创造，那精神生产就更应如此了。随着人类的文学艺术活动的愈益复杂，美学日益向这个领域深入，文艺美学也作为美学的一个独立部门而发展起来。

三

文艺美学的独立发展，也有一个过程。

黑格尔的美学，已深入到文学艺术内部，孕育着文艺美学独立发展的趋向。但黑格尔之所以特别重视文学艺术的美学研究，是由他整个美学思想体系的唯心主义性质所决定的。在黑格尔的美学体系中，艺术美处于中心地位。在他看来，美不过是"理念"的感性显现，美在自然中的显现是不完善、不充分的，只有在艺术中，美才得到完善而充分的显现。艺术美永远高于自然美，所以，美学应该主要研究文学艺术的美。

但是，在近代，不只是唯心主义美学，而且是唯物主义美学也重视对文学艺术的美学研究。著名的唯物主义美学家车尔尼雪夫斯基，坚持美就是生活的观点，美学研究对象应是生活，而不限于艺术。在他看来，艺术美不过是生活美的苍白的再现，艺术美低于生活美，这是机械唯物主义的美学观。然而，车尔尼雪夫斯基也仍然十分重视对文学艺术的美学研究，他的主要美学著作、学位论文《艺术与现实的审美关系》，不就是研究文学艺术的美学吗！可见，美学史上不一定只有唯心主义美学才重视文学艺术。

近代以来，有许多美学家越来越重视对文学艺术的美学研究。克罗齐的《美学原理》，里德的《美学研究》，帕克的《美学原理》《艺术的分析》等，都进而考察文学艺术与其他审美现象的联系和区别。像汉斯立克这类美学家，又进而深入到更具体的艺术部门，研究音乐特有的美学性质和规律，如《论音乐的美》。普列汉诺夫、卢那卡尔斯基、卢卡契等力图用马克思主义观点来研究美学，都十分注意文学艺术，不过还没有把文艺美学单独分出来。随着美学对文学艺术的研究越来越深入、细致，在当代，不仅文艺美学获得独立发展，而且已日益分化为更具体的部门：音乐美学、绘画美学、建筑美学、舞蹈美学、雕塑美学、戏剧美学、电影美学、文学美学，以至摄影美学等等。

当代美学对文学艺术的审美创造特性和审美创造规律的了解，日益深化，从而，又进一步引起了美学对文学艺术的重视。艺术和审美有什么关系？艺术的是否必定是审美的？这，曾受过许多人的怀疑。但是，越来越多的人终于逐渐认识到，文学艺术同审美活动有着必然联系，文学艺术具有审美性质。问题在于：文学艺术和审美活动的必然关系何在？文学艺术的审美特性表现在哪里？至今还未有统一的看法。例如在苏联，自五、六十年代以来，美学家、文艺理论家中间肯定文学艺术的审美特性的人日趋普遍，但见解却不一。有一种观点，例如波斯彼洛夫的《审美和艺术》一书（六十年代专著，刘宾雁把它译作《论美和艺术》，与原意略异）中所阐明的："艺术作品的内容，在其所有基本方面，在认识的对象、在意识形态上对对象的认识与感情评价等方面，都并无真正的审美意义。"艺术的内容没有审美性质，那么，艺术的审美性质在哪里呢？在于"艺术内容的一般特点在一部作品中完整表现的优越性"，也就是对内容所作的完整的、优越的、典型的表现。文学艺术，"以其完整的表现规定作品的审美价值"。此后，又有一种观点，例如卡冈的《马克思列宁主义美学讲义》中所说的，文学艺术的内容也具有审美性质，艺术作品中具有审美内容；只是，艺术的审美内容仅是艺术内容的一个因素、一个方面，它与政治内容、道德内容、科学内容结合在一起，共同构成艺术的内容。此外，还出现了一种观点，例如斯托洛维奇在《审美价值的本质》一书中所说的，艺术的内容，其本质就是审美的，而不是政治的、道德的、科学的。艺术内容中虽然也包含有政治的、道德的、科学的因素，但这些因素单独地并不能成为艺术内容，只有通过审美的评价，才能成为艺术内容。不管这些说法是如何分歧，但却表现了一个共同趋向：美学家、文艺理论家越来越重视文学艺术的审美性质和审美创造规律的研究。致力于"美的哲学"研究的斯托洛维奇，以哲学美学见长，但把文学艺术看作是人类审美关系的最集中而凝练的表现。卡冈也以哲学美学家见称，但他屡次把研究对象转向文学艺术，在七十年代写的《艺术形态学》，主要就是研究了文学艺术的美学。像齐斯、万斯洛夫等许多美学家，则一向致力于文学艺术的美学研究。

马克思严格区别了人类的物质生产和动物的本能生产，特别提到，不同于动物的生产活动，人类是能按照"美的规律"来生产的。艺术生产，作为精神生产的一种，比起物质生产，当然更应突出按照"美的规律"来创造了。文学艺术是一种审美创造活动,是审美创造活动的独特形式。我心目中的文艺美学,着力探究的应是文学艺术这一人类活动,究竟是怎样按照"美的规律"来行进的。如果我们把文学艺术作为相对独立的社会现象来考察它的整体,那么,我们就会发现,文学艺术至少有三个不同层次的美的规律:

1. 文学艺术同一切审美创造活动共有的普遍规律

在所有人类活动、一切社会现象中,有些是按照"美的规律"来进行的,有些则是并非遵循"美的规律"的活动和现象。然而,人类的审美活动渗透到人类活动的各个方面,极为广阔,遍于社会生活的各个领域:劳动生产、军事斗争、政治交往、道德活动、科学实验、艺术创造和日常生活中,都有审美的和非审美的因素交织着。人应该而且可以按照"美的规律"来创造,所有审美活动,一切审美现象,具有共同性,必须遵循共同的审美和创造规律。文学艺术,不过是人类审美活动、审美现象中的一种形态,它与其他审美活动、审美现象具有共同性,遵循普遍的审美规律。就审美客体说,美、丑、悲、喜、崇高、滑稽等等,都有各自的共同本质和普遍规律;就审美主体说,审美趣味或审美理想的形成,也都有各自的普遍规律;审美客体和审美主体如何交互作用,也都有一些普遍的规律。文学艺术也离不开整个审美创造活动的普遍规律。

2. 文学艺术区别于其他审美创造活动而独具的特殊规律

文学艺术是审美创造活动的独特形态,不同于其他审美活动。文艺的本质,是审美的,但又不是一般的审美价值,而是特殊的审美价值——艺术价值。艺术美同生活美(自然美、社会美)有共同性,又有特殊性,艺术美不同于生活美。文艺的功能,不仅不能为一般的认识作用、教育作用所代替,而且也不是普通的审美教育,而是一种特殊的审美教育(认识作用、思想作用则在其中折射)。文艺的构成，也不是一般的形象结构，而是一种独特的形象结构——艺象（或意境，或典型）。文艺是上层建筑、意识形态，但又不是一般的，而是特殊的上层建筑、意识形态，它不仅只是传达人类既有的审美经验，而且提供了新的审美体验，创造出新的审美价值，从而提升人的精神境界，进而在社会实践中，精神转化为物质力量，对社会发生作用，推动人类从"必然王国"向"自由王国"迈进。

因此，美学要深入，就不只要弄清审美与非审美的区别，而且在审美领域内，还要进而探索文艺与审美的差别。

3. 文学艺术的不同样式、种类、体裁之间相互区别的更为特殊的个别规律

文学艺术的各种样式、种类、体裁，又各自具特点，规律有别。音乐、舞蹈、建筑、绘画、雕塑、戏剧、电影、文学，等等，特征备异，不可代替。就是每一样式之中，又有不同的种类，例如文学，则有叙事作品、戏剧作品、抒情作品。每类之下，又可细分，例如叙事作品，又有小说、史诗等体裁。这些样式、种类、体裁，都有独特的审美特性和审美规律。美学要掌握文学艺术的全部特性和规律，势必要层层剥笋、步步深入。

文学艺术，如同一切社会现象，都具有普遍、特殊、个别这三个层次的规律。文学艺术的审美创造规律，也有普遍、特殊、个别之别。这三个不同层次的审美创造规律，相互区别而又相互联结，美学的不同部门，从不同的层次上去研究它们的相互联系和区别。如果说，审美哲学、审美心理学、审美社会学着重研究一切审美活动、审美现象共有的普遍审美规律，那么，它们也要触及下一层次的特殊审美规律（劳动生产中的、社会斗争中的、科学活动和艺术创造中的特殊审美规律），研究普遍和特殊之间的联结。文艺美学在研究文学艺术自身特具的特殊规律时，无疑，既不能脱离那所有审美创造活动共有的普遍规律，又要联系下一层次更为特殊的个别规律（音乐的、舞蹈的、文学的等等），但它责无旁贷，必然要着重研究文学艺术共有的这一层审美创造规律。音乐美学、舞蹈美学、建筑美学、电影美学、戏剧美学等等，则要着重研究各种艺术样式的个别审美创造规律，依次推进，层层深入。

任何科学，都要在普遍、特殊、个别的联结中来研究自己的对象。文艺美学也在文学艺术的这三个层次的审美创造规律的联结中研究自己的对象。文艺美学，既属于整个美学，只是美学的一个部门，又有自身的相对独立性，区别于其他美学，其中心是探索文学艺术如何按照美的规律来创造。

文艺美学，虽然是从美学上来研究文学艺术，但也把这种复杂现象作为一个完整的对象，加以系统的研究。文学艺术，作为一种审美创造活动，本身就是一个独特的"系统"。这个"系统"是由三个方面构成的：文学艺术的创造，是由艺术家、作家来完成的；创造出来的产品，是个独特的存在；它之所以被创造出来，又是为了满足人类的一种特殊的社会需要，它必然要由读者、听众、观众所接受，艺术的价值得以实现，才能完成这个特殊活动的整个过程。创造—作品—享受，这是文学艺术活动过程的三个必要环节，而作品，则是其中最中心的环节。文艺美学要对这个完整过程作系统的研究，弄清文学艺术这个独特"系统"的三个方面，因而，它包括了这三个维度的美学。

1. 文艺作品（产品）的美学

文艺作品，如同一切社会产品一样，有其自身的价值、功能和构造，它又有各种不同形态。作为人类的精神生产的文艺创作的产品不同于其他物质产品，又和一般的精神产品有区别，是一种特殊的社会产品，有自己特殊的价值、功能和构造，是独特的形态。

文艺作品的美学，必须揭示这种特殊产品的特殊价值、特殊功能和特殊结构，从而弄清文学艺术的独特本质。它还要研究文学艺术的不同审美特性，美与丑，悲与喜，崇高和滑稽在艺术中是如何表现的，它们同生活中的美丑、悲喜等的联系和区别何在。艺术美和生活美的关系，就是必要课题之一。艺术美中形式美和内容美的联系和区别，二者如何结合而为艺术美，等等，也都是必须探讨的问题。

2. 文艺创造（生产）的美学

文学艺术的创造，是一种活动，是一个过程。这创造过程，本身就是一种特殊的审美活动，它既是审美创造，又是审美反映，结合着实践掌握和精神掌握，是人类掌握世界的一种特殊方式。

文艺创造的美学，要弄清这种特殊审美创造活动的过程，研究这个过程中的一些主要环节，作家、艺术家在创造过程中所使用的方法，探索在这过程中是怎样按"美的规律"创造的。

3. 文艺享受（消费）的美学

精神生产和物质生产，都是服从于人自身的生产的。但精神生产和物质生产不同，乃是为了满足人的精神需要，追求人类的最高价值真、善、美。作为精神生产的一种，作家、艺术家创造出文学艺术这个产品，是为了供人享受（消费）。只有在消费中，才实现了生产的目的，实现了价值。如果产品不能供人使用，它就是无效劳动。文学艺术的社会作用，只是在读者、听众、观众的消费中才得以完成。但文艺的消费，是一种独特的消费——审美享受的特殊形式，突出了满足人类的审美需要，它本身也是一种独特的审美活动过程。

文艺享受的美学，研究文学艺术如何被读者、听众、观众所接受。这就是在当今许多国家所重视的"接受美学"。我们要弄清

"艺术魅力"究竟是怎么回事，读众、听众、观众在面对文学艺术这个特殊的审美对象时，怎么引起审美体验，找出艺术享受中的审美规律。

探讨文学艺术的作品、创造和享受、亦即产品、生产和消费这三方面美的规律，这就是文艺美学的对象和内容。

按照"美的规律"创造的文学艺术，审美价值应是其基本价值，却并非唯一价值。艺术价值中尚蕴含着认识价值、道德价值等其他价值，真、善等精神价值依存于艺术之美中。真善美的统一，应是艺术创造的最高追求。作家、艺术家在生活实践中获得的人生体验，不仅只是审美体验，还有广泛而丰富的多样人生体验，都可能被吸纳到艺术创造中，按"美的规律"组织为意象世界，予以符号化，成为艺术作品。审美现象不是孤立于其他社会现象的真空领域和封闭体系，审美现象、审美活动是整个社会生活中的一个方面。文学艺术的创美规律，离不开社会生活中的其他社会规律（经济的、政治的、道德的等等）。因此，文艺美学不能把文学艺术的创美规律（人文规律的一种形态）和其他社会规律割裂或对立起来。文艺美学，不是孤立于社会学、经济学、政治学、伦理学、哲学和其他科学的封闭体系，它必须吸收这些科学，以至工艺学、语言学、符号学、信息论、控制论等最新科学成果。文艺美学研究文学艺术审美的"自律"，不能离开整个社会发展的"他律"，不能轻视"他律"对"自律"的制约作用，正如研究地球的自转，不能抛开它围绕太阳的公转。但是，文艺美学要着重弄清的，乃是文学艺术这种特殊创美活动的"自律"，"他律"如何通过"自律"而发生作用，从而产生一种"合力"。"美的规律"乃是联结"自律"和"他律"的"合律"。文艺理论要对文学艺术的社会的、政治的、道德的、心理的、美学的种种因素作综合的、全面的研究。所以，文艺美学只是文艺理论的一个门类，它不能代替文艺理论。

　　文学艺术的审美创造活动，也不孤立于人类其他审美创造活动领域，而只是其中的一种形态。因此，文艺美学也不把文学艺术和其他审美创造活动割裂或对立起来研究，文艺美学不是和美学其他部门绝缘的孤岛，它必须吸取其他美学部门的研究成果。它既需要采取"自上而下"，又需要运用"由下而上"的方法，分析和综合，演绎和归纳相结合。文艺美学离不开哲学美学、心理学美学和社会学美学，需要用"一般"来指导"个别"；同时，也需要从"个别"到"一般"，依靠音乐美学、舞蹈美学、戏剧美学、电影美学等具体部门美学，共同努力，从而揭示出文学艺术这种人类活动的普遍、特殊和个别的美的规律。因此，文艺美学只是美学的一个门类，它不能代替美学的其他部门。文艺美学处于美学和文艺学相交叉的中间地带，所以，这是一门在美学和文艺学之间的间性科学。

一九八〇年冬，北京大学燕园

　　原为1980年秋在北大所开"文艺美学"一课的讲稿，载于《美学向导》，北京大学出版社1982年版；后又收入"二十世纪全球文学经典珍藏"丛书（钟敬文、启功主编）中的《二十世纪中国文论经典》（童庆炳主编）一书，北京师范大学出版社2004年版。2015年，收入海天出版社出版的《胡经之文集》第一卷。

文艺美学试起步

这部《文艺美学》书稿，从酝酿、构思、撰写到几度修改，时耕时辍，经历了八个春秋。在即将付梓之际，回顾写作此书的心灵历程，不禁思绪起伏，感慨系之。

还在五十年代，我在北大攻读文艺学副博士研究生时，师从杨晦学习文艺学，又随朱光潜、宗白华研习美学。那时，就有一个问题时常困扰着我：文艺学和美学是什么关系？文艺和审美的联系与区别何在？

当时，美学争论的主题是：美是主观的还是客观的，是自然的还是社会的。我觉得，美学若只停留在哲学的抽象层面，并不能解决美是什么的问题，更不能解答文学艺术这一人类活动中的复杂问题。坦率地说，关于美的本质，当时我最信服的是苏联美学家斯托洛维奇的见解。他最先提出美是社会的，又是客观的。后来，他又加以发展，把美看成是一种价值，写出了《审美价值的本质》，颇有见地。依我看来，美是价值说也许不是终极的美论，却是当前对美的较为合理的解释。马克思的哲学贯穿着价值论，在《资本论》，特别是第四卷《剩余价值理论》中，就是从价值分析出发来阐明资本的产生和发展。马克思科学地区分了使用价值和交换价值的不同，把审美价值归属于使用价值之中，和交换价值严格区分开来。我们的美学正应沿着价值论这个思路，深入探索审美价值和其他使用价值的联系和区别。但是，当时我正在教文学概论，最感兴趣的还是在探索文学艺术的奥妙：艺术的特性何在？艺术需要美吗？艺术的审美价值何在？

于是，我的美学探索就从这里开始。

艺术需要美，美是艺术的必不可少的价值特性。不过，艺术美和生活美相比，究竟有什么特点，在当时我并无太多的了解。在我看来，真、善、美都应是艺术的价值特性，只是，艺术实践错综复杂，有的重在真，有的重在善，有的则钟情美。五十年代末，我曾写过一篇副博士毕业论文，探讨古典艺术为何至今还有艺术魅力（六十年代初发表于《北京大学学报》），基本意思就是说：艺术作品客体本身就具有真、善、美的意蕴；当作品呈现在具有艺术鉴赏力的欣赏主体面前，客体通过主体起作用，于是就产生了艺术魅力。但是，真、善、美在艺术作品中究竟是什么样的关系？一时尚难说清，只好暂不展开。

经历了六七十年代的沉默思索，我逐渐形成了一种看法，觉得真也好，善也好，要真正成为艺术的内容，都必须通过审美为中介；真、善经过审美之光的折射才能转化为艺术的内容。艺术美和生活美，两者虽都是美，却是两种很不同的形态。艺术美不必然高于生活美，若要高于生活美，就必须按照美的规律来创造。艺术美是真善美的结晶，是人对生活有感而发的审美体验的物化形态，用美的物质形式（符号）来体现审美的精神内容，和生活美相较，是一种十分特殊的形态。艺术活动不仅只是内含着审美体验活动，而且还应是一种创造美的活动。在这创美活动中，当然内含着作家、艺术家对生活的审美活动内容。但艺术创造内含的是一种独特的审美活动，还有它自己独有的特殊规律。艺术创造，不仅只是创造出了一种新的物质（符号）形式，更重要的是凝聚了人的独特的审美体验，又反映出了人与现实的审美关系。如果说，哲学美学主要是研究人类审美活动共有的普遍规律，那么，文艺美学就应着重研究艺术活动这一特殊创美活动的特殊规律以及审美活动规律在艺术领域中的特殊表现。从美学的历史发展看，美学并非只关注艺术，但黑格尔的美学研究中心已转移到艺术领域，他把自己的皇皇巨著称为"美的艺术的哲学"，集中探索美的艺术，使美学拓展了一个新的境界。

正是基于这样的认识，1980年春，我在昆明召开的全国首届美学会上提出，高等学校的文学、艺术系科的美学教学，不能只停留在讲授哲学美学原理，而应开拓和发展文艺美学。这一倡议得到了师辈朱光潜、王朝闻、伍蠡甫等前辈学者的热忱鼓励，也获得了同辈学者的热烈响应。接着，我撰写了《文艺美学及其他》（刊于1982年北京大学出版社《美学向导》），论述艺术审美本质的《论艺术形象》（刊于1981年上海文艺出版社《文艺论丛》），呼吁发展文艺美学。

我自己则在北京大学作了尝试。1981年，我建议研究生部在文艺学专业中设立区别于哲学美学的文艺美学这一方向的硕士学位。当年，我就招收了文艺美学的首届硕士生。为了发展这一学科，我着手撰写《文艺美学》一书，作为文艺美学硕士生的教材。当我发觉文艺美学一课不仅引起了研究生的兴趣而且也吸引了本科生时，我确实受到很大鼓舞。北京大学出版社要我把文艺美学讲稿改写成一部专著，作为"文艺美学丛书"的开头，我欣然应允了。

可是，1983年，当我写出了第二稿，出版社敦促我及早发稿付排时，我却又迟疑了。重读一遍书稿，我自己觉得全书的内在逻辑尚嫌不足，脉络尚需进一步理顺，一些关键问题还需深一层展开论证，不能就这样拿出去。宁可晚些，但要好些。

于是，我又陷入了沉默思考。

著作，是思考的结果。文艺美学并非就是美学原理和文艺学原理的简单相加，需要寻找自己的逻辑起点和思想脉络，这就要思考和研究。

在我的思考中，曾想以艺术形象作为我分析的出发点，由艺象的特性引出艺术的内容、形式、构成、形态等等，然后再转入创作活动和欣赏活动。这是从静态分析走向动态考察的行程，常见的教科书就是采用这种方法。但我经过几番思考，还是放弃了这条路程，而顺着另一脉络展开去。我想，与其面面俱到，四平八稳，还不如有感即发，无感不发，有话即长，无话即短。审美活动、艺术本体、审美体验等问题，别人说得不多，而我有话要说，为何不由此入手展开？而别人在过去已谈得不少的批评、鉴赏等问题，我又何必多说！于是，我先从分析作家、艺术家在现实生活中的审美活动着手，剖析艺术把握世界的方式，进而探究审美体验的特点，寻找艺术的奥秘，然后才转入艺术美、艺术意境等的论述。这是从动态分析走向静态考察的路程，在动态过程中探索美的规律。最后，我又从静态回到动态分析，以两章的篇幅，转入艺术的阐释和接受，阐发了艺术的审美教育作用，艺术价值的实现，从审美过程中探索美的规律。也许，这不是最好的方法，但既然我已沿着这条脉络展开我的思路，那就让它去吧！

思考，有时充满了感悟的欢乐，有时却又深受折磨而不能自拔。其间，又经常为其他事所打断。为应高等学校文科教学的急需，国家教育委员会委托我主编西方文艺理论的教科书，花了些时间；我在深圳大学的兼职也需我分出很大精力。这样，《文艺美学》的修改时断时续，无法一气呵成。

在思考和修改的过程中，我接触了不少青年学者，他们对我的书稿十分关切。北大青年学者王岳川读了书稿，提出了不少中肯的意见，并敦促我及早出版。他的热忱，使我深受鼓舞。他们开阔的视野和独到的见解，给了我很多启发。在岳川的协助下，我加快了修改速度，补充了新的思想和材料，全书终于在1988年春完成了第三次修改。多年的心血化成了卅余万文字，总算感到了一丝欣慰。

在我心中回旋着罗曼·罗兰的一句话："要有光！太阳的光明是不够的，人，必须有心灵的光明。"是的，人只有外在的光是不够的，心灵也应该闪光。心灵闪光！这是孜孜不倦地追求真、善、美的有志者共同希冀达到的境界。艺术之美，是人类灵魂之光。文艺美学的使命正在于探索和揭示艺术这一灵魂之光的奥秘。艺无止境，对艺术奥秘的探索也将是无止境的。

在探索艺术特性的过程中，我搜集了不少中外美学、文艺学的资料，其中有一些已整理成《中国古典美学丛编》《中国现代美学丛编》，有些已经放入《西方文艺理论名著选编》里，分别由中华书局、中国社会科学出版社、北京大学出版社出版，与广大读者共享。我深深感到，要使文艺美学提高水平，必须对中外的美学、诗学作一番比较研究。把中外美学、诗学的基本范畴作比较研究，再进而比较中外美学、诗学的思想体系，这将是饶有兴味和引人入胜的。我相信，比较美学和比较诗学的建设和发展，必将为中华当代美学、文艺学开辟一个新的天地。中外古今的美学、文艺学资料，浩如烟海，如要埋身书堆，终其一生，恐亦难求其全。资料搜集并非理论研究的目的，而只是它的必要手段。理论资料必须经过整理，进行比较研究，弄清楚它们的特点、价值，从而作为建设和发展中华当代美学、文艺学的借鉴。因此，无论是西方的美学、文艺学，还是传统的中国美学、文艺学，对于我们来说，都只是理论的资料。对中外美学、文艺学作比较的研究，也只是建设和发展中华当代美学、文艺学的重要手段,却不是目的本身。通过中外美学、文艺学的比较研究,借鉴中国传统和外国美学、文艺学中有价值的东西,为的是建设和发展中华当代美学、文艺学。这是我国当代美学家、文艺学家的共同事业,需要各方有志之士的共同努力。

一九八八年五月,北京大学畅春园寓所

原载《文艺美学》,北京大学出版社1989年版,为全书"序言"。2000年,收入由钱中文、童庆炳主编的"新时期文艺学建设丛书"中的《文艺美学论》一书,由华中师范大学出版社出版。2015年,收入海天出版社出版的《胡经之文集》第一卷。

论艺术形象

一

艺术形象，可简称为艺象，乃是艺术掌握世界、反映现实的特殊方式，艺术创造的结果。

我们可以信手拈出无数例证，也许无须费劲地就能说出，凡是文学艺术作品中出现的人物、情景、事物、故事等等，都是艺术形象。这些人物、情景、事物、故事，就像在实际生活中存在的那个样子呈现在我们面前。所以，我们面对艺术形象，就像接近生活一样，如闻其声，如见其人，如临其境。

然而，列举事实说明什么东西是艺术形象，并不等于在理论上阐明了艺术形象是什么，是什么东西使得它成为艺术形象。意识并非实在，艺术形象不是生活现象。艺术形象同生活现象的联系和区别何在？而这个问题的解决又同另一个问题相联系着：艺术形象同非艺术形象又有什么异同？

艺术以形象反映生活，但并不是对生活的任何的形象反映都是艺术。我们看到的科教影片、电视新闻、地理图册、人体挂图，以至还有一些科学仪器（地球仪、人体像等），这里表现的对象（人、物，或事），不也像在生活中那样具体吗？甚至那些为人的肉眼所看不到的隐秘的东西（人的经络、细胞）也都揭示和呈现出来了。这是形象，然而却不成为艺术。更有一些历史实录、人物传记、新闻记事，所写的人物、事件、实物，比起许多文学作品来，甚至更加具体、详尽，更接近生活本身的样子，然而，这些能说是艺术形象吗？还有许多自称或被称为"艺术"的作品，描绘、模仿生活中的对象"酷似"到"乱真"的地步，却也并不成为艺术。鲁迅说得好："刻玉之状为叶，髹漆之色乱金，似矣，而不得谓之美术。"① 为什么？我看，这些东西虽也造出了形象，但并非艺术形象。相反，中外古今的许多神话、传说、童话中，出现了实际生活中并不存在的事物的形象，中国小说中的孙悟空，欧洲传说中的美人鱼，埃及金字塔前的狮身人面像，都是生活中所不可能有的，然而却是绝妙的艺术形象。

艺术和非艺术的界限不只在形象和概念，而且还在艺术形象和非艺术形象。有了形象并不就是艺术。"新闻上的记事，拙劣的小说，那事件，是也有可以写成一部文艺作品的，不过那记事，那小说，却并非文艺。"② 在鲁迅看来，新闻记事和拙劣小说都不具有艺术的性质，不是艺术。新闻记事、拙劣小说并非毫无形象，为什么不是文艺？我看，就是因为这些形象并非艺术形象。概念化的作品，图解一种概念，既有思想，又有形象，但不是艺术形象，这正如一切拙劣小说一样，不具艺术的性质。概念化、一般化、公式化的作品，也许因其揭示了某种现象的本质或阐明

---

① 《鲁迅全集》第8卷，人民文学出版社，1981年版，第45页。
② 鲁迅：《不应该那么写》，《鲁迅全集》第6卷，人民文学出版社，1981年版，第312页。

了一种先进理论而具有政治、道德或科学上的思想价值，然而却缺乏或很少艺术价值。

艺术形象的有无，是区别艺术还是非艺术的标志。现代西方一些文艺学根本否认艺术是生活的反映，因而干脆否定艺术形象之说①，完全用符号论和自我表现说来解释艺术，难以使人赞同，姑置勿论。但是对于艺术形象的阐明，不能停留在泛泛而论，一般地谈论形象与概念的区别；应该深入揭示艺术形象区别于非艺术形象的独特本质，即它的"质的规定性"。这种探索，对于繁荣艺术创作和发展艺术理论都有其必要：只有首先分清什么是艺术赝品，什么是艺术真品，从而才有可能进一步在艺术真品中找到艺术珍品。

艺术形象，这是文艺学的基本范畴，正如美是美学的基本范畴一样。

艺术形象，既是艺术创作的直接目的和必然结果，又是艺术欣赏的直接对象和当然起点。艺术生产的直接目的就是要创造艺术形象。如果艺术生产者不能创造出艺术形象，正如物质生产者不能创造出实用物品一样，那就不能说完成了自己的生产。艺术典型之所以不同于社会典型也不同于科学典型，正在于它首先是艺术形象。撇开了艺术形象的独特本质，一般地谈论典型的共性和个性，只能纠缠不清，不得要领。不只艺术典型，就是社会典型、科学典型都是共性和个性的统一。如果不阐明共性、个性如何在艺术形象中特殊地统一起来，艺术典型问题还是得不到解决。艺术生产过程中要运用形象思维，为什么？正是因为艺术生产的目的是要创造艺术形象，所以需要的不是普通的形象思维，而是特殊的形象思维——艺

---

① 例如，在国外广为流行的英国出版的《文学术语辞典》一书中，根本无"艺术形象"一词的立足之地。

术思维。人在任何实践活动中都需要进行形象思维，艺术生产所需的形象思维同它们既有共同性又有特殊性。艺术欣赏的性质大体也如此。

艺术表现人的感情，也表现人的思想，因而，艺术成了社会意识形态、上层建筑。然而，在艺术中，思想和感情并非抽象地表现，而是用生动的形象来表现，这就使得艺术与其他意识形态、上层建筑相区别开来，成为社会意识的特殊形态、特殊的上层建筑。艺术的思想和感情只存于艺术形象之中，离开了艺术形象的思想和感情就不是艺术的思想和感情。几十年来，对于艺术与政治、道德的关系问题，我们的文艺学谈论过不少，这并不是过错。问题在于：离开了艺术形象本身，不去揭示艺术的独特本质，只是重述艺术与政治、道德的共同本质，不去阐明各自的特殊本质以及二者的联结，能够说得清楚艺术与政治、道德的关系问题吗？艺术有规律，艺术生产必须尊重艺术规律，这个道理越来越得到了重视。然而，什么是艺术规律？艺术规律有哪些？至今未见有系统的概括。规律，按列宁的说法，无非就是现象之间的本质关系，或是本质与本质的关系。规律离不开本质，要寻找艺术的规律，就必须揭示艺术的本质。艺术和其他意识形态、上层建筑有共同的本质，但艺术又有其特殊的本质，并且，正是在特殊本质中表现共同本质，共同本质寓于特殊本质。这种共同本质和特殊本质的联结，正是在艺术形象中才得以实现的。因此，要阐明艺术的本质，必须从分析艺术形象入手，正如要了解资本主义的本质，必须解剖商品这个东西的交换价值一样。同样，要阐明艺术的规律，要阐明艺术与政治、经济等的关系，也必须从艺术形象的特性出发。如果我们的文艺学不只是要复述历史唯物主义一般原理（哲学已经做了），而要以此为方法去研究艺术的特殊原理，那就不能不先对艺术形象作些必要的探索。

世界上有许多现象,初看起来似很简单,细加思索又觉复杂。美,就是生活中常见的普通的现象,我们经常可以碰到,并不神秘。人人几乎都有审辨美丑的能力,无须懂得多少美学理论。然而,知道什么东西是美的,并不就是从理论上说明了美是什么。曾对美学有过卓越贡献、作出了"美在关系"这个著名论断的狄德罗说得好:"人们谈论得最多的东西,每每注定是人们知道得很少的东西,而美的性质就是其中之一。"①历史上,美学家们写了不少美学论著,对美作过许多探索,但美的本质究竟是什么,至今还没有得到圆满的解决。

艺术的本质、艺术形象问题也许要比美的问题解决得好些。但是,艺术的本质、艺术形象的特性却与美休戚相关。艺术美和生活美,是美的两大基本形态,而且,艺术美比起生活美来并不更加简单。艺术的美只存在于艺术形象之中,存在于艺术形象的内容与形式及其统一之中:艺术形象的形式要美,内容也要美,并且形式要完美地表现内容,按照美的规律,结合为一个有机整体。艺术形象,无论是内容还是形式,都离不开美的规律。人类的物质生产要按"美的规律"进行;艺术生产、创造艺术形象就要按更为复杂的"美的规律"进行。艺术形象是一种审美品,是比生活中的美的物品更为复杂而特殊的审美品,人类用它来表现审美体验。人类正是为了要把审美体验告诉别人、相互交流,所以才要创造艺术形象。艺术形象当然也可以表现人的政治观点、道德观点以至哲学观点,但是这都必须经由审美的中介融为审美体验,化在艺术形象中。人

---

① [法]狄德罗:《美之根源及其性质的研究》,杨一之译,载《文艺理论译丛》,1958年第1期。

们可以对艺术形象作科学的分析，指出其中的政治、道德、哲学的观点，作出政治、道德的评价。但是，如果仅限于此而不阐明这些观点是如何表现在艺术形象中的，政治、道德、哲学观点是如何融化在审美体验中的，那还不能成为科学的批评。马克思、恩格斯、列宁、普列汉诺夫，一直到毛泽东，在评价艺术时都并不仅限于从政治观点来判别其思想性质，而是更从审美观点来分析其艺术价值。恩格斯在评论歌德时曾再三声明："我们决不是从道德的、党派的观点来责备歌德，而只是从美学和历史的观点来责备他。"①他在给拉萨尔的信里又一次强调："我是从美学观点和历史观点，以非常高的、即最高的标准来衡量您的作品的。"②艺术形象是作家、艺术家对生活的审美体验的结晶，具有审美性质。文艺学应该在理论上阐明艺术形象的审美性能。

不只艺术形象的审美性能应该阐明，而且，艺术形象的逻辑结构也应得到揭示。艺术形象的内在结构（心理结构）和外在结构（符号结构）得不到揭示，艺术形象的独特本质仍然不能完全说清。这就涉及美学、心理学、逻辑学以至语言学和各种工艺学上的许多问题。因此，艺术形象问题的探索，不能只限于文艺学，而需要美学、心理学、逻辑学、语言学、工艺学各方面的共同努力。

二

艺术形象，在各种艺术样式和不同艺术作品中有复杂的表现形态，千姿百态，形神各异。从抒情短诗、即兴小曲、素描写生，到

---

① 恩格斯：《诗歌和散文中的德国社会主义》，《马克思恩格斯全集》第4卷，人民出版社，1965年版，第257页。

② 《马克思恩格斯全集》第29卷，人民出版社，1965年版，第581页。

宏伟史诗、长篇巨著，创造的艺术形象各不相同。我们需要从艺术形象的各种复杂表现形态中找出艺术形象所共同具有的东西，而不管它究竟具体表现为人妖兽怪还是物事情景等形态。

为了能从较单纯的形态中辨别艺术形象的特性，我想先从为人熟知的清代画家郑板桥的画竹说起。这位以画竹出名的画家，在屋前种了一片竹子，加上石笋数尺。郑板桥寄情竹石，朝夕与共，竹子成了他绘画的主要对象。这些园中之竹经由郑板桥的加工、改造，成为画上之竹。郑板桥在《题画：竹》上写下了这一番话：

> 江馆清秋，晨起看竹，烟光、日影、露气，皆浮动于疏枝密叶之间。胸中勃勃，遂有画意。其实，胸中之竹，并不是眼中之竹也。因而磨墨、展纸、落笔，倏作变相，手中之竹，又不是胸中之竹也。①

在这里，郑板桥对"眼"中之竹、"胸"中之竹和"手"中之竹作了区分，这种区分有助于我们了解艺术形象究为何物。

显然，园中之竹不是艺术形象，而是生活中的物质存在。生活中客观存在着的现象（人、事、物、景），都有其形状和模样。这种生活现象是可被我们感觉器官所感受到的形状和模样，人们有时也称之为形象。常听人说，此人面目可憎，那个形象挺美，这是说的人的形象。我们称赞熊猫笑容可掬，形象可爱，这是说的动物的模样。园中之竹也有它自己的形状和模样，郁郁葱葱，青翠欲滴，形象优美。生活里客观存在着的美的事物都有形象，所以有人说美

---

① 中华书局上海编辑所编辑：《郑板桥集》，中华书局，1962年版，第161页。本文所引郑板桥语，均见此集，不再一一注明。

在形象。但是,此形象非艺术形象,而只是物的形状和模样,是物象。园中之竹可以是美的,是美的物象,却并非艺术形象。又有人说有些事物只有声象没有形象。那么,我们不妨把现实生活中的声象、形象等都称之为本象,和艺术中的符象相区别。符象有美丑,本象也有美丑。

"眼"中之竹也不是艺术形象,而只是园中之竹映入的眼帘在脑海中形成的视觉映象。郑板桥感知(感觉和知觉)那园中之竹,竹子经由眼而在脑海中形成竹的映象,这就是郑板桥的"眼"中之竹。这种"眼"中之竹在脑海中形成后,可以在竹子不直接呈现于眼前时,也能在脑中唤起,形成表象。"眼"中之竹,不管反映为知觉还是表象,都只是竹的映象。不过,既然人的任何意识正如列宁所说都"只是外部世界的映象",我们就有必要把感觉、知觉和表象的映象同概念、判断、推理的映象相区别。因而,我们不妨把感觉、知觉和表象称作感性映象。"眼"中之竹是园中之竹的感性映象,它在两重意义上说都还不是艺术形象:它还没有经过思维的加工改造,尚未上升为意象思维;而且也还没有和感情相结合,并予以物化成为审美物品。

"胸"中之竹也并非就是艺术形象。"胸"中之竹已是"眼"中之竹在人的思维中的进一步加工,已经不是纯粹的感觉、知觉或表象,思想、感情参与了其中。但是,"眼"中之竹在思维中的加工改造可以经由两种途径,产生两种结果。感性映象经由思维的分析、比较、综合,抽象而为概念。概念的继续运动,使概念与概念联结为判断、推理,最后成为科学理论、概念体系。感性映象也可经由思维的分析、比较、综合,意与象融合而为意象。意象的继续运动,使意象与意象联结为意象体系或复合意象。因此,"胸"中之竹,作为"眼"中之竹的思维加工的结果,可能是竹的概念,也可能是竹的意象。郑板桥说"胸中勃勃，遂有画意"，此时在他脑海中浮现的该是竹的意象。意象，按照中国传统的说法，它应是意中之象，有意之象，意造之象，不是表象，不是纯粹的感性映象；但它又不是概念，保留着感性映象的特点。意象，这是思维化了的感性映象，是具象化了的理性映象。艺术创造，重心在意象思维，在心中开展意象运动，意与象合，意象与意象联结，构成意象体系的有机整体。但"胸"中之竹，可以是审美意象，也可以是非审美意象；"胸"中之竹，可能是已经完成了的意象，也可能是正在形成中的意象。"胸"中之竹，并非就是艺术形象，它有待定型、物化。只有当意象是审美的，并且审美意象经由符号化而得到物质表现，才成为艺术形象。

如果"胸"中之竹确是审美意象，经过画家之手把它定型、物化在纸上，那么"胸"中之竹转化为"手"中之竹，艺术形象就诞生了。"手"中之竹是"胸"中之竹的进一步的加工和改造。首先，这是精神的加工，就如郑板桥所说，他在落笔画竹时，"倏作变相"，要把"胸"中之竹改动，使审美意象最后定型、完成。而在把这"胸"中之竹物化为艺术形象时，同时还要进行另一种加工、改造，那就是用笔把墨汁固定于纸上，这就不仅是精神的改造，而且是物质的加工并予以符号化了。只是，这种符号实践是为了表意，要受画家的思想变动的支配。郑板桥说他画竹时，"我有胸中十万竿，一时飞作淋漓墨"，这就是说，"胸"中之竹可以有无数，但要化为"手"中之竹，飞作淋漓墨，却只需出现墨竹一丛成几枝，恰如郑板桥所说，"一两三枝竹竿，四五六片竹叶。自然淡淡疏疏，何必重重叠叠。"郑板桥笔下的这几枝墨竹，正是他胸中万竿竹的"变相"和"迹化"。

只有当"胸"中之竹转化为"手"中之竹、笔下之竹、画上之竹时，才形成艺术形象。当然，并不是任何"手"中之竹都能成为艺术形象。无意识地信手乱涂，或者把墨汁、颜色随手泼在画布、画纸上，任其自流成形，我们恐怕不能承认它是艺术形象。"手"中之竹成为艺术形象必须符合两个基本条件：一是"手"中之竹必须是个审美符象；二是"手"中之竹这个审美符象表现了审美意象。因此，艺术形象是审美符象和审美意象的统一：审美符象是艺术形象的形式，审美意象则是艺术形象的内容。艺术形象就是表现、传达了审美意象的审美符象；就是物化、固定于审美符象的审美意象。只有这个统一体的一面，不能成为艺术形象。

艺术形象必须是个审美符象，这点并不为所有美学、文艺学所肯定。意大利的克罗齐不只认为艺术的本质就是直觉，审美意象也只是直觉，而且认为审美意象只有不用物质手段表现出来时，才是最纯粹的艺术。克罗齐把物质符号表现排除在艺术之外，于是艺术成了看不见、听不到、摸不着的直觉。诚然，艺术形象并不仅是个审美符象，但它必须由审美符象来构成它的形式。这个审美符象可能是诉诸视觉的空间形式，也可能是诉诸听觉的时间形式。《左传》中说季扎在襄公二十九年听雅乐时，称赞它"曲而有体"；后人注释云，这是"论其声如此"。声音也是一种物，声象具有时间形式，诉诸人的听觉。任何艺术形象必借审美符象才得存在。绘画，必须把色、线、形等物质手段按美的规律造成视觉上可见的审美符象，才算有绘画的艺术形象。音乐，必须把音调、节奏、旋律等物质手段按美的规律造成听觉上可以听的审美符象，才算有音乐的艺术形象。文学，也必须把语音、词汇、辞章等物质手段按美的规律组成语言的审美符象，才能有文学的艺术形象。

为要创造审美符象，不仅需要物质材料和物质工具（绘画需要以画笔为工具，颜色、线条为材料，雕刻需要刻刀作工具，石头、金属为材料，等等），而且需要技巧经验。每门艺术都有自己的特殊材料和工具，也都有自己特殊的技法。我国古代文论、诗话、乐论、词话、画论、曲话以及口头流传的艺术口诀、歌诀，保存着我国传统艺术的丰富的技法经验，应该得到整理、继承和给予新的总结。可惜，我们的艺术创作和艺术理论多年对此不予重视。数十年前，高尔基曾经感叹，作为文学的根本材料的语言，它的意义长期被文学批评评价得过低，大声疾呼应重视语言技巧。各种艺术如何把材料、工具结合，运用什么样的技法创造出各自需要的审美符象，应该成为文艺美学研究的一个课题，甚至可以发展成为一门学问：文艺符号学，或艺术符号学。

可是，工具、材料、技法本身都还不成其为审美符象。物质材料必须经过艺术家的加工改造才变为审美符象。高尔基说得好："我所理解的'美'，是各种材料——也就是声调、色彩和语言的一种结合体，它赋予艺人的创作——制造品——以一种能影响情感和理智的形式。"①由各种材料的结合体构成的审美符象，同日常生活中的其他审美物品（如漂亮的器皿用具，精巧的刺绣织品）有着共同性，它们都要求美，能满足人的审美需要。但作为艺术形象的形式，这个审美符象却又不同于日常生活中的审美物品。人类创造各种各样的物品，首先是、主要是为了实用，其次方是为了审美需要。艺术形象需要有审美符象作为自己的形式，却并不仅仅只是以符号形式美去满足人的审美需要，它首先是、主要是以这个审美符象作为载体来表现、传达特定的精神内容——审美意象，从而把审美体验交流给别人，影响人的思想和感情。审美符象，在艺术形

---

① ［苏联］高尔基：《论社会主义现实主义》，《文学论文选》，孟昌、曹葆华等译，人民文学出版社，1959年版，第263页。

象中只是表现审美意象的形式。并不是生活中的任何审美物品都能符合表现审美意象的这个特殊目的，只有经过艺术家特殊加工过的审美符象才能做到。因此，作为艺术形象的形式的审美符象，又具有不同于日常生活中的审美物品的特殊性，它已成为艺术符号。作为艺术形象的形式，审美符象有自己的形式结构。绘画的构图，音乐的曲式，戏曲的程式，文学的格局等等，都有各自的结构原则。为什么要这样结构而不那样结构，这既受工具、材料和技法水平的限制，更受审美意象的制约。鲁迅说得好，只有"用思理以美化天物"，才得称之为美术（一切艺术之总称）。"倘其无思，即无美术。"世界上美的物品多得很，但并非都成美术。在鲁迅看来，"象齿方寸，文字千万，核桃一丸，台榭数重，精矣，而不得谓之美术。"①为什么这些精美物品不是美术？就是因为"无思"。没有表现思想感情，确切地说，就是没有表现审美意象。作为艺术形象的形式，这个审美符象同生活中的精美物品的不同就在于：它表现审美意象，并且围绕着审美意象来确定自己的形式结构。为了把这种作为艺术形象的形式的审美符象和其他精美物品（在日常生活中大量存在着）相区别，有的美学理论把它专称为模象或仿型（用来模仿内心意象）。所以，这种作为艺术形象的形式的特殊符号，应叫审美符象，它以表现人内心的审美意象为专任。

人类的实践，是有目的、有意识的活动，要受意识的支配。马克思曾把建筑师和蜜蜂的活动作过精辟而有趣的比较："最蹩脚的建筑师从一开始就比最灵巧的蜜蜂高明的地方，是他在用蜂蜡建筑蜂房以前，已经在自己的头脑中把它建成了。劳动过程结束时得到的结果，在这个过程开始时就已经在劳动者的表象中存在着，即已

---

① 《鲁迅全集》第8卷，人民文学出版社，1981年版，第45页。

经观念地存在着。"①在劳动活动还未开始，劳动者脑海中已有劳动产品的表象出现。这个表象和劳动者对于劳动产品的知识和人自己的目的相结合，就可以成为意象。这个关于未来产品的意象，包孕着劳动者想在产品中实现的目的、意图，也包含着劳动者关于产品的知识。这个意象支配着劳动过程，制约着劳动如何进行，决定着劳动方式和方法，并且使劳动者的意志服从于它。可见，人的物质生产都离不开意象，人的精神生产就更是如此了。刘勰在《文心雕龙·神思》中说到文章的构思时，曾以工匠制作物品为喻，说明了文章的谋篇定墨，也要像工匠一样，"窥意象而运斤"，依循"意象"而运用技巧。写文章是这样，创作艺术作品就更需要意象的支配。并且，创造出作品的目的就是要表现意象，用这个意象去影响人的精神，满足人的精神需要。作为一种特殊的精神生产，艺术创作就是要创造出一种审美符象来完美地表现人内心的审美意象（意象的特殊形态），这就是艺术形象。

正是这样，对于艺术形象的探索，就不能不把注意力主要集中于审美意象问题上。

三

那么，审美意象的独特本质在哪里？

现实的同一对象，在不同的人那里，甚至在同一个人那里，会引起不同的反映。这决定于那个客观对象在具体境遇中向这个人显示出了什么客观属性，也决定于这个人在具体境遇中能感受到什么客观属性；最终，这决定于这个人同那个客观对象处于什么样的关

---

① 《马克思恩格斯全集》第23卷，人民出版社，1965年版，第202页。

系。面对一片竹子，人可以产生不同反映。它可以使人这样想：这片竹子真好，颜色鲜艳，形状别致，是竹中良种，典型的檀竹，值得推广栽种。在这里，人看到了这片竹子的科学价值。看到竹子，也可以使人产生这个念头：这竹子真壮，砍下几竿，可以做结实的晒衣竿、新箩筐。在这里，人看到了竹子的实用价值。甚至，人们还可以看到竹子的交换价值，能对这些竹子作出估价，卖出去价格几何，可挣钱多少，都了如指掌。但是，面对这片竹子，人也可以产生这样的反映，觉得这片竹子真美，使人陶醉，流连忘返。在这里，人看到的是竹的审美价值；竹子的美引起了人的审美感受，在内心产生了审美体验。

郑板桥晨起看竹，初意并不一定都是为了赏竹，也并不是每次看竹都能引起审美感受，产生审美体验。但是，当他在这片浮动于烟光、日影、露气的竹子那里真正发现了美时，审美体验不知不觉地产生，美感油然而生。此时，看竹成了赏竹，变为一种审美享受。郑板桥并不满足于对此情此景的直接的审美享受，还想把他的审美体验表现出来，保存下去，这就需要把这审美体验物化、固定在画上。胸中勃勃，遂有画意，就是想把审美体验表现于画。

可是，要把这种审美体验表现出来，不仅必须再现出这种审美体验的具体状态，而且必须再现出引起审美体验的那些对象的具体样子。郑板桥要把自己赏竹时产生的审美体验表现出来，只有把当时的心情和竹的映象相结合，在内心形成审美意象，然后把这审美意象物化于画。

审美意象，乃是包含着审美认知和审美感情的心理复合体。审美活动融合了审美认知和审美感情，上升为审美体验，是一种独特的体验活动，和认知活动、意向活动有所区别，和而不同。

审美意象包含着认知，但这是特殊形态的认识——审美感知，体现着感性认识和理性认识的特殊统一。

审美认知，是对于现实对象的审美价值或审美属性（美或丑、崇高或卑下、喜或悲）的感知。现实对象的审美属性只存于一定关系中的对象本身，竹子的美或丑，人只有面对竹子才能被认知到。离开了现实对象的感性外貌，离开了竹子的形状、颜色、体态，竹子的美或丑就无从感受，不可捉摸。马克思说得好，一物之所以是使用价值，"正是由于它本身的属性。如果去掉使葡萄成为葡萄的那些属性，它作为葡萄对人使用的价值就消失了。"马克思对使用价值是这样说的"它是人们所利用的并表现了对人的需要的关系的物的属性"（《剩余价值理论》）。因此，要认识美、丑等审美属性，不能没有感知，不能不把对象的感性外貌重现为感性映象（表象也在内）。但是，对象的审美属性却不是仅能靠感知、表象而被人认识的，还需要理解、思维。不过，审美认知中的理解、思维，并不是表现为概念、判断、推理、论证，而是表现为对感知、表象等感性映象的思索，即意象思维，直接地理解到了、捕捉到了包孕于对象中的审美属性。一个人要能感受到对象的美或丑，必须以长期积累的审美经验为基础。要认知到对象的审美属性，必须把眼前感知的对象的映象和过去经验中的表象和概念联系起来，进行比较。一个物象显示出或者使我们忆起生活，一如我们所了解于生活的那样，我们觉得它美；因此，要觉得物象是美的，我们就必须把它同我们对生活的了解对照起来。与过去的审美经验毫无联系的所谓"直观"，恐难审别美丑。审美认知并不限于"直觉"，但"直觉"也可以成为审美认知，问题在于如何理解这个"直觉"。"晨起江边看竹枝，一团青翠影离离"，郑板桥看到竹子，就马上感到竹子的美，无须经过推理、论证，这是"直觉"。然而，郑板桥能直觉到竹子之美，却是以其过去丰富的审美经验为基础的。眼前之竹，同"我有胸中十万竿"的审美经验迅速联系、比较，使他一下子就能感到竹子的美。"直觉"，其实就是心理学上常说的直接的理解（与间接的理解有区别）。依巴甫洛夫的看法，直觉的主要特征就是人记得最后的结论，却在其时不计及他接近它和准备它的全部路程。在直觉中，思索、理解的过程极为迅速、隐秘，因此显得好像没有思索似的。其实，这是因为过去有了审美经验，对那对象早有思索和理解。正是因为郑板桥过去有无数次赏竹的审美经验，所以在看竹时很快就对竹产生审美认知，掌握对象的审美特性。

人的审美认知并不只限于再现现实对象的审美属性，而且还可以想象或虚构出具有审美意义的意象。孙悟空大闹天宫，贾宝玉梦游幻境，嫦娥奔月，夸父逐日，这都不是现实中实有的，而是人的想象虚构的。我们不能把这些称作现实对象的再现，然而却都是现实对象的想象或幻想的反映。《红楼梦》里不仅再现出了封建末世许多实际存在的社会现象，而且还想象出了封建末世许多可能存在和并不存在的社会现象。这些再现和想象出来的现象，既有优美的、善良的、悲剧的，也有丑恶的、卑下的、喜剧的。巴尔扎克的《人间喜剧》既再现出了资本主义社会中已经出现的，又虚构了即将出现、可能出现和未必出现的种种错综复杂的社会现象，特别对充斥当时社会的丑恶的、卑鄙的、喜剧的现象，作了淋漓尽致的描绘。历史上的这些优秀作品，里面包含着真实而深刻的审美认知，至今还能帮助我们从审美上去认识过去的社会。就是像《西游记》《聊斋志异》这些主要以幻想为特征的艺术作品，里面也包含着作者对当时社会的审美认知。不能笼统地否定艺术的认识意义。但必须阐明，这不是科学上的认识意义，而是审美认知意义；而且，审美认知也只是使艺术具有审美价值的一个方面因素。

审美意象的另一个更为重要的因素是审美感情。

人在感受美丑时，同时作出审美评价，伴随着对美丑的审美感情，对美丑等审美属性持肯定或否定的态度。审美感情和审美认知在审美意象中结合在一起，融为一体。我国古典美学中常说的"情景交融""思与境偕"，其实就是审美感情和审美认知相结合而为的审美意象。这里的"景"或"境"，并非生活中的实景，而是生活实景在人脑中的反映所构成的情中之景，意中之境，心造之境，也就是西方美学中所说的规定情境或虚拟情境。这些"心"想、"意"造之境，就是审美认知，它和审美感情相结合，就成了审美意象。(意境，是意象运动生成的一种独特形态，当另论。) 审美感情和审美认知，都是客观现实的反映。审美认知是人对客观对象审美属性的反映，而审美感情则是人对现实对象的审美属性是否满足人的审美需要而作出的反应，它是审美客体与审美主体之间关系的反映。审美感情不同于审美认知对现实的反映，是对现实的价值体验和评价，引发为审美快感还是审美反感。这是一种独特的关系意识。

在郑板桥的画竹里，不仅表现了他对竹的审美认知，而且表现了他对竹的审美感情。郑板桥自称一生不画他物，专画兰竹，这事本身就表明了他对竹子的特殊感情。这种感情又与他对当时现实的认知和态度密切联系着。这个"康熙秀才、雍正举人、乾隆进士"，经历的生活是："初极贫，后稍稍富贵，富贵后稍稍贫。"他一生从未跳出过"七品"之阶，同人民保持着联系，却不见容于统治上层。郑板桥的寄情兰竹，正表现了他同情人民疾苦而又无可奈何，对统治上层白眼相看、不愿为伍的感情态度。郑板桥的画竹，正是他的这种审美感情的表现。他的感情的变化，在画竹中时有流露。郑板桥在快近五十岁时到山东当了十二年县令，"七品官耳"。从扬州初到山东，此时画竹的心情是："满目黄沙没奈何，山东只是吃馍馍；偶然画到江南竹，便想春风燕笋多。"随着他在山东了解民间疾苦的深入,他的画竹更多表现了对人民的同情:"衙斋卧听萧萧竹,疑是民间疾苦声;些小吾曹州县吏,一枝一叶总关情。"等到郑板桥为民请赈,得罪于大官上吏,他又不愿趋炎附势,同流合污,因而辞官回扬州故乡,他的画竹又表现了另一番心情:"乌纱掷去不为官,囊橐萧萧两袖寒。写取一枝清瘦竹,秋风江上作渔竿。"六十多岁的郑板桥,回到扬州老家靠卖画为生,"宦海归来两袖风,逢人卖竹画清风。"他的画竹,越来越表现了他那愤世嫉俗、不满现实的态度。他说他的画竹,乃是"舒其沉闷之气"。卖画为生,也不是见钱眼开,"索我画偏不画,不索我画偏要画"。郑板桥的态度是"凡吾画兰竹画石,用以慰天下之劳人,非以供天下安享人也。"晚年郑板桥的画竹,越来越具有傲然独立、坚韧不拔的特色,"一阵狂风倒春来,竹枝翻回向天开;扫云扫雾真吾事,岂屑区区扫地埃",他笔下之竹真有要想扫尽那天上人间不平事的气概。画竹的这种意象,正表现了郑板桥对现实的审美态度,反映了他这个人同现实的审美关系。

没有感情就没有诗。何止诗需要感情,一切艺术都需要感情。前人说得好:"以无情之语而欲动人之情,难矣。"[1]其实,人的实践活动本身也都需要有感情活动,就是科学研究活动也是如此。正如列宁所说,没有人的感情,则过去、现在和将来永远也不可能有人对真理的追求。但是,艺术中的感情和科学中的感情,无论在作用和性质上都是不一样的。在科学研究中,人的感情,对于所从事的事业抱什么态度,主要起着推动或阻碍人去追求真理的动力作用。一个人对探索一门科学的真理采取肯定还是否定、积极还是消极的态度,热爱还是憎恶的感情,这能决定和影响这个人能否获得真理。感情的这种作用,在艺术创作中也存在。对艺术创作事业持

---

[1] 沈德潜:《说诗晬语》,《清诗话》下册,上海古籍出版社,1978年版,第523页。

漠不关心、冷冰冰的态度，怎么能创作出什么像样的东西来！但是，在科学研究过程中，由科学抽象到得出理论结论，概念和概念相联结，决不容许感情参与其间，更不容许由感情来支配概念运动。艺术创作则不然，在整个创作过程中，都需要有感情的参与，并支配着意象的运动，甚至，还要用"移情"或"拟人"的方法，用感情去改变意象。"晓来谁染霜林醉，总是离人泪。"霜林非人，怎么会醉？秋树叶红，亦非泪染。如果依科学观点说，都不合物理。然而，这种"移情"和"拟人"却符合情理，成功地创造了审美意象。科学研究所需要的感情，主要是一种理智感。我们读一部精彩的科学著作，也会引起理智感。艺术创作，所需要的则是审美感。我们从艺术作品中感染到的，也是审美感。审美感、理智感和道德感一样，都是属于人的感情的高级形态，不同于日常生活中普通的感情形态。但审美感同理智感、道德感，既相互联系而又各有区别。

我们热爱真理，厌弃谬误，愿意日益机智，不愿变得愚蠢。我们在对人的理智活动作出评价的时候，同时也能体验到理智感。道德感是人对道德活动作评价时产生的体验。它是和道德思想、道德评价联系着的感情态度。审美感则是对现实的审美属性（美、丑等等）作审美评价时所产生的感情态度，同审美思想、审美评价联系着。审美感、理智感和道德感在人的实践活动中是相互联系、交织在一起的。艺术作品，特别是那些描绘了广阔而复杂的社会生活的小说、戏剧、电影，人生的多种体验都融入艺术形象中，所表现的审美感，是和那道德感、理智感紧密地联系和交织在一起的。历史上出现了许多哲学小说、科学幻想小说和"推理电影"，理智感更是具有突出的地位。托尔斯泰、雨果的许多名著，中国古典小说如《红楼梦》《水浒传》《三国演义》，杜甫的诗、白居易的诗，都洋溢着浓烈的道德感。但是，在艺术中，这些理智感、道德感不能代替审美感，而只能通过审美感表现出来。社会生活中的政治、经济、道德现象，只有从审美上去反映，给予审美评价，经过审美体验，才有可能成为艺术作品。

审美感和理智感、道德感一样，都是对现实对象的感情上所作的满足或不满足的反应。感情上的满足，可以产生精神愉悦。这不是一般的生理快感，而是精神快感。但审美感所包含的精神快感还有自己的特点，它是审美快感，一种特殊的精神愉悦。人去行善修好，从事道德活动，并不是去追求精神上的愉悦之感。为了做善事、反恶行，人还要遭受苦难，舍生取义，牺牲自己极为宝贵的东西，带来的不一定是精神愉悦。人去追求真理，探索奥妙，从事科学研究，也并非为了获得精神快感。真理，对有些人说并不是令人愉快，而是令人厌恶的（资产阶级历史学家发现了阶级斗争规律，但并不喜欢它）。但是，人要创造艺术，却总是要叫自己或别人得到审美享受，产生精神愉悦，不管这艺术是喜剧还是悲剧。艺术可以再现或想象出各种各样的丑的或美的、卑下的或崇高的、喜的或悲的现象，但还是要给人以精神愉悦。在审美意象中包含着的审美感，就具有这种给人精神愉悦的特性，这是审美快感。罗丹的著名雕塑《老娼妇》，那衰老的欧米哀尔是丑陋的，不能令人愉快。但罗丹用欧米哀尔的自惭形秽、无限哀伤的表情，表现出了对丑的否定，对资本主义造成这种畸形的控诉。否定了丑，也间接肯定了美。我国古代艺术家很早就懂得这个道理。《左传·宣公三年》，记周大夫王孙满的话说：在夏代，"远方图物，贡金九牧，铸鼎象物，百物而为之备，使民知神奸。"古代艺术家塑像，"公忠者雕以正貌，奸邪者刻以丑形，盖亦寓褒贬于其间耳"（吴自牧《梦粱录》）。这样，在雕塑家和画家的审美感情中，不仅只是对丑的憎恶感情，而且还有对美的肯定感情。就在这背后正隐藏着艺术家的审美理想。正是因为艺术能反丑为美，在否定中肯定了美，表现了审美理想，所以喜剧能给人精神愉悦。别林斯基说得对：任何否定，如果要成为生动的诗意的，都应当是为了理想而否定。悲剧再现和想象出了崇高的、善良的人物的毁灭，这使人产生悲痛之感。然而，悲剧在把真、善、美的东西毁灭给人看时，洋溢着对这些东西的赞美之情，在真、善、美的毁灭中激起追求真、善、美的热情。这样，悲剧给人的不只是悲痛之感，而且令人愉悦，给人精神快感。鲁迅在《阿Q正传》中表现出来的审美感则更为复杂。审美感情和审美认知相结合而为审美意象，再表现在完美的符号形式中，形式完美地表现了内容，当然就更能激起人的审美快感，使人得到审美享受了。鲁迅说一切美术之本质，都在于使观听之人为之兴感怡悦，此言至为精当。

审美意象中包含着审美感情，使得艺术不仅具有审美认知作用，而且具有审美教育作用。但艺术创造不仅包含了认知和感情，更融合两者而上升为体验活动。

审美感情在审美意象中是同审美认知紧密结合着的。只有在理论抽象中才把它分解出来，分别论述，在实际的审美活动中，很难分开。我们所说的审美体验就是把这两者融合在一起的复杂心理过程。审美感情和审美认知都产生于对现实的审美体验。如果自己没有亲自体验到，只是道听途说，人云亦云，就无法形成审美感情和审美认知。所以，在创造审美意象时，必须具有"真情实感"和"真知灼见"。鲁迅以为文艺的形成就是"由于现在生活的感受，亲身所感到的，便影印到文艺中去"[①]。有了亲身经历和切身感受，才有"真情实感"和"真知灼见"。不过，所谓亲身经历，并不是一

[①]《鲁迅全集》第7卷，人民文学出版社，1981年版，第115页。

定得亲身所作所为，所遇、所见、所闻也在内。正如鲁迅所说，写杀人不一定自己杀过人，写妓女并非要自己去卖淫。艺术家的创作材料，大半还是间接经验，不一定都是直接经验。但是，对于艺术家说来，直接经验特别重要。实地经验总比看、听、空想确凿。只有当那些间接经验由自己的直接经验所证实，并吸收、改造，与直接经验结合起来时，才能进入艺术创作。没有自己的直接经验，没有"真情实感"和"真知灼见"，间接经验只是一堆死材料。《三国演义》《水浒传》和《西游记》写的都是历史上流传下来的故事、传说，但这些小说的作者都是依据自己的直接经验而把那些间接经验（故事、传说）进行改造了。正是这些小说的作者从自己的亲身经历和切身感受出发，有"真情实感"和"真知灼见"，才把那些间接经验和自己"真情实感"结合起来，融为一体。真情实感，就是真实的情感，实际的感受，不是"矫情"，不是凭空的臆想。审美感情要求真挚而深刻，是从切身感受中产生的，不是虚假的、伪造的、做作的。"真知灼见"，就是真切的看法，独到的见解，不是人云亦云，鹦鹉学舌。审美认知要求真切而独到，是艺术家自己从实际生活中认识到的，有独特的见解和发现。别人的思想，现成的结论，可以帮助艺术家去认识生活，但不能代替自己的思想；艺术也不是图解现成的思想。正是这样的审美感情和审美认知结合而成的审美意象，是艺术形象的真正的内容。它是艺术家的独特创造。法国著名的印象派画家莫奈，曾应邀去伦敦画教堂。他根据自己的亲身感知和切身感受，把伦敦的雾天画成了紫红色，这引起了伦敦人的惊愕和愤慨：怎么搞的？雾不是灰色的吗，莫奈竟把它画成紫红色的！然而，这恰恰是莫奈的独特发现。当人们看过莫奈的画再去看伦敦街头的浓雾，终于发现：它确是紫红色的。原来，人们平常并不细察，只是大概地感知雾是灰色的，却不知伦敦的烟尘很多，加上砖房泛红，通过折射，雾就成了紫红色。莫奈从亲身经验、独到感受出发，画出了伦敦雾的独特色彩，这是画家的独特发现，所以人们把莫奈称为"伦敦雾的创造者"。其实，世界上的人和物都是有自己的独特个性的，正如歌德所说："一棵树上很难找到两片叶子形状完全一样，一千个人中也很难找到两个人在思想感情上完全协调。"作为审美客体，每个现象都是特殊的，作为审美主体，每个人也是独特的；那么，审美主体对于审美客体的反映，无论就反映活动和反映结果来说，必然也就是独特的。所以，歌德断言："艺术的真正生命正在于对个别特殊事物的掌握和描述。"[①]托尔斯泰说："艺术家要想影响人，他的创作就应当是一种探索，他就应当是一个探索者。"[②]

艺术创造中的意象经营，就是"运思"探索。意象思维，不仅需要启动对象意识和自我意识，更需要运用关系思维，把对象和自我连接，建构出审美意象。审美意象就是这种来自亲身体验和切身感受的审美感情和审美认知的心理复合体。但是，审美感情和审美认知在审美意象中究竟是以什么方式结合着的？审美意象的结构方式究竟是什么样的？这需要作进一步的探索。

四

审美意象的结构方式多种多样，错综复杂，依审美感情和审美认知以什么方式结合而定。

审美感情和审美认知的结合为审美意象，可突出审美感情，

[①] [德] 爱克曼辑录：《歌德谈话录》，朱光潜译，人民文学出版社，1978年版，第10页。

[②] 托尔斯泰：《日记摘录》，载《人民文学》，杨敏译，1957年第4期，第21页。

以抒情为主；也可以突出审美认知，以造型为主。文艺学上有时把艺术分成两大类型：造型艺术，表情艺术。这种分类当然同艺术所用的物质手段有关，但主要根据是艺术形象的内容——审美意象的心理结构特点：造型为主，还是表情为主。其实，任何艺术，都既要表情，又要造型，审美感情要和审美认知统一。只是，在这统一中，表情艺术，如音乐、舞蹈、建筑、装饰艺术等，表情的特点突出；而造型艺术，如绘画、雕塑等，造型的特点突出。因此，这种划分是相对的。至于像电影、戏剧、小说等，虽然也归入造型艺术，但表情和造型的结合更为复杂，更难绝对地分入哪一类。而且，就在造型艺术或表情艺术中，审美感情和审美认识的结合方式，也是并不相同的，必须具体分析。但造型艺术和表情艺术两大分类，却大致分别了审美意象的结构方式的两个基本类型，从中可以看到两者的基本差别。

造型艺术的审美意象是以形寓情。在这里，任何审美感情都只有寄寓在感性映象中，感情转化为造型。为了造型，审美认知的作用突出起来，表象、联想、想象的活动积极活动起来，受感情的支配，结合起来，趋向一个目的：构成再现性或想象性的映象，这是正如清代学者章学诚所说的人心营构之象，亦即是经思想感情"变相"（改造）了的映象，现代西方美学中，有时把它称为"客观投影"。

艺术家所要表现的审美感情的"客观投影"，它可以是再现了现实生活中的人、事、情、景，也可以是想象出来的生活中从未有过的虚构的情境（或是人、事，也可能是妖魔鬼怪，神仙活佛）。而审美感情就隐藏在这种"客观投影"中，本身并不出现。但因为这"客观投影"全是为审美感情所支配而由感性映象的"变相"（改造）而造成，所以，当这些"客观投影"一出现，就能使人产生逼真的幻觉，以为是真实存在的事物；同时，感受到这个"客观投影"，就能唤起艺术家在构造那"客观投影"时的审美感情。在造型艺术中，审美感情的表现，只有通过这种"客观投影"才能做到，没有别的途径。直接造型，间接表情。这是造型艺术的特点。正因为表情在这里是间接的，所以使人产生一种错觉，以为造型艺术只是表现审美认知，不表现审美感情，其实不确。

绘画必须造型，表情只能寄寓于造型中。郑板桥有一幅画，画面出现几枝瘦长的细竹，状似飘摇；旁边紧贴着一块和它一样高的峻嶒怪石；底下还有两棵细短幼竹，也在飘摇。题画诗这样写道："秋风昨夜渡潇湘，触石穿林惯作狂；惟有竹枝浑不怕，挺然相斗一千场。"显然，郑板桥在这幅画里要抒发他对竹子的审美感情，歌颂它的坚韧不拔、不畏风暴的高贵品性，从而又间接表现了郑板桥对现实的那种愤世嫉俗、孤高自傲之情。然而，郑板桥的这种审美感情，无法在画中直接表现，只能表现在竹子映象的"变相"中：竹子和怪石的并列，竹子瘦长、细短，风击而不折的形状等等。为了能表现画家的感情，郑板桥把竹子的映象进行了改造，突出了竹的孤高挺拔的状态，并把它引向联想，由竹而想及人的品性。郑板桥说得好："盖竹之体，瘦劲孤高，枝枝傲雪，节节干霄，有似乎士君子，豪气凌云，不为俗屈。"他在竹和人之间建立了类比联想，突出了竹的能引向这种联想的体态、形状："瘦劲孤高，是其神也；豪气凌云，是其生也；依于石而不囿于石，是其节也；落于色相而不滞于梗概，是其品也。"绘画无法直接表情，只有通过直接造型而间接表情。郑板桥要通过画竹抒情，别无他法，只有去描绘竹的形状、体态，这也就是他自己说的："故板桥画竹，不特为竹写神，亦为竹写生。"中国传统画论中，历来注重以形写神，形神兼备，这不仅仅只是使得描绘逼真，引人入胜，而且也是为了抒发真情，动人以情。写意画、工笔画类型不同,但都要以形写情。

表情艺术的审美意象是使情具形。在这里,审美感情直接表现出来,而对于客观对象的描绘或造型处于辅助地位。为了表情,当然也需要造型,模拟客观现实中的一些动作(如舞蹈模拟动物的动作或形状)或声音(如音乐模拟自然界的声音),但这种模拟、造型都是因情而设,引向一个方向:表情。为此,那些模拟、造型本身都染上了感情色彩,成了感情的外射。这就像我国古典诗论中所说的那样,"情无定位,触感而兴"[1]"有深情蓄积于内,奇遇薄射于外"[2]。这种感情外射,并不是把现实的客观对象主观化了,而是使反映现实对象的映象都赋予了感情。于是,表情艺术中的那些模拟、造型本身也都成了感情的直接表现。这种表情的直接性,是表情艺术的特征。这决定了在表情的方式上,感情外射和客观投影有所不同。

音乐,是表情艺术里最为典型的现象。在音乐美学史上,音乐是表情的这种说法占着优势。但如果说音乐只表情不造型,只是审美感情而无审美认知,这又把音乐绝对化了。其实,音乐的审美意象也是表情和造型相结合,审美感情和审美认知相结合,只是结合的方式不同而已。就在音乐本身,审美意象的结构方式也有两种基本类型,俄国著名音乐家柴可夫斯基称之为:"客观"的和"主观"的。这位以"主观"抒情见长的音乐大师公正地指出:"我发现交响乐作曲家的灵感可能是二重的,即主观的和客观的。在第一种情况下,他在自己的音乐中表现自己的欢乐和痛苦的感觉,一句话,就是像抒情诗人一样,所谓吐露自己的心情。""但当一个音乐家在

---

[1] 徐祯卿:《谈艺录》,《历代诗话》下册,中华书局,1981年版,第765页。
[2] 钱谦益:《虞山诗约序》,《牧斋初学集》卷三十二,四部丛刊本。

读一部富于诗意的作品或者有感于大自然的景色，想用音乐的形式来表现燃烧起他内心的灵感的那种题材，这就是另一回事。"柴可夫斯基认为这两种类型的音乐，各有所长，不能代替。应该说，一切艺术的审美意象都是客观现实的主观映象，都是主客观的统一。但是，主客观的统一，在不同种类的音乐中可以是不同的：一种以表现客观现实所引起的主观感受为主，一种则以描绘那燃起主观感受的客观现实的映象为主。在《二泉映月》里，很难说哪些音调描绘了惠泉的流水声或惠山的草木声，至于那泉中映月根本不可能由声音来造型；但在那如诉如怨的乐音中直接表达出了这位盲人音乐家的审美感情。这种审美感情不是通过对现实对象的声音的模拟表现出来的，而是用声音来描绘音乐家内心的感情状态本身而得以表现的。在《百鸟朝凤》里，直接出现了现实对象本身的声音模拟，大自然里的鸟声、蝉声，这些声音直接表现了现实对象。但是，这些鸟声、蝉声在整个乐曲中都带上了感情色彩，并用来表情，它们本身也都只是作为唤起、燃起审美感情的材料，起触发感情、导向感情、衬托感情的作用。

作为语言艺术，文学既不能简单归结为造型艺术，也不能简单归结为表情艺术。小说综合了造型和表情艺术的特点，诗歌则向来被称为表情艺术。诗以抒情见长，就是叙事诗、戏剧诗也是如此，这是无可怀疑的。中国传统诗论，历来讲"诗中有画、画中有诗"，诗、画是相通的。就在抒情诗中，审美感情和审美认知的结合也有两种基本方式。一种是王国维所谓的由"无我之境"造成的"客观的诗"。这种诗其实也并非"无我"或只有"客观"，只是直接出现的是对象的描绘，而情则寓于其中，间接表现。斛律金歌唱的《敕勒歌》："天似穹庐，笼罩四野。天苍苍，野茫茫，风吹草低见牛羊。"展现的是一片草原风光，没有一个字是专来抒情的。然而，这里展现的美景中，也包孕着诗人的美感。只是审美感情蕴藏于审美认知中，不外露而已。柳宗元的《江雪》："千山鸟飞绝，万径人踪灭。孤舟蓑笠翁，独钓寒江雪。"这里出现的也只是画面，但在这画面里蕴藏着诗人的审美感情。这种诗很像绘画。还有些好诗，更有接近雕塑的，写景不只写平面，且有立体感。王维的《终南山》就是这样："太乙近天都，连山接海隅。白云回望合，青霭入看无。分野中峰变，阴晴众壑殊。欲投人处宿，隔水问樵夫。"山景的远近、上下、前后、高低，每一面都呈现出来了，又像电影蒙太奇从各种不同角度照的镜头。可是，就在不同角度镜头的剪接中，表现了诗人的审美感情。这些所谓的"无我之境"，其实就是表现诗人的审美感情的"客观投影"，是渗透着审美感情的审美认知的。

抒情诗中还有另一种类型，就是王国维称之为创造了"有我之境"的"主观的诗"。所谓"主观的诗"，并非只有主观，它也是客观现实的反映，只是直抒胸臆，不重写景状物而已。《诗经》中的《黄鸟》："彼苍者天，歼我良人。如可赎兮，人百其身。"这是诗人的真情的直接迸发，他在呼天喊地：天啊天啊，为何杀害这些好人！这是对当时的统治者的暴行（杀人殉葬）所发的愤慨之声。这类"主观的诗"，在我国古典诗歌中出现不少，也能成为佳作。贺裳在《皱水轩词筌》中云："小词含蓄为佳。亦有作决绝而妙者，如韦庄'谁家年少足风流，妾拟将身嫁与，一生休！纵被无情弃，不能羞'之类是也。"这类诗词，直抒胸臆，淋漓尽致，感情真切，发自肺腑。这里并无对象的客观描绘，但是那种感情的心理状态则具体地呈现在面前。王国维在《人间词话》中说到意境（意象的高级形态）时曾云："境非独谓景物也。喜怒哀乐，亦人心中之一境界。"把人的感情状态喜怒哀乐也称作一境界，这不无道理。感情也有状态，是心理状态，而且还有过程，是心理过程。如果把这个状态和过程具体描绘出来，使人可以捉摸，那么，这种心理状态过程的描绘本身也就构成了意象。至于那引起这种感情状态和过程的外在对象，虽然也需要交代，但只起"触物起情"的作用；要触及那对象，却并不去描绘，只是由触物而兴起感情，然后好去描绘这感情状态和过程本身。"谁家年少足风流"，只是点出了少女愿嫁的是风流少年；是什么样的风流少年，风流到什么程度，却不必具体描绘，起点明对象的作用就可以了，重点在抒发那少女的爱的心理状态。

其实，不仅抒情诗，就是散文，也都有这样两种基本类型。自陆机《文赋》开始，把韵文分成两大类：诗"缘情"，赋"状物"。后来的文论，也常把散文分成"缘情"和"体物"两大类。这正如诗之分为"客观""主观"两大类，来自审美感情和审美认知的结合方式不同。

审美感情和审美认知的结合方式不同，形成审美意象的不同类型，具有不同的结构形态。审美意象的两种基本结构方式，既表现为艺术之分为造型、表情两大部类，也表现为每一部类下的艺术样式都有两种基本类型。但这里列举的只是审美意象的两种基本结构方式，在这两极的中间，还存在着无数复杂的结构方式，特别像小说、戏剧、电影这样的较为复杂的艺术，审美感情与审美认知的结合方式，更是复杂纷繁，不可一概而论。具体样式需要作具体研究。

艺术作品的审美意象，通常不是只由一个单一的意象构成，而是由许多意象结合而成的复合意象或意象体系。曹雪芹的《红楼梦》、托尔斯泰的《战争与和平》、紫式部的《源氏物语》，都出现了好几百个人物。众多的人物的相互关系和活动，形成种种场面和事件。这些错综复杂的性格、场面和事件相互结合，成为更为错综复杂的意象体系。单一意象和复合意象（或意象体系）本身都是审美感情和审美认知的统一,只是复合意象(或意象体系)的结构方式当然也就要更复杂。

审美意象,不管是单一的还是复合的,都是对生活印象的一种概括。高尔基说:只有对自己那个时代的生活进行"观察、比较、研究,借助于它们,我们的'生活印象'和'体验'才被哲学加工并形成思想,被科学形成假说和理论,被文学形成形象"。①文学艺术对"生活印象"和"体验"的加工改造过程和结果,同哲学、科学有别,但都必须对生活本身进行观察、比较、研究,都需要思维。艺术家在创作时,不可能也没必要把所有的"生活印象"和"体验"都照搬到审美意象中,而是经过了选择、取舍,选取并突出了印象和体验中的某一些,而舍弃、省略了另一些。要对生活印象和体验作选择,就必须先对它们进行分解和比较,这都需要艺术家的理智活动。然后,还要把经过选择的生活印象和体验综合起来,集中起来,按照美的规律进行概括,才能成为审美意象。

这种经过思维的分解、比较而选取出来的生活印象和体验,再经过思维的综合而得到了进一步的艺术概括。艺术创造运用意象思维来组织从生活中得来的经验,综合的方式多种多样,最基本的有两种:

一是连接。这是把不同的生活印象和经验连接在一起,成为一个整体。这种连接可以按时间的统一性进行,也可以按空间的统一性进行。可以按类似关系来连接,也可以按对比关系来连接。连接起来可以形成并列的关系,也可以形成主从的关系。这种连接在各类艺术中都存在,而在电影艺术中最为普遍。电影中的蒙太奇,就是镜头的剪辑和组合,把各种不同的映象(远景、近景、中景、全

---

① [苏联]高尔基:《论文学》,孟昌等译,人民文学出版社1978年,第316页。

景和特写等)连接而为一个综合的审美意象。这种连接各种映象而成的新的映象,不是各种映象的简单相加,而是在质上与各别映象有所不同的新东西。"凤去台空江自流"。这是由"凤去""台空"和"江自流"三个映象连接成的,但形成的新的意象,却包含着诗人李白的审美感受:江山长在,人事已非。"阿芙乐尔号"军舰上的一声炮响,冬宫水晶玻璃吊灯的不断摇晃,这两个映象连接起来,就形成了一个新质的意象:十月革命爆发了。苏联早期著名电影大师爱森斯坦认为,把无论两个什么镜头对列在一起,它们就必然会联成一种从两个对列中作为新质而产生出来的新的表象。这两个对列的镜头,不像是数学上的二数之和,而更像二数之积。它之所以更像二数之积而不是二数之和,就在于对列结果在质上(如用数学术语,那就是在"次元"上)永远有别于各个单独的组成因素。

二是融合。这是把不同的生活印象和经验融合为一体。融合不同于连接,不是把几种映象排列、联结在一起,而是把不同的映象合而为一,就像把氢氧合而为水一样。这就是鲁迅说的"缀合",杂取众多的现象,合成一种现象。《祝福》里的祥林嫂就是融合不同人的遭遇而形成的。托尔斯泰在《战争与和平》中创造的女主人公娜塔莎,也是融合不同的印象造成的。托尔斯泰自己说,他把他妻子索尼亚的映象,和他妻妹丹尼亚的映象,融合在一起,就出来了一个娜塔莎。歌德笔下的浮士德、塔索,都是由他生活中长期积累起来的生活印象经由思维而融合起来的。歌德自己说:"我有塔索的生平,有我自己的生平,我把这两个奇特人物和他们的性格融合在一起,我心中就浮起塔索的形象。"[1]塔索是十六世纪一位意大利诗

---

[1] [德]爱克曼辑录:《歌德谈话录》,朱光潜译,人民文学出版社,1978年版,第146页。

人，在一个小公国的宫廷里经历了大半生，最后被幽禁放逐。歌德把塔索的生平和自己的生平结合起来，融合为《塔索》一剧中的意象，以抒发自己身在宫廷而渴望自由的思想感情。融合不同印象，不仅能创造出现实中可能存在的东西，而且可以创造出现实中不可能存在的东西。孙悟空、猪八戒、美人鱼、狮身人面、飞毯等都是由融合而生成的。

无论是连接还是融合，各种心理因素都在起着作用，感知、表象、思维、联想、想象等等都积极活动。只是，有些心理因素，如联想，在连接的过程中起特别大的作用，而想象，则在融合的过程中，起显著的作用。创作过程中二者往往相互交替，彼此结合。但是，支配着连接和融合的决定性因素，还是审美感情。许多长篇巨著，人物众多，事件纷繁，场面浩大，是什么东西把它们统一而成艺术整体？历来有多种多样的回答。有人以为，这是因为作品中出现的总是同样的一些人物，一切都安排在同一个矛盾冲突上面，或者，作品所描写的都是一个人的生活等等。托尔斯泰则不同意这些说法，认为这是"不能深入体会艺术的人"的错误说法。托尔斯泰提出了自己的看法："把任何一部艺术作品联结成一个整体、并因此而产生了反映生活的幻觉的那种'士敏土'，决不仅是人物和情境的统一，而是作者对待的那种独特的、伦理上的态度的统一。"①托尔斯泰并不否定在作品中人物和情境的统一，但这并不是把作品各部分意象统一为整体的决定性因素。只有贯穿在作品中的价值理念、感情态度上的统一，才是把作品各部分统一起来的决定因素。托尔斯泰的这种看法，是同他在《艺术论》中阐明的整个观点是一致

---

① [俄]列夫·托尔斯泰：《莫泊桑作品集序言》，《俄罗斯作家论文学》（俄文版）第4卷，第104页。

的：突出感情在艺术中的特殊作用，感情是艺术的生命。普列汉诺夫作了一点补充，指出艺术不仅表现感情，也表现思想。托尔斯泰把道德、宗教看得高于艺术，所以把伦理态度上的统一说成是艺术作品统一的基础。我说，不只是伦理态度上的统一，而且是审美态度上的统一，造成了艺术作品的统一。

艺术作品都有主题思想，它是作品的灵魂。但是，艺术的主题思想，既不同于科学的抽象概念和具体概念，也和新闻记事、历史传记中的主题思想有区别。艺术的主题思想，是蕴藏于审美意象中的审美意蕴。审美意蕴不是离开感知、表象、想象等孤立存在的抽象，不表现为概念，它就存在于意象和意象体系里。特别是，审美意蕴是饱和着审美感情的思想，正如别林斯基所说，在艺术中，思想消融在情感里，情感消融在思想里。他把这种思想和情感结合在一起的东西叫"情致"，有时又称之为"具体思想"。这种"具体思想"或"情致"，不能和艺术作品以外的到处都有的思想混为一谈。巴甫洛夫把艺术家称作"有感情地思考着的人"。艺术的主题思想，正是有感情地思考的结果。为了和非艺术作品的思想相区别，恩格斯把这种只存在于艺术形象中的思想和感情的结合，称为"倾向"，并且指明：倾向要从场面、情节中自然流露出来。这个"倾向"，其实就是我们如今所说的"意向"，它不是概念，而是审美意象中的思想和感情的结合。正是因为艺术的主题思想是审美感情和审美思想的结合，它只能存在于审美意象中；要了解艺术的主题思想，只有去亲自体验那艺术形象，别无他法。任何对艺术形象的概念解说，概念转述，都不是艺术的主题思想本身。有人问歌德：《浮士德》表达了什么思想？歌德的回答是：要了解它的思想，只有亲自去体会；若要用概念来表述《浮士德》的思想，那就需要写另外的书。《浮士德》的主题思想不能离开书中那些"从天上下来，通过世界，下到地狱"的场面、动作、情节而抽象存在。文学与科学不仅在表达方式上不同，而且在所表达的内容上也并不完全一样。清人叶燮看到了这一点，在《原诗》中这样说过："可言之理，人人能言之，又安在诗人之言之？可征之事，人人能述之，又安在诗人之述之？必有不可言之理，不可述之事，遇之于默会意象之表，而理与事无不灿然于前者也。"叶燮举出了许多例证，说明文学要揭示出独特的情、理、事。杜甫有"碧瓦初寒外"之句，说的是碧琉璃瓦在"初寒"之外。"初寒"是无象无形的，亦无内外之别；"碧瓦"是有形之物，却并无感觉，无从感知冷暖。初寒、碧瓦，只有人才能感受到，但这是极平常的感受，并非诗人所特有。杜甫的独特之处，就在把"碧瓦"同"初寒"作了特殊的结合，把"碧瓦"说成在"初寒"之外，这就不仅揭示了瓦和寒的特殊关系，而且抒发了诗人的特殊感受：初冬虽寒，而碧瓦却在初寒之外；那庙顶碧瓦庄严肃穆，不使人寒，而使人暖。诗人的这种独特的感受，独特的思想，无法用概念表达。然而诗人用"碧瓦初寒外"之句创造了一个审美意象，把"不可言之理""不可述之事"寓于意象之中，把当时的情景和感受融为一体再现出来。于是，这情景"恍如天造地设，呈于象，感于目，会于心……竟若有内有外，有寒有初寒，特借碧瓦一实相发之"①。意象有如此的独特妙用，无怪高尔基在《俄国文学史》序中，把艺术形象说成是"组织思想之最经济的方法"。

艺术的倾向，寓于情节、场面之中，不必特别说出。文学，作为语言的艺术，有时也会出现作者的直接议论。但是，"议论须带情韵以行"②。思想必须同感情在意象中结合起来，成为意象的灵魂，

---

① 叶燮：《原诗·内篇》，《清诗话》下册，上海古籍出版社，1978年版，第585页。
② 沈德潜：《说诗晬语》，《清诗话》下册，上海古籍出版社，1978年版，第553页。

它支配着意象的结构，决定着意象的连接、融合的方式。艺术的主题思想，正是这种成为艺术灵魂的审美思想与审美感情的结合，是情思。它就像把每颗珍珠贯穿成项链的金线一样，使得单个意象连接、融合而为复合意象，构成艺术整体；但金线本身却隐藏在每颗珍珠的里边，不露痕迹。主题思想正寓于这种审美意象之中。

五

为了阐明艺术形象的独特本质，不得不在结构上把它分解为几个方面。但艺术形象不是这几个方面的简单相加，而是辩证的统一。艺术形象把这几个方面综合为一个有机整体。因此，必须从整体上来了解艺术形象。

艺术形象是内容和形式的统一。艺术形象的形式是审美符象，一种符号化了的物象。但也不是任何审美符象本身就可以成为艺术形象。只有当审美符象是为了体现审美意象，两者结合起来时，内容和形式相统一，才形成艺术形象。艺术形象的内容是审美意象。但审美意象本身只是一种独特的意识形态，对于现实生活的实在关系来说，又只是形式，因为审美意象是现实的审美关系的反映，内容是生活本身的审美关系。审美意象的生成，源于作家、艺术家从生活中得来的审美体验，而审美体验不仅反映了客观世界，也反映了主观世界，而且，还反映了主观世界和客观世界之间的关系。所以，审美意象对于现实生活而言，只是形式。但这是另一层次的问题，此处不谈。审美意象对于表现它的审美符象来说，是内容，而审美符象只是形式。既然艺术形象的形式是审美符象，为了创造艺术形象就产生了两个层次的"美的规律"：一是审美符象怎样才能美；二是美的符象怎样才能完美地表现审美意象。后一层"美的规律"支配着前一层"美的规律",起决定作用;前一层"美的规律"有相对独立性,但必须服从后一层"美的规律",不然,就会走向形式主义。艺术形象的形式应该是美的,但形式的美只是表现内容的美的一种手段。因此,仅只就创造艺术形象的形式来说,它同一切创造美的物品的劳动有共同的规律,又有它自己的特殊规律(表现审美意象的规律)。描绘人体解剖的图像,构图也要按"美的规律"使它美,然而这个构图并非表现审美意象,创造的不是艺术形象,而是科学图解。作为艺术种类的文学,无疑需要采用美的文体,但并非一切美的文体都是艺术的文学。历来产生过多少诗、赋、曲、词,有许多可称得上语言优美,声调铿锵,洋洋洒洒,朗朗上口,但并非全是艺术的文学,因为这种用语言造成的美本身并不是判别是否是艺术的决定性因素,而要看它表现的是否是审美意象。汉代的许多长篇大赋,语言有很美的,但并非艺术的文学,它没有用语言之美来创造艺术形象。因此,不能依照文体、体裁的是否美来定艺术与非艺术的界限。采用了诗的文体,不一定就成艺术,更不一定是优美的艺术。写小说、编剧本,并非都成了艺术。决定艺术与非艺术的界限是:是否用美的形式表现了审美意象。创造的形式,越能完美地表现这个内容,那么,艺术性就会越高。

审美意象本身又是个各种心理因素综合而成的复合体。它是审美体验的结晶,融合了审美认知和审美感情。但审美认知本身又是感性认识和理性认识在审美中的统一;审美感情则又同审美认知密切结合。在审美认知和审美感情的统一中,联想、想象起着重要的作用,它们把各种映象(感知、表象)连接或融合为意象,又把各种单一意象连接、融合为复合意象或意象体系。但是,同审美认知结合着的审美感情在审美意象中处于主脑、灵魂的地位,它支配着联想、想象,制约着意象的如何连接、融合,而且,这种连接、融合就是为了抒发这种审美感情。艺术的主题思想,既不是抽象概念,也不是具体概念,而是在审美意象中的审美感情和审美认知的结合。在审美意象中蕴藏着艺术家的政治、道德、科学、宗教的观点等,但这些观点都已转化为审美感情、审美理想,融在审美意象的总体中。马克思说:"在不同的所有制形式上,在生存的社会条件上,耸立着由各种不同情感、幻想、思想方式和世界观构成的整个上层建筑。"①艺术不是政治上层建筑(它是所谓的第一上层建筑,比起其他上层建筑来,最接近经济基础),却是观念上层建筑(它是所谓的第二上层建筑,中间隔着政治上层建筑,同经济基础不一定有直接关系)。一切上层建筑、意识形态,包括艺术在内,都产生于并反作用于经济基础。但是,观念上层建筑,意识形态与经济基础的相互作用,要以政治上层建筑为中介。艺术作为观念上层建筑之一,作为意识形态的特殊种类,它同其他上层建筑具有共同规律,不可避免地要同政治发生密切的联系。高尔基认为作家是阶级的眼睛、耳朵和声音。作家也有不认识这一点,而对此加以否定的。但是,他永远不可避免地是阶级的机关,是阶级的感觉器官。只要阶级的国家存在着。则作为一定的环境和时代的人的作家——不管他愿意与否,也不管有保留的条件与否——必须服务于他自己的时代和环境,并且也正在服务着。但是,艺术是特殊的上层建筑、意识形态,它不仅不同于政治,也不同于哲学、科学、道德、宗教。艺术是对世界进行精神掌握的特殊方式。这种掌握,不同于从理论概念上去掌握,也不同于宗教的那种形象的掌握,而是用审美意象来作的掌握,是特殊的形象思维,感情、思想和幻想的特殊结合。艺术,作为上层建筑、意识形态,可以成为阶级斗争的工具,但这是

---

① 《马克思恩格斯选集》第1卷,人民出版社,1972年版,第629页。

特殊的工具,不同于科学、哲学、道德、宗教这样的工具。

为着创造审美意象,艺术家必须调动自己的一切精神能力:感知、情感、理智、联想、想象、意志,并且要统一为一个完整的机体。在这里,至少产生这两个层次的"美的规律":一是审美感情如何和审美思想相统一。任何艺术的作品,首先应该具备作为基础的思想或情感的统一。审美意象的统一性,首先表现在艺术家的审美评价的一致性和连贯性,而这,又受艺术家的审美理想的制约。艺术家从审美理想上来评价和对待生活,作出诗意的裁判。这种审美理想既表现在对崇高的、优美的、悲剧的东西的肯定态度中,又表现在对卑下的、丑恶的、喜剧的东西的否定态度中。二是,审美感情和审美认知的结合为主题思想,是怎样通过规定情景完美地表现出来的。这规定情境也就是心造的意象,它可以是再现现实生活中的情境,也可以虚构出生活中未必有的情境。这种规定情境如能完美地表现出审美感情和审美思想,艺术性就高;反之,则艺术性就低。歌德说:"对情境的生活情感加上把它表现出来的本领,这就形成诗人了。"① 其实,不仅诗人如此,小说、戏剧、电影等等,也都要"意"造、"心"构出规定情境,来表现主题思想。不过,在复杂的艺术作品中,这种规定情境要复杂得多,它可能是错综复杂、尖锐激烈的人与人、人与自然的斗争,也可能是细致、微妙的心灵变化和内心的发展历程。但无论是简单的还是复杂的规定情境,要能完美地表现出审美思想和审美感情,其本身就要达到:清晰、完整。纷繁复杂的事件,众多的人物、大小场面,不仅必须历历在目,栩栩如生,而且必须组成一个完整机体,这个完整体恰好能表

---

① [德]爱克曼辑录:《歌德谈话录》,朱光潜译,人民文学出版社,1978年版,第90页。

现艺术家所要表现的审美感情和审美思想,亦即我国古典诗论中说的"中的"。在这整体中,局部服从整体,细节适应总体。为了使意象成为完整体,罗丹宁愿把雕得太美的巴尔扎克像的手砍掉,因为那手的美影响了雕像整体的美。艺术意象本身各个部分越鲜明,组成的整体越完整,就越有艺术性;反之,艺术性就越低。

在把感知、表象的感性映象改造为审美意象,把单一意象连接、融合而为复合意象或意象体系的过程中,想象起着特别重要的作用。想象力,是人类一切创造活动所必具备的能力。"如果一个人完全没有用自己的想象力来给刚刚开始在他手里形成的作品勾画出完美的图景,——那我就真是不能设想,有什么刺激力量会驱使人们在艺术、科学和实际生活方面从事广泛而艰苦的工作,并把它坚持到底。"[1]列宁还说过,连最简单的概括中,在最基本的观念里,如一般的"桌子"概念中,都有一定成分的幻想。最抽象的科学,如数学,也需要幻想。"有人认为,只有诗人才需要幻想,这是没有理由的,这是愚蠢的偏见!"[2]科学研究与艺术创作都需要想象、幻想,科学的想象同艺术的想象有共同性,也都要遵循一定的逻辑。但艺术的想象和科学的想象又有特殊性。艺术的想象,在把表象进行改造时,是服从于表现审美感情和审美思想这个特殊目的的,因此,艺术的想象本身就渗透着感情,并且受感情的支配,是带着感情的想象。艺术家随着感情的变化而组织自己的想象。这种想象随着情思的发展,可以变化无穷。李白的《清平调》,从现实中的人的衣裳和脸容的视觉映象出发,勾起"云"与"花"的联想:"云想衣裳花想容";接着,又从"云"与"花"联想起"春风":"春风拂槛

---

[1]《列宁选集》第1卷,人民出版社,1972年版,第378—379页。
[2]《列宁全集》第32卷,人民出版社,1972年版,第282页。

露华浓",使得花的意象更加清晰、具体;然后,再由那花的形态、性质又想象到那不是人间所有,或是天下少有,因而虚构了"群玉山头""瑶台月下"的幻想情境:"若非群玉山头见,会向瑶台月下逢。"这样,想象从现实世界进入幻想世界。但是,李白的这种想象,正是依循着情思而来;而且,正是在想象中,把自己的感情移入于那花的幻象中,那花的幻想正是为了表现那对人的赞美感情,是抒发自己的美感。艺术创造中常见的拟人、移情,都不只是想象,而是感情和想象的共同作用,其结果是产生审美意象。科学中的想象,却是构造理论抽象的手段。表象与表象的连接、融合,在科学研究中只是为了图解理论。牛顿从抛出的石块的运动和发射子弹运动的表象,联想并想象出行星环绕太阳的运动规律,得出物理学原理,却不是让想象去构想一种生活中不可能产生的东西。科学中的假说,总是从已知的理论,经过推理,推断出一种有待证明的理论。在这中间,需要想象,然而这是推理的手段。科学理论为了使理论具体化,有时也需要形象,如生物挂图,人体解剖图像,历史挂图,但这些都是科学原理的图解,或科学理论的例证,是从属于、附庸于理论抽象的。科学家可以把人体内部的血液循环系统用具体的形象(图表)显现出来,脉络分明,清楚可见(恩格斯对这种循环系统的发现,十分重视),但这种形象不是艺术形象,创造这种形象的想象,也不是艺术的想象。

尽管艺术的想象有其特殊性,而且想象在创造审美意象中有特殊作用,但我并不把审美意象只归结为想象,也不把想象就等同于艺术的形象思维。审美意象是人的多种心理因素交织成的复合体,是感情、理智、想象等的相互作用的融合物;艺术的形象思维,也是感情、理智、想象等心理活动相互交错的过程。没有理由把审美意象的创造只归结为想象,把艺术的形象思维只归结为想象。在这些心理活动的交互作用中，审美感情还是起主导作用，它支配和调节着想象的展开。

艺术要有感情，这个道理一向为我国传统的古典文艺理论所重视。从《乐记》《毛诗序》等开始，历代文论、诗话、乐论、画论、曲话等一直很突出感情在艺术中的作用，就连那主张诗要讽喻、服务于政教的白居易，在《与元九书》中也承认"感人心者，莫先乎情，莫始乎言，莫切乎声，莫深乎义。诗者，根情、苗言、华声、实义。"感情是艺术的根本。这种根情说，同欧洲文艺理论中的传统的模仿说不大一样。当然，在欧洲，除了从亚里士多德的诗学中所说的模仿说以外，也还有另一种传统：表情说。近代西方也有许多美学家十分重视艺术中的感情，值得我们注意。例如鲍山葵的使情成体说（《美学三讲》），科林伍德的情感表现说（《艺术技巧》），朗格的情感表现说（《情感与形式》）。托尔斯泰这样的艺术大师，更是艺术表情说的著名代表。在托尔斯泰看来，艺术与非艺术的区别就在于是否传达感情。艺术感染的深浅决定于三个条件：一、所传达的感情具有多大的独特性；二、这种感情的传达有多么清晰；三、艺术家真挚程度如何，换言之，艺术家自己体验他所传达的那种感情的力量如何。[①]托尔斯泰一再说明，这是区分艺术与非艺术的条件，却并非区分艺术的好坏的条件，好的艺术与坏的艺术则另有其他条件。托尔斯泰的说法有一定道理。如果需要像普列汉诺夫那样补充的话，那就是：不只是感情，而且还有思想，必须把两者结合，或者说，感情需要受理智的制约。鲁迅说感情正烈的时候，不宜作诗，否则锋芒太露，能将"诗美"杀掉。感情经过了理智的整理，才宜写诗。感情未经理智的整理，就无法把记忆表象和想象表象结

[①] [俄] 托尔斯泰：《艺术论》，陈宝译，人民文学出版社，1958年版，第150页。

合起来，就构不成审美意象。狄德罗在《论演员》中曾说过这个问题：亲人刚死是写不好哀悼诗的，因为这时感情太激烈；只有当激烈的哀痛已过去，当事人才想到幸福遭到折损，估计损失，记忆和想象起来，去回味和放大已经感到的悲痛。

感情、理智、想象等如何相互交错、配合而构成审美意象，这应该成为文艺学研究的重要课题。艺术批评，按别林斯基的说法，是"行动着的美学"，也应该重视对审美意象的分析。而不应该像高尔基所嘲笑的那样，有些艺术批评只讲作家的政治面貌，却不去讲作家如何去组织自己的审美经验的方面。高尔基说："如果作者的经验不是用科学方法组织起来，如果他的情感和他的理智不协调，那么，政治见解就是从外面硬加到年轻作者身上去的，就会被机械地理解，变成架空的东西。"[①]

需要特别加以说明的是：审美感情和审美认知是有具体的社会性质的，受价值理念的制约。把什么东西看成美的，把什么东西看成丑的，喜欢什么，不喜欢什么，这受到不同的人的不同的审美趣味的影响。人的审美趣味，不仅在量上有差别（发达的还是低能的，广泛的还是狭隘的），而且在质上有对立（趣味有好坏、高下）。审美趣味的好坏、高下，决定了艺术是高尚的还是低下的，是这个层次还是那个层次的，是不同艺术的标志。艺术的使命，按高尔基再三阐明了的说法，就是把人身上的最好的、优美的、诚实的，也就是高贵的东西用颜色、字句、声音、形式表现出来，或者说，就是力求用词句、色彩、声音把您的心灵中所自豪的、优美的东西，都体现出来。但是，什么是真的、善的、美的，不同的人有不同的

[①] [苏联] 高尔基：《论文学及其他》，《文学论文选》，孟昌、曹葆华等译，人民文学出版社，1959年版，第111页。

看法。"文艺家几乎没有不以为自己的作品是美的。"(毛泽东《在延安文艺座谈会上的讲话》)从主观意图上说,是想把自己以为美的思想和感情通过美的形式表现出来,是想创造出艺术美来;但实际效果如何,却就不一定了。艺术上常出现这种情况:在一些人看来是丑的,却被另一些人当作美的来描绘;在一些人看来是美的,又被另一些人当作丑的来描绘,这表现了艺术家的审美趣味的好坏。被列宁称之为"一本有才气的书",就是把革命人民认为美的写成丑,把革命人民视为丑的写成美的。这本在1921年问世的白俄作家阿威尔岑科的书,叫《插到革命背上的十二把刀子》。书里充满着对革命人民的刻骨仇恨,而对"失去了的"过去的"天堂"却爱得很深。有趣的是,伟大的列宁认为这本书有地方写得非常糟,有地方写得非常好。书里有一篇小说是描写列宁和托洛茨基的生活的,写得糟透了,因为这位作家不了解列宁和托洛茨基。用列宁的话说:"当作者用自己的小说写他所不熟悉的题材时,艺术性就很差。"然而,这本书的大部分篇幅,作者是用来"描写他所非常熟悉的、亲身体验过、思考过和感受过的事情。他以惊人的才华刻画了旧俄罗斯的代表人物——生活优裕、饱食终日的地主和工厂主的感受和情绪。"问题还不仅在此。那位作家还把他的对革命的"切齿仇恨"和对剥削阶级生活"馋涎欲滴"的感情也渗透在作品中了。列宁说,"烈火般的仇恨,有时(而且多半)使阿威尔岑科的小说精彩到惊人的程度。有些作品简直是妙透了。"对革命的切齿仇恨,对旧生活的无限深情,使得这位作家在描绘熟悉的生活时,十分逼真,栩栩如生,有较高的艺术性。从亲身体验、切身感受中产生的审美感情和审美认知融而为审美意象,并用完美的形式表现出来,使得这位作家的作品成了艺术,表达了他的真诚而独特的审美体验。此人有较发达的审美趣味。然而,他的审美趣味又是反动阶级的,对革命恨之入骨，所以他的作品政治上十分反动。对本阶级的生活很熟悉，但理解不一定正确。审美感可能正确，也可能错误。德国作家歌德在政治上是庸人，但对生活有正确的美感，所以作品仍能感人。这位白俄作家的审美体验是真诚的，然而是嗜痂成癖，逐臭为美，审美趣味的价值趋向极坏，对现实作出了错误的评价。

区别艺术与非艺术的界限不在政治上、思想上的好坏，而在于艺术形象的有无。先进艺术还是反动艺术是进一步在政治、思想上的区分。先进的政治理论、科学学说，不是艺术，它们具有另外的社会价值。有的作品，政治上反动，但也可能是艺术。有的作品采用了艺术体裁，却不一定是艺术；有的作品并未用艺术体裁，又可能是艺术。人的审美体验如果组织为审美意象并用审美形式表现出来时，就成为艺术。王维的《山中与裴迪秀才书》，是一封信，写信目的是邀请朋友来家做客遨游。如果只是告诉友人，叫他来家做客，几句话就可以了。然而，王维为了打动友人的心，却在信中把他冬日游山所得的审美享受也写出来了。王维先说冬日山中风光之美、乐趣无穷："辋水沦涟，与月上下""深巷寒犬，吠声如豹。村墟夜舂，复与疏钟相间"；然后又写他室中独坐，回想过去共游的欢乐；进而又写他的想象，明春山景当更美妙："当待春中，草木蔓发，春山可发，轻鲦出水，白鸥矫翼，露湿青皋，麦陇朝雊"；最后才说："斯之不远，倘能从我游乎？……然是中有深趣矣，无忽。"这样的信，不仅再现出了王维过去游山所见的美景，而且还想象出了明春山景更美，同时又把自己的审美感情熔铸其中。这是信，又是很好的艺术作品，并不比王维的一些名诗逊色。"人闲桂花落，夜静春山空；月出惊山鸟，时鸣春涧中"（《鸟鸣涧》）；"飒飒秋雨中，浅浅石溜泻；跳波自相溅，白鹭惊复下"（《栾家濑》），这里表达的审美感受，形成的审美意象，不正和那信很相近吗！我国古代许多优秀的散文，不仅文字优美，而且完美地表现了审美意象，是艺术，应该在文学史中占有一定的地位。

艺术可以描写真人真事，但新闻记事、人物传记、历史实录并非艺术，尽管这里也可能有人物、事件、环境的具体形象。艺术所创造的是艺术形象。《三国演义》以汉末三国争霸的历史作题材，但它不是历史实录，也不是人物传记，而是艺术创造。从历史事实看，曹操其人，正如鲁迅所说，是一个很有本事的人，至少是一个英雄。但在小说中，却是一个"托名汉相、实为汉贼"的"奸雄"。诸葛亮，虽史有其人，却也并不像小说中想象的那样。在陈寿《三国志》中，刘备三顾草庐，只"凡三往乃见"五个字。在《三国志平话》中，也只用数百字来写三顾。到了《三国演义》中，则成了四五千字的洋洋大文。这是罗贯中的创造性想象。小说不仅把历史上的人物形象作了改造，而且重新改变了人物之间的关系，把这场三国争霸的政治斗争按照作者的认识作了不同于历史的安排。从历史事实说，三国之中，以曹操和孙权的力量最大，刘备势力最小，曹、孙的争夺比刘、曹的争夺要更重要。古代一些重要史籍如司马光的《资治通鉴》、陈寿的《三国志》等，都是以曹操为封建正统代表，以他为中心展开斗争。然而《三国演义》却突出了刘备的力量，写出了只有这位刘皇叔才应是汉王朝的真正继承人，并且把刘备与曹操的斗争放在斗争的主要地位。这些都并不符合历史的事实，因此受到了历史学家的指责。清代史学家章学诚不满《三国演义》："七分事实""三分虚构"，惑乱读者，不近情理。其实，只从历史科学的观点来看艺术是不行的。问题根本不在实事和虚构在数量的比例的多少，而在于艺术虽可以真人真事为基础，但从整体说是艺术的创构。金圣叹看到了小说不是历史实录，而是艺术创作，评论就较符合实际。在他看来，小说的创作是"因文生事"，历史实录是"以文运事"。"以文运事"必须符合历史事实,"先有事实如此如此,却要计算出一篇文字来",这文字就是记载历史事实,不能虚构。"因文生事"则不然,"只是顺着笔性去,削高补低都由我",可以虚构,不必照录事实。为什么《三国演义》要这样虚构?为什么要把曹操等人物作这样的描写?为什么要把三国争霸的政治斗争作这样的安排?就是因为作者罗贯中在《三国演义》里是写他的审美认知和审美感情,而不是写他对三国争霸的科学解说或实录历史事实。罗贯中有自己对现实和历史的看法和态度,那就是:赞美仁君贤相,憎恨暴君奸臣。罗贯中是从他的审美理想出发来改造历史题材的。他把他反暴君奸臣的感情和看法,集中在曹操这样的形象身上,而把他对仁君贤相的感情和看法,集中在刘备、诸葛亮这样的形象身上,并且带着自己的感情态度来描绘三国争霸的政治斗争。《三国演义》并不违背三国争霸的历史真实,蜀还是失败了,魏还是胜利了。但罗贯中的同情是在蜀。所以,刘备、诸葛亮被处理为悲剧(有价值的东西的毁灭),而曹操则常被作者喜剧化(把无价值的东西撕给人看)。

艺术的创构可以达到很高的程度,创造出陶渊明诗中的桃花源这样的理想境界,乃至《西游记》里那样的神话世界。这样的审美意象,是现实的曲折反映,却并非现实生活的直接再现。在这样的审美意象里,审美感情已把生活现象改造得和现实生活的样子离得较远。这里不仅直接表现了审美感情,而且直接表现了审美理想。孙悟空就是个高度理想化的艺术形象,不是现实中的人,也不是现实中的猴。文艺学不必去考证这是属于哪一猴类,也不必去研究它是属于农民阶级还是市民阶层。但是,分析孙悟空这艺术形象,却可以了解作者的审美理想、审美感情和审美思想是属于哪个时代、哪个阶级的,反映了什么样的时代和要求,从而,最后方能理解这样的艺术形象，反映了作者与现实的什么样的审美关系。从现实的审美关系到艺术形象，这是一个复杂的反映过程。

这里，我暂不能再进而论证审美意象是怎样反映了现实的审美关系的，也不可能再谈审美意象是怎样物化为艺术形象的。今后若有机会，我将解剖一个典型，说明艺术形象怎样反映了作家、艺术家和周围世界的审美关系。在这篇论文中，我主要说了艺术形象的一个问题，审美意象构成的基本因素及基本方式。艺术形象的其他问题，如对真善美的价值追求等需作另外的探索。

一九八〇年二月，北京大学中关园

原载《文艺论丛》第12辑，上海文艺出版社1981年版，后收入《中国新文艺大系·理论一集》（1988年）；又为美国美学家布洛克和朱立元合编的《中国当代美学》英文版所收，译介到英语世界。2015年，收入海天出版社出版的《胡经之文集》第一卷。

艺术美略论

一

　　文学艺术需要美吗？

　　这个问题似乎不证自明，早在四十年代延安文艺座谈会上，毛泽东在"结论"中已经说过：文艺家几乎没有不以为自己的作品是美的。这话道出了作家、艺术家的共同心声：文学艺术应该美。生活中本身就存在着美，但是，人民还是不满足于生活美，要求还创造艺术美。艺术美和生活美，两者都是美，但艺术美却可以而且应该高于生活美。艺术美并非必定高于生活美，而只是"可以"而且"应该"。文学艺术反映社会生活，反映生活是为了改造生活，人类创造艺术美正是为了使生活更美。

　　然而，美学史上并不是所有的人都赞同艺术需要美的看法。像俄国的列夫·托尔斯泰这样深得艺术奥妙的文学大师，在实践中已创造出了艺术珍品，却在理论上激烈否定艺术应追求美。

　　托尔斯泰否定"艺术目的在美"的种种说法，猛烈抨击德国古典美学家对艺术美的评价。集德国古典美学之大成的黑格尔，高度重视艺术美，煌煌百余万言的美学巨著，就是围绕着艺术美为中心而展开的。在黑格尔看来，艺术应该美，人类需要文学艺术，就是为了追求美和创造美。托尔斯泰却不以为然。依他之见，艺术与美无必然联系，而只同善有关。托尔斯泰浏览了自古至今的许多艺术论和美学著作，历来对艺术所下的定义，多不胜数，他都不满意，为什么？"这原因在于：艺术的概念是以'美'的概念为基础的。"①

究竟谁的话有理？美学家黑格尔对，还是文学家托尔斯泰对？这却要作具体分析，不能一概而论。

黑格尔对美的理解并不正确："美就是理念的感性显现。"②黑格尔所说的"理念"，就是"客观精神"，正是它，构成世界的本原，世界万事万物，都是这种"理念"的外化。尽管这种"理念"被黑格尔看成是客观的，但这仍然是对世界的唯心主义解释。然而，黑格尔对艺术美的理解却很精辟，抓住了艺术美的重要特征，我们可以透过唯心主义的外壳看到那合理的内核。比如，依黑格尔之见，艺术美的要素可分为二，一种是内在的，即内容；一种是外在的，即形式。外在形式的价值就在指引向内容，显现出"意蕴"。艺术的价值就在于借助物质外在形式，"显现出一种内在的生气，情感，灵魂，风骨和精神，这就是我们所说的艺术作品的意蕴"③。当然，黑格尔并未去追问，作为艺术内容的这种"意蕴"，就其本原而言，乃是生活的反映。然而他并不把艺术美只理解为形式美，而是看到了，只有通过外在形式显现出艺术家"心灵的最高旨趣"，才会有艺术美。黑格尔美学的重心，更多的是放在艺术内容的探索上，无

---

① [俄] 列夫·托尔斯泰：《艺术论》，丰陈宝译，人民文学出版社，1958年版，第43页。
② [德] 黑格尔：《美学》第1卷，朱光潜译，商务印书馆，1979年版，第142页。
③ 同上。

疑，这种方法是正确的。

如果把艺术美理解为内容美和形式美的统一，那么，托尔斯泰对艺术美的蔑视就缺乏根据。不过，西方当时流行的美学观，是把艺术美仅仅归结为形式美，美即形式，不涉内容。托尔斯泰极为厌恶这种形式主义的见解，激烈反对把艺术归结为形式。在托尔斯泰看来，艺术只追求形式的美，就会堕落成为满足感官快感的低级工具；艺术应该成为崇高的事业，就必须在内容上表现高尚的感情。因此，托尔斯泰蔑视艺术美，其真实的含义是在维护艺术内容的高尚而反对孤立追求形式的美。然而，当托尔斯泰把艺术内容归结为善的时候，无意中也就承认了艺术的美只是形式，把艺术美等同于形式美。至于托尔斯泰把艺术内容的善归结为宗教感情，则更是荒谬可笑。幸而，托尔斯泰在《艺术论》中具体分析艺术现象时，从他那丰富而真实的艺术感受出发，一再阐明：艺术的内容，应是传达艺术家自己体验到的"审美感"；只有"审美上的感情"，才是艺术的真正内容。①这是真理的火花，由此可以更深一层指明，艺术不仅要求形式美，而且要求内容美。可惜，托尔斯泰最后终究用宗教感情代替了审美感情，艺术内容的善最终被归结为表现宗教感。

值得一提，我国在三十年代也曾有过类似的争论。美学家朱光潜发扬了黑格尔的美学精神，尽力挖掘文学的内容之美。但文学家梁实秋却撰文批评朱光潜夸大了文学之美，他和托尔斯泰一样，力主文学的内容应是道德之善，与美无关。周扬则写了《我们需要新的美学》，指出梁实秋对美的理解太狭隘，把美等同于形式，把艺术美局限于形式，无涉内容。

---

① [俄] 列夫·托尔斯泰：《艺术论》，丰陈宝译，人民文学出版社1958年，第112页。中译本作"美学上的感情"，其实，译作"审美上的感情"更好。

文学艺术应该按照美的规律来创造，艺术的创造应是美的创造。诚然，文学艺术是否是人类审美活动的最高形态，尚可继续讨论，但是，艺术价值是审美价值的集中而凝练的形式，这看法却赢得越来越多的人的承认。因此，问题不在于艺术要不要美，而在于如何理解艺术之美。

二

那么，什么是艺术美呢？

如果要用一句话来概括，那么，可以说：艺术美是按照美的规律来创造，使形式美和内容美达至完美统一。

任何文学艺术作品都有形式和内容两个必不可少的因素。形式是外在的，内容是内在的。面对一件作品，我们首先接触到的是直接呈现给感官的外在物质形式，然后领会这种符号形式所指引出来的内在意蕴。但作为艺术创造的结果，有的作品，形式和内容结合得好，完美统一；有的作品，形式和内容结合得差，无法统一，这就要看是否符合美的规律。

艺术形式的创造，需要一定的物质材料，比如绘画用线条色彩，音乐用旋律音调，舞蹈用形体动作，文学用语言文字。但是，物质材料本身还不是艺术形式，只有把物质材料按照美的规律予以改造，结合为整体，使它具有表现力，物质材料才能化为艺术形式。

艺术形式具有相对的独立性，每种艺术形式提供一种特殊的乐趣，不同的艺术形式产生不同的表现力。英国美学史家鲍山葵曾明确指出，任何艺人都对自己的媒介感到特殊的愉快，而且赏识自己媒介的特殊能力。这种愉快和能力感当然并不仅仅在他实际进行操作时才有的。他的受魅惑的想象就生活在他的媒介的能力里；他靠媒介来思索，来感受；媒介是他的审美想象的特殊身体。而他的审美想象则是媒介的唯一特殊灵魂。艺术形式是身体，艺术内容是灵魂，两者相对独立，而又结为一体。

文学艺术的价值在于用美的形式完美地体现美的内容。马克思说得好："如果形式不是有内容的形式，那么它就没有任何价值了。"①形式脱离了内容，孤立的形式美，不是艺术美。

那么，什么是艺术的内容美呢？

这是个难题，因为艺术内容究竟是什么，至今尚是众说纷纭。然而，这正需要文艺学和美学来进行探索。

文学艺术不是社会生活的反映吗？那么，文学艺术的内容不就是社会生活？不错，文学艺术确是社会生活的反映，社会生活是文学艺术的唯一源泉，这个根本原则不可动摇。从艺术和生活这一层次的关系上来说，生活是内容，艺术是形式。艺术，正如哲学、宗教、道德等意识形态一样，都是社会生活的反映。在这里，社会生活是内容，而不同的意识形态则是它的不同反映形式。社会生活是实践的，文学艺术要创造出一种符号，但那是为了表现一种精神内容，艺术不过是生活的反映的形式。在生活和艺术的关系这一层次中，尚有十分复杂而疑难的问题等待美学、文艺学去探索。比如，艺术与其他一切意识形态的反映对象都是社会生活，这只是说明了所有意识形态反映对象的共同性，却还未揭示出不同意识形态反映对象的特殊性。艺术究竟反映了社会生活中的哪个特殊方面？艺术反映的特殊对象究竟是什么？这些问题还没有得到科学的说明。与此相应的，文学艺术这种意识形态究竟用什么样的方式和方法去反

---

① 《马克思恩格斯全集》第1卷，人民出版社，1955年版，第179页。

映生活？艺术同其他意识形态相比，反映生活究竟有些什么特殊性？这些问题也还没有得到真正的解决。

但是，作为已经完成了的产品形态，文学艺术作品本身有它自己的内容和形式。这里谈的已经不是艺术和生活的关系，而是另一层次的问题。由作家、艺术家创造出来的文学艺术作品，是把反映生活的结果物化在符号形式中，或者说，把脑海中的构思（即意象经营）外化为艺术符号。内在的构思体现于作品，成为文学艺术的内容，而外在的物质体现则是文学艺术的形式。

只是停留在脑海里而还没有得到物质体现的构思，尚属意象经营，乃内心活动，还不称其为艺术内容。意象经营向意匠经营递进，构思转化为意蕴，只有体现在作品中的意蕴，才是艺术的内容。艺术构思的完美，体现在作品中，形成艺术内容的美。

艺术的内容美，就是意蕴之美，用鲁迅的话说，乃是意美。

依鲁迅的见解，文学艺术是用思理以美化天物，总称美术。不仅雕塑、绘画、建筑、音乐等是美术，而且文学、戏剧等也是美术。文学艺术的功能，就在"发扬真美，以娱人情"。鲁迅和蔡元培一样，提倡美育，关心美术，以期"发美术之真谛，起国人之美感"[①]。用思理以美化天物，创作出来的作品，具有意美、形美、音美。绘画、雕塑、建筑等是视觉可见的美术，有形美。音乐是听觉可闻的美术，有音美。有的美术只有形美，有的美术只有音美，有的美术则兼有形美、音美，而意美应为一切美术所共具。我国的汉字，本身就兼有形、音、意三美，用汉字创作的文学，更集形、音、意三美于一身："意美以感心，一也；音美以感耳，二也；形美

---

① 《鲁迅全集》第8卷，人民文学出版社，1981年版，第48页。

以感目,三也。"①形美、音美,属于文学的形式美,而意美,则是文学的内容美了。

高尔基把艺术的内容美,更是归结为心灵美的体现,内容美来自心灵美。

> 文学的任务、艺术的任务究竟是什么呢?就是把人身上的最好的、优美的、诚实的也就是高贵的东西用颜色、字句、声音、形式表现出来。②

文学艺术要用物质形式表现出人身上高尚的、优美的东西,这并不是说文学艺术只许描写优美的题材,而是说,文学艺术要表现美好的心灵。高尔基在给另一个作家的信中说得更明白:

> 艺术的任务是什么呢?在我看来,艺术的精神就是力求用词句、色彩、声音把您的心灵中所自豪的、优美的东西,都体现出来。③

文学艺术就是要用物质形式体现出作家、艺术家心灵中高尚的、美好的东西,也就是美好的心灵。文学艺术并不是只能描绘优美的东西,也可以描绘丑恶的东西。但是,正如高尔基所说:"艺术描绘庸俗的东西和粗野的东西,为的是嘲笑这些东西,消灭这些东

---

① 《鲁迅全集》第9卷,人民文学出版社,1981年版,第344页。
② [苏联]高尔基:《给皮雅特尼茨基》,《文学书简》上卷,曹葆华、渠建明译,人民文学出版社,1962年版,第82页。
③ [苏联]高尔基:《给亚尔采娃》,《文学书简》上卷,曹葆华、渠建明译,人民文学出版社,1962年版,第133页。

西。"①对美的东西的肯定,对丑的东西的否定,这本身都是美好心灵的表现,只有美好的心灵才肯定美,否定丑。

那么,所谓美好的心灵又是什么呢?

崇高的、美好的审美理想、趣味、观念,这应是美好心灵中一些最重要的东西。

当然,作家、艺术家的美好心灵,乃是作为主体的人(在这里就是作家、艺术家)同作为客体的周围环境(自然和社会)相互作用的结果,是实践活动的产物,绝非天生就有。因此,作家、艺术家的美好心灵也是由社会生活决定的,是反映生活的结晶。作家、艺术家在现实生活中参与了生活实践,主观世界和客观世界不断地进行相互作用,此在和彼在互相进行物质、能量、信息的交流,经长期积累,在内心世界生成了相对稳定的精神结构,形成美好的心灵或是丑恶的灵魂。美好的心灵一旦在生活中形成,并成为作家、艺术家的一种品性而相对固定起来,它就反过来制约着艺术创造。毛泽东《在延安文艺座谈会上的讲话》说得好:"作为观念形态的文艺作品,都是一定的社会生活在人类头脑中的反映的产物。"这个头脑具有的是美好的心灵还是丑恶的灵魂,必然影响到这种反映的性质,并参与到创作中去。因此,文学艺术的内容,既包含着客体的再现,又包含着主体的表现,更表现出主体和客体之间的审美关系。

艺术内容中再现因素和表现因素的相互关系,在不同作品中有着错综复杂的变化,这就使得艺术美的问题更加复杂。描绘美好的事物,并不意味着这艺术作品必定是美的;描绘丑恶的事物,这艺

---

① [苏联]高尔基:《给亚尔采娃》,《文学书简》上卷,曹葆华、渠建明译,人民文学出版社,1962年版,第133页。

术作品也不必定是丑的。俄国革命民主主义美学家车尔尼雪夫斯基十分重视文学艺术中的再现因素,甚至把描绘大海的作品归结为只是把海洋再现出来,让没有见过海的人也能看到海。但是,他还是说出了这样的话:"美好地描绘一副面孔和描绘一副美的面孔是二件全然不同的事。"①普列汉诺夫在《艺术与社会生活》里也说过类似的道理:完美地描绘一个白髯老人,并不就是描绘一个美的白髯老人。文学艺术作品不限于只描绘美好的东西,然而却必须完美地描绘作家、艺术家所感兴趣的生活现象。艺术内容的美与不美,不只决定于再现客体事物的完美,也决定于表现主体心灵的完美。具体作品必须具体考察,从再现和表现的是否完美统一中来掌握艺术的内容之美。那么,文学艺术怎样才能美呢?

三

文学艺术作品可以描写各种各样的生活现象。

生活是复杂的,这里既有真的、善的、美的东西,也有假的、丑的、恶的东西。文学艺术既可以描写美的现象,又可以描写丑的现象,但最值得描写的当然是真的、善的、美的东西。按照高尔基的看法,世上最美好的是艺术,而艺术里最最好的和最崇高的是构想美好事物的艺术。

然而,构想美好事物的文学艺术,要成为崇高的、美好的,却还有赖于美好的心灵。

恩格斯青年时代所写的《风景》是一篇优美的散文。在这篇

---

① [俄]车尔尼雪夫斯基:《生活与美学》,周扬译,人民文学出版社,1957年版,第5页。

优美散文里,不仅再现了优美的自然风光,而且表现了作者的美好心灵。

恩格斯在将满二十岁那一年,1840年春夏之交,他离开了在那里从事商业活动的不来梅港,作了一次长途旅行,漫游德国、荷兰、英国。在这次漫游中,恩格斯接触了社会人生,考察了风土人情,领略了自然风光,内心充满了丰富而复杂的体验、感受。恩格斯情不自禁,抑制不住,很快将这些旅途的体验加以整理,写成了好几篇通讯和散文。《风景》①就是其中的一篇。

题名"风景",写的是恩格斯在漫游中所见的景色风光。在这里,恩格斯描绘了莱茵河畔山谷的峦峦青山、金色阳光和蔚蓝天空;也描绘了北德的荒凉原野,荷兰的灰暗天空和岸上的风车;还描绘了英国内地的各色美景:丘陵、田野、树林、牧场、村庄……就在这些景色的描绘之中,渗透着作者的美好的感情。恩格斯以富有诗意的笔调描绘着自然风光,这里的描绘都带上了感情色彩,写景和抒情水乳交融,把自己的独特的体验完美地体现出来了。

特别动人心弦、令人神往的描绘,是在从莱茵河道进入英国海面的那个场面。在这里,恩格斯把再现和表现这两个因素结合得天衣无缝,融为整体。

航船穿过运河,在舟楫、堤坝、风车、尖塔中间穿梭而过,熙熙攘攘,使人有狭小窒息之感。但是,当航船从运河进入英国海面之时,恩格斯顿时感到心旷神怡,心花怒放,情不自禁地写道:

当我们最后从庸俗的堤坝,从窒息的加尔文教国土跳到自

---

① 这篇散文,发表在1840年6月的《德意志电讯》上。中译文见马克思、恩格斯《论艺术(四)》,人民文学出版社,1966年版,第388页。

由精神的广阔空间来的时候,我们感到多么幸福啊!

在对河道、海面的客观描绘中,同时抒发着作者的主观感受,绿色的海水好像在对来客欢呼拥抱。为了充分地表达出作者自己的体验,恩格斯借用了一位诗人的诗句说道:

> 在你眼前的
> 是宽阔的自由大道!
> 看吧!天空下垂,
> 与大海合成一体;
> 你——被分成两半——
> 能在它们中间找到通路吗?

这时,天空和大海合成一体,海天一色。人,处在海天的中间,被分成了两半,一半同上天合在一起,一半同下界合在一起,进入了物我统一的境界。海天一色,物我统一,这是诗人奇妙的想象,也是恩格斯面对的现实。恩格斯眼前呈现的也正是这番情景:

> 你抓住船头桅杆的缆索,望一望那被龙骨冲开的波浪,它们溅起白色的泡沫,远远地飞过你的头上。你再望一望远方的碧绿的海面,波涛汹涌翻腾,永不停息。阳光从无数闪烁镜子中反射到你的眼里,碧绿的海水同蔚蓝的镜子般的天空和金色的太阳融化成美妙的色彩……整个自然同我们如此亲近,波浪向我们如此亲热地眨眼,天空如此亲爱地覆盖着大地,而太阳放射着如此强烈的光辉,好像可以用手把它抓住似的。

正是在这种海天一色、物我统一的境界中，恩格斯内心产生了这样一种体验：

> 于是你的一切忧思，一切关于人世间的敌人及其阴谋诡计的回忆，就会烟消云散，你就会溶化在自由的无限的精神的骄傲意识中。

这是一种特殊的体验，是同自由感相联系的体验。按恩格斯自己的说法，"我只知道一种可以和这种体验相比的感觉"，那就是他在接触黑格尔关于理念的哲学思想时，"我感到了同样幸福的战栗，好像在我周围吹起了从清澄的太空飘来的新鲜的海洋空气，哲学思辨的深渊横列在我的眼前，好像是无底的大海，视线怎么也不能摆开。"当恩格斯面对大海，又一次体验到了这种自由之感，抑制不住内心的愉悦，以至挥舞着帽子大声欢呼：向自由的英国致敬！

在这里，恩格斯不仅是在为英国的自由而欢欣鼓舞，而且是在为德国争取自由而大声疾呼。正是恩格斯的心灵深处蕴藏着追求人类自由的崇高理想，才使他在此时此地体验到了，一种特殊的自由幸福的愉悦之感。为了区别于别种感受，美学上把这种类型的体验叫审美体验。

体验，总是对于某些对象的体验，没有无对象的体验，即使是内心深处的内在精神体验，所谓的"内审美"也有内在对象。鲍山葵在《美学三讲》中说到，即使在想象中审美，也需有审美对象。意象就是内在对象。但在生活实践中，面对的大多为外在对象，引发内在体验。恩格斯所面对的山谷、草原、岛国和海峡，都是他的审美对象，这些审美对象都有各自的独特的审美特性，例如北德草原富有神秘的诗的魔力，莱茵山谷则到处是奇特的景色。恩格斯在这篇优美散文中再现出了这些地方的特有的审美特性。但就在他对审美对象的完美描绘中,表现了作者自己的审美个性,更反映出了恩格斯此时此地和周围环境的审美关系,天地人的和谐一致。恩格斯的美好的理想渗透到审美过程中。因此,审美的体验既包含着对象的再现,又渗透着作者的理想及其个性,更反映出了恩格斯此时此地和周围环境的审美关系,天地人的和谐一致。

审美体验既是个人的,又是社会的。恩格斯生长在封建专制统治着的德国,但繁华小城中的较为自由的家庭生活培养出了一个向往自由的个性。富有青春活力、生气蓬勃的社会实践,使恩格斯对于自由的憧憬具有深刻的社会内容,对于压抑环境的愤懑提高为对于封建专制的反抗。恩格斯在青年时代所写的诗篇中已经表现出他追求自由的理想:"感伤的歌声在低沉下去,动人心腑的出猎号角在等待着猎人,它将吹出猎取暴君的信号。"青年恩格斯的审美理想是同争取人类社会的自由密切联系着的。对封建专横的反抗、人民自由解放的向往,这就不只是个人的要求,而且也是那个时代人民的共同愿望。因此,恩格斯向往自由的这种审美理想,反映了时代要求,表达了人民呼声。

初看起来,《风景》之美,似乎在于散文再现了自然风光之美。仔细一想,散文之美,不只是再现了自然的美,而且是在美的描绘中表现了作者的心灵之美。再现和表现的完美结合,反映了人和自然的和谐之美,构成了《风景》这篇散文的内容之美。

四

文学艺术是否美,不只表现在它写了什么,而且也表现在怎样写。

描写美好的事物，可以是美的艺术，也可以是丑的艺术；描写丑恶的事物，可以是丑的艺术，却也可以是美的艺术。

这是为什么？

这要依作家、艺术家以什么方式去描绘。怎样写，同作家、艺术家心灵的美丑紧密联系着。德国启蒙时代美学家鲍姆加登说得好："丑的事物，单就它本身来说，可以用美的方式去想；较美的事物也可以用一种丑的方式去想。"①用丑的方式去描绘美的事物，这是丑的艺术；用美的方式去描绘丑的事物，这仍然是美的艺术。这，康德说得更明确："美的艺术正在那里面标示它的优越性，它美丽地描写着自然的事物，不论它们是美还是丑。"②

美的艺术既可以描写美，也可以描写丑。法国著名浪漫主义作家雨果就力主在作品中再现生活中的美丑对照，既描写美，也描写丑。在社会生活中，"丑就在美的旁边，畸形靠近着优美，丑怪藏在崇高的背后，美与恶并存，光明与黑暗相共。"③戏剧再现生活，也就应该"把滑稽丑怪结合崇高优美而又不使它们相混"④。在雨果看来，美丑对照是生活和戏剧的普遍法则，"生活难道不是一出奇异的戏剧，里面混杂着善与恶、美与丑、高尚与卑劣？这一法则作用难道不是遍及一切事物？"⑤英国戏剧家莎士比亚、英国作家弥尔顿、意大利诗人但丁，他们的创作，就遵循了美丑对照的原则，所

---

① [德]鲍姆加登：《美学》，《西方美学家论美和美感》，商务印书馆，1980年版，第144页。

② [德]康德：《判断力批判》上卷，宗白华译，商务印书馆，1993年版，第158页。

③ [法]雨果：《〈克伦威尔〉序》，《论文学》，柳鸣九译，上海译文出版社，1980年版，第30页。

④ 同上。

⑤ [法]雨果：《论司各特》，《雨果论文学》，柳鸣九译，上海译文出版社，1980年版，第4页。

以为雨果所称颂。比如,莎士比亚的戏剧,"融合了滑稽丑怪和崇高优美、可怕与可笑、悲剧和喜剧。"①弥尔顿写《失乐园》,但丁写《神曲》,"他们和他竞相把我们的诗渲染上戏剧的色彩;他们像他一样,把滑稽丑怪和崇高优美互相混合。"②

雨果在自己的创作中就有意识地运用了美丑对照的原则。美丑对照,这不仅是同一作品中不同人物之间的对比,而且是同一人物本身的对比。雨果的长剧《克伦威尔》,写出了许多人物之间的对比,也写出了同一人物身上的美丑对比。这出戏的主人公克伦威尔,就是既滑稽丑怪又崇高优美的复杂性格。这位英国十七世纪声名煊赫的历史人物,在雨果以前的历史学家和作家的笔下,只是一个凶恶、阴险的野心家形象。但在雨果的笔下,克伦威尔则是"一个复杂的、混合的、多样化的个性,充满着矛盾,混杂着善与恶,兼有天才和渺小;是一个悲喜剧的人物,整个欧洲的暴君,自己家庭的玩偶;这个老弑君者凌辱各国君主的使臣,却被自己信仰王权的小女儿折磨;他习性谨严而沉郁,但常在身边豢养四个弄臣。"③他既是一个粗鲁的军人,又是一个精明的政治家;他疑心病极重,总是令人恐惧不安,但残酷的时候却很少;他对亲近的人粗暴傲慢,对他所害怕的党徒则怀柔讨好;他既虚伪,又狂热。这是个结合着崇高和滑稽、优美和丑怪的悲喜剧式人物。

美丑对照,确实是创造美的艺术的重要原则。但是,美丑对照最终还是为了肯定美,描写丑只是成为创造艺术美的一个手段。正如雨果所说:"滑稽丑怪却似乎是一段稍息的时间,一种比较的对

---

① [法]雨果:《〈克伦威尔〉序》,《论文学》,柳鸣九译,上海译文出版社,1980年版,第40页。

② 同上,第44页。

③ 同上,第47页。

象,一个出发点,从这里我们带着一种更新鲜更敏锐的感受朝着美而上升。"① 描绘美,是为了肯定美;描绘丑,则是为了否定丑。美丑对照的描绘,必须蕴藏着作家、艺术家的审美评价和审美态度,才能创造出美的艺术。高尔基极为赞赏民间雕刻艺人的这样的见解:"那些给人好感的东西,我做得更好;我不喜欢的,我也不怕把它们的丑陋雕得更加丑陋。"② 高尔基从自己的艺术实践经验出发,作出了类似的结论:

> 人们爱听悦耳而有旋律的声音,爱看鲜明的色彩,爱把自己的环境改变得比原来的更好、更美。艺术的目的是夸张美好的东西,使它更加美好;夸大坏的——仇视人和丑化人的东西,使它引起厌恶,激发人的决心,来消灭那庸俗贪婪的小市民习气所造成的生活中可耻的卑鄙龌龊。③

这是伟大作家的真知灼见,抓住了美的艺术的根本规律。把美的东西写得更美,把丑的东西写得更丑,引向一个目标,那就是肯定美、否定丑。夸大丑的东西是为了引起人的厌恶,激发人去消灭它。

然而,怎样才能做到呢?这就需要在作家、艺术家再现生活中的美丑时,对审美对象有正确的审美评价和审美态度:以美为美,以丑为丑,美其所美,丑其所丑。

雨果的《巴黎圣母院》,人物之间和人物本身的美丑对照都很鲜明突出。吉卜赛女郎爱斯米哈达,外表美貌,内心善良,是个典型

---

① [法]雨果:《〈克伦威尔〉序》,《论文学》,柳鸣九译,上海译文出版社,1980年,第35页。
② [苏联]高尔基:《论文学》,人民文学出版社,1978年,第114页。
③ [苏联]高尔基:《论艺术》,人民文学出版社,1978年,第414页。

的美人。可是，这个心灵和外表都美好的女郎却爱上了一个外表漂亮而内心庸俗的卫队长，这个庸人对吉卜赛少女只是逢场作戏、寻个开心。圣母院副主教克罗德，外表道貌岸然，内心却阴险卑劣，暗中想占有吉卜赛少女。阴谋未逞，就诬告少女，把她送上绞刑架，"自己得不到她，也不让别人得到她。"在这个人物性格中，集中体现了宗教的伪善。圣母院的敲钟人加西莫多，既聋且哑，外表奇丑，内心却十分善良。他内心深处热爱着吉卜赛少女，自知太丑，只把爱情埋在心底，暗中随时卫护着她，不让邪恶侵犯，甚至还好心地去成全女郎对卫队长的单相思。最后，这个敲钟人识破了副主教的罪恶阴谋，仇恨满腔，把那宗教伪善者扔下钟楼摔死，自己则在深夜走向地下墓道，找到吉卜赛少女尸体，静静地并头躺下，安详地死去了。在这里，人物之间和人物本身的美丑对照都引向一个目标：否定丑、肯定美。在美丑对照的背后，隐藏着作者一颗跳跃着的心，雨果的崇高理想：铲除人间丑恶，创造美好世界。

现实世界是美丑混杂、善恶相间的，文学艺术反映生活，乃是要"给人指出人类的目标"[1]。因此，"问题是要在人类的灵魂中再燃起理想。"[2]人类必须进步，进步需要理想。按雨果的见解，"理想就是进步在不断前进中所追求的坚定不移的范本。"[3]艺术需要理想。"进步是科学的推动者；理想是艺术的动力。"[4]在美的艺术中，不管它描写美还是描写丑，都有美的理想在照耀着。

---

[1] 雨果：《莎士比亚论》，《论文学》，柳鸣九译，上海译文出版社，1980年，第175页。

[2] 同上，第181页。

[3] 同上，第129页。

[4] 同上，第182页。

五

美的艺术可以描绘美，也可以描绘美丑对立，是不是也可以只描绘丑呢？

这是一个更为复杂的问题，需要作些更具体的分析。

文学艺术对生活的反映是审美的反映。如果对丑恶的描绘只是停留在生理水平而不能提高到审美水平上，文学艺术就不可能有美。生活中确实有些现象不易引起人的审美反映，文学艺术大可不必去描绘它。如果去描绘它，极易引起人的生理反应，抑制审美反映，从而破坏了艺术。这正如鲁迅所说："譬如画家，他画蛇、画鳄鱼、画龟、画果子壳、画字纸篓、画垃圾堆，但没有谁画毛毛虫、画癞头疮、画鼻涕、画大便，就是一样的道理。"[1]

但是如果用美的方式去构想丑恶事物，也未尝不能创造美的艺术。康德是这样说的："狂暴，疾病，战祸等等作为灾害都能很美地被描写出来，甚至于在绘画里被表现出来。"[2]

鲁迅笔下出现了形形色色的人间丑态，丑恶嘴脸，却赢得了毛泽东这样的评价：鲁迅，"用他那一枝又泼辣、又幽默、又有力的笔，画出了黑暗势力的鬼脸，他简直是一个高等的画家"。

法国十九世纪杰出的现实主义作家巴尔扎克，他的"百科全书"式的《人间喜剧》，广泛地揭露了资本主义的丑恶的社会关系，然而我们却决不能把巴尔扎克的作品贬之为丑的艺术。巴尔扎克的《贝姨》《高老头》《邦斯舅舅》等集中笔力描绘了丑恶，却都是美

---

[1] 鲁迅：《半夏小集》，《鲁迅全集》第6卷，人民文学出版社，1957年版。第483页。
[2] 康德：《判断力批判》上册，宗白华译，商务印书馆，1993年版。第158页。

的艺术。当巴尔扎克早期所写的小说《苏城舞会》《复仇记》等问世以后,被有些人指责为有伤风化。巴尔扎克的朋友、记者和作家达文在巴尔扎克《十九世纪风俗研究》的序言中为他抱不平,其中说道:"当谈起巴尔扎克这些早期的作品的时候,人们怎么能用不道德来责备他呢?不错,一些邪恶的人像出现在他笔下,但是难道邪恶不是在十九世纪最盛行吗?……假如作者着手描绘邪恶,为了使我们能接受而描写得富有诗意,并且把它置于全部画面的整个色调里,人们难道就应该得出不公平的结论,像今日许多文章里异口同声所说的那样吗?把部分从整体中抽出来,并据此发出些诚实人说不出口的责难,这难道忠厚吗?"达文的辩解是言之成理的,巴尔扎克亲自修改过这篇序言,体现了巴尔扎克的观点。确实,小说尽管描写了邪恶,但整个色调富于诗意,充溢着作者的美好感情,这就不能妄加否定。恩格斯称赞巴尔扎克,对那个时代,作出了"诗意的裁判"。

根本问题在于作家、艺术家有无美好的心灵,对所描写的对象作什么样的审美评价和持什么样的审美态度。

俄国果戈理的两部代表作——戏剧《钦差大臣》、小说《死魂灵》,写的都是旧俄社会的黑暗生活。《钦差大臣》描绘的是官场丑事,果戈理在《作者自白》里这样说道:"我决定在《钦差大臣》中,将我其时所知道的……俄罗斯的一切丑恶,集成一堆,……来集中地嘲笑它一次。"在舞台上出现的主要人物,无论是被看成钦差大臣的骗子,还是被骗的全城官僚和市长一家,都是些卑鄙龌龊的人物,丑态百出。《钦差大臣》在京都彼得堡首次上演时,沙皇本人和王公贵族都在观看,以为是一出轻松愉快、滑稽可笑的闹剧。但是,随着剧情的进展,显贵们笑不出声来了。全剧演完,沙皇脸色阴沉,不高兴地说:"这算什么戏!人人都不痛快,我尤其如此。"王公贵族议论纷纷,有人辱骂果戈理是俄国的敌人,应该逐出京城,流放西伯利亚。果戈理对此感到震惊和痛心,心中愤愤不平。面对官场、文坛的围攻,果戈理为自己作了辩护。数年之后,针对围攻者的言论,果戈理写了一篇答辩文章《在新喜剧上演后剧院散场时刻》。有人指责全剧中没有一个正派人物,全是缺德的卑鄙人物,果戈理在文章里写道:"我深为遗憾,谁也没有在我剧作中发现一位正派人物。是的,有一位正派的、高尚的人物,他贯串于全剧。这正派的、高尚的人物就是笑。"

确实,《钦差大臣》里虽然没有高尚的人物直接出现在舞台上,但却有一个高尚的人物隐约贯串于全剧,这就是作者自己对于人间丑态的嘲笑。在对丑的嘲笑的背后,隐藏着作者的理想,这正如俄国的思想家所说:"谁也不想在《钦差大臣》中寻找理想人物,但是谁也不会否认在这个喜剧中存在着理想。"[①]作者从崇高的理想出发,以自己的美好心灵正确评价生活中的丑恶,对丑恶作了否定。在对丑的直接否定中,间接肯定了美,在对卑鄙的直接否定中,间接肯定了崇高。果戈理说得好:"难道喜剧和悲剧不能表现那种高尚的思想?难道对卑鄙和可耻者的灵魂入木三分的刻画,不就在描绘正直人的形象?"果戈理的意思,当然绝不是说要把卑鄙可耻者写成正直崇高人,以丑为美,以恶当善,不,他是说要从崇高的思想上来鞭挞丑恶,从而间接地表现崇高、正直的形象。所以,问题不在于是否描绘丑恶,而在于是否从崇高的理想、美好的心灵出发,对丑恶作出深刻的揭露和批判。果戈理最后作出了这样的结论:"在天才的手中,一切都可以成为追求美的工具,如果听命于为美服务的崇高思想的话。"除了对天才尚需作出更为明确的解释之外,果戈理

[①]《果戈理与戏剧》,苏联国家艺术出版社,1952年版,第475页。

的话确实道出了创造美的艺术的一个最重要的规律。

果戈理的最优秀作品,正像俄国思想家赫尔岑所说,"集中注意他们的两个最可诅咒的敌人:官僚和地主。在他之前,从来没有一个人把俄国官僚的病理过程解剖得这样完整。他一面嘲笑,一面穿进这种卑鄙、可恶的灵魂的最隐秘的角落。"①如果说,《钦差大臣》是集中笔力揭露官僚,那么,《死魂灵》则是集中笔力嘲笑地主。

小说《死魂灵》更加广泛和深刻地揭露了俄国的黑暗。唯利是图、到处钻营的乞乞可夫为了发财致富,竟异想天开,玩弄花招,在一个城市里结交了社会名流,走遍四乡,向地主们去收购"死魂灵"。什么是"死魂灵"?就是已经去世但还没有销掉户籍的农奴的名字,躯体已经死亡了的魂灵。收购魂灵可不是为了让灵魂升天,而是为了把已死的农奴作为牟利的手段,从死人身上再捞一把好处,用这些人的名字转到城里去出卖,抵押给别人,牟取暴利。这是一桩罪恶的买卖,伤天害理的勾当。就在收卖死魂灵的过程中,乞乞可夫四处奔走,广泛结交了地主,于是,那些地主的丑态就一一显露在我们面前。赫尔岑说得好:"果戈理终于迫使他们走出别墅,走出地主的家院,于是他们就不带假面具、毫无掩饰地走过我们面前。他们是醉鬼和饕餮鬼,他们是权力的谄媚的奴隶,是毫无怜恤地虐待奴隶的暴君,他们吃喝人民的生命和鲜血,已经这样自然、平静,好像婴儿吮吸母亲的乳汁。"②

在《死魂灵》第一部的原稿中,曾经放进一个关于大尉戈贝金的故事,表现了果戈理对人民的直接歌颂。但是,沙俄的审查官强

---

① [俄]赫尔岑:《赫尔岑论文学》,辛未艾译,上海文艺出版社,1962年版,第72页。

② 同上,第72页。

令删除,于是,《死魂灵》也像《钦差大臣》一样,描写的只是旧俄社会的黑暗。但是,这本描写丑态现实的小说,却震动了整个俄国。赫尔岑说道:"这是一本令人震惊的书,这是对当代俄国一种痛苦的、但却不是绝望的责备。只要他的眼光能透过污秽发臭的瘴气,他就能够看到民族的果敢而充沛的力量。"①果戈理对旧俄的污秽和丑恶作出了否定的评价,而这种否定正是为了希望俄罗斯变得美好。当时有人责怪果戈理,说他对社会黑暗持有偏爱。别林斯基起而为果戈理辩护,公正地评价《死魂灵》是一部伟大的作品:"《死魂灵》这部作品之所以伟大,正因为在它里面揭露并解剖生活,到了琐屑之处,并且赋予这些琐屑之处以一般的意义。"②果戈理通过这些琐屑之处接触到了俄国社会的某些本质方面,因而具有典型意义。别林斯基在另一处这样写道:"我们不得不敬佩他用诗的形象使手触的一切苏生起来的本领,他那渗透细微的普通目力所无法进入的关系和契机的深处的鹰隼一样的眼力,只有盲目的浅薄之徒才看到那是琐屑和无聊,却不知道就在这些琐屑和无聊方面,呜呼!——转动着整个生活的幅度。"

  文学艺术的发展史上常出现这样的情况,当文学艺术不把那个时代的丑恶揭露出来,那么也就不能引导人们走向美的追求,这时揭露那个时代的丑恶就成为当务之急。果戈理就生活在这样一个时代,正如他自己所说:"如果你表现不出一代人的所有卑鄙龌龊的全部深度,那时你就不能把社会以及整个一代人引向美。"《死魂灵》第一部深刻地揭露了那个时代的丑恶,却引导人们在否定丑中肯定

---

  ① [俄]赫尔岑:《赫尔岑论文学》,辛未艾译,上海文艺出版社,1962年版,第52页。

  ② [俄]别林斯基:《别林斯基选集》第1卷,满涛译,时代出版社,1953年版,第474页。

了美，激起人们对丑恶生活的愤慨，对美好生活的追求和向往。后来，果戈理想在《死魂灵》第二部里描写地主怎样从丑恶转变为崇高，杜撰出美好的地主形象，结果却导致艺术的失败。他自己看了也不满意，只好把它付之一炬，烧毁了事。

可见，在文学艺术的创造中，描绘丑恶，正如构思美好的事物一样，只是一种手段，不是目的。它可以成为追求美的工具，为美服务；也可以成为追求丑的工具，为丑服务。丑恶，在文学艺术作品中只是材料，当果戈理在描绘地主和官僚的丑恶时，或者当莎士比亚在描写埃古、理查三世时，正如法国著名雕塑家罗丹所说，"被这样清晰、透彻的头脑所表现出来的精神上的丑，却变成极好的美的题材。"① 选择丑恶作为题材，被作者改造并编织到艺术整体中去，创造出来的作品却是美好的，这就需要作者具有一个有崇高理想、美好心灵的头脑。

作家、艺术家的审美意识是会发生变化的，这种变化也必然表现在作品之中。

法国十九世纪著名小说家莫泊桑才气洋溢，善于在引起自己兴趣的生活中发现别人见不到的特征，对生活有自己独特的体验，并且能把独特体验转化为美的形式，优美地表达出他所想出的一切。然而，莫泊桑的作品，有的很好，有的却很糟，因为，他对所写的对象的审美评价和审美态度很不一样。他的短篇小说《项链》《羊脂球》等都很精彩。莫泊桑一共写了六部长篇小说，笔力也是集中描绘资本主义的丑恶，艺术价值却相距甚远。大文豪托尔斯泰曾为《莫泊桑文集》的俄文本写过一个序言②，对此有过评价。莫泊桑

---

① [法]葛赛尔记：《罗丹艺术论》，沈琪译，人民美术出版社，1978年版，第25页。
② 译文参见北京大学文学研究所编《文学研究集刊》第四册。

最早两部《她的一生》和《俊友》，对于所描写的人生丑态，基本上作出了正确的审美评价，对丑恶表现了厌恶的审美态度。比如《俊友》写了一个卑鄙无耻的投机者如何飞黄腾达、青云直上的经历，主人公靠招摇撞骗、逢迎拍马，勾引上流社会贵妇人当人梯，成为报界巨头，爬进政界。虽然有些章节，已不时表现出作者对描写污秽细节的津津乐道，因而冲淡了批判精神。但就小说的整体形象体系而言，作者还是对丑恶采取否定态度。《俊友》以后，从《温泉》到最后一部小说《我们的心》，莫泊桑却对描绘丑恶失去了正确的审美评价和审美态度。正如托尔斯泰所说："在这以后的作品里，这种对生活的道德的态度开始混乱起来，对生活现象的评价开始动摇了、模糊了，而在晚期的小说里已经完完全全是陷入迷途了。"后期的莫泊桑，美丑、善恶的观念发生了变化，审美态度摇摆不定，失去了美好的审美理想，于是，艺术堕落为对于丑的欣赏。

同是再现生活中丑恶现象的文学艺术作品，由于作者审美评价、审美态度的不同，表现出了作者心灵的美丑有别，艺术价值就迥然有异。鲁迅在研究了中国小说史上许多复杂现象后，曾在《中国小说史略》等书中把历史上描写黑暗的小说分为三类：一是讽刺小说，二是谴责小说，三是黑幕小说。讽刺小说以清代吴敬梓的《儒林外史》为代表，鲁迅赞它"秉持公心，指摘时弊"，是以"公心讽世"，也就是站在社会公正的立场暴露黑暗。谴责小说以清末李伯元的《官场现形记》和吴趼人的《二十年目睹之怪现状》为代表，鲁迅说它"虽命意在于匡世"，但缺乏作者自己的真知灼见、真情实感，置身事外而故作慷慨、"以合时人嗜好"。至于黑幕小说如《绘图中国黑幕大观》，则已沦为"丑诋私敌，等于谤书"，展示丑闻秽事，津津乐道，眉飞色舞。

文学艺术需要美。但艺术美不仅仅只是形式的美，而是形式美和内容美的统一。艺术美也不仅仅只是所选的题材,而是题材和主题的完美统一,文学艺术应该完美地描绘生活,从崇高而美好的审美理想上来反映生活,从而创造出艺术的美。我们的文学艺术负有塑造灵魂的历史使命,对人民进行社会主义审美教育,弘扬真善美。但教育者必须先受教育,作家、艺术家要成为人类灵魂的工程师,就必须和人民打成一片,参与伟大的革命实践活动,和人民同呼吸共命运,追求真善美,从而才能表现我们这个时代的伟大精神。这是我在分析历史上的文学艺术现象后必然要作出的结论。

为中央人民广播电台"美学讲座"而作
一九八三年春,北京大学中关园

原为1983年中央人民广播电台举办的"美学讲座"所作的讲稿,修改成文,载《美学专题选讲汇编》,中央广播电视大学出版社1983年版。2000年收入华中师范大学出版社出版的《文艺美学论》,2015年收入海天出版社出版的《胡经之文集》第一卷。

艺术的审美价值

真、善、美,这是人类的永恒追求,并非文学艺术所独具。大千世界,现象纷呈,展现在我们面前的不仅有天地自然之象,尚有人文创造之象,还有人心营构之象。这些呈现在我们面前的错综复杂的种种现象,既有真、善、美,也有假、恶、丑,那么,我们的文学艺术的价值追求应该是什么呢?文艺美学理应进行探索,作出回答。

一

古往今来,出现的文学艺术无数,但并不都符合真、善、美。在文学艺术中表现假、恶、丑的,也屡见不鲜,假丑恶之作历代都有,至今犹存。历史事实确实如此。

已有好些艺术理论著作指证了这样的历史事实。前不久方译介过来的英国美学家里德的《艺术的真谛》、美国美学家杜卡斯的《艺术哲学新论》等,都举出了不少实例,说明丑的艺术历代都大量存在。杜卡斯说:"丑的艺术尽管很容易为人忽视或遗忘,但却大量地存在着;诸如丑的构图、丑的着色、丑的绘画、丑的建筑、丑的音乐、丑的舞蹈等等。"在他看来,这没有什么可奇怪的,这是因为,有许多艺术家之所以从事艺术创作有着不同的目的，并非都把文学艺术看作是创造"艺术美的活动"。有些艺术作品之所以创作出来，"艺术家的目的不在于创造美，而在于客观地表现自我。"艺术家的这个自我，就是艺术创作的关键。可是，有真、善、美的自我，也有假、恶、丑的自我，那么，历史上出现了假、恶、丑的艺术也就很容易理解了。

我在北大上中文系时，师从游国恩、林庚、吴组缃、浦江清等学了三年中国古典文学，选读的都是历代优秀之作，没有专门去搜集过丑陋之作，因而不知道我国历史上究竟产生了多少假、恶、丑的文学。但在十多年前，我为了弄明白《红楼梦》究竟是不是中国古典文学史上最好的一部小说，竟把北大图书馆里的清代线装小说浏览了一遍。读后我也觉得，《红楼梦》之后的古典小说，没有一部能比得上它，大多为平庸之作，更有一些下流之作，不堪入目，真的是假、恶、丑。平庸之作不一定都是假、恶、丑，但也引不起我们的美感。英国的里德比杜卡斯说得要温和一些，依他之见，"无论我们是从历史角度（艺术的历史沿革），还是从社会学角度（目前世界各地存在的艺术形态）来看待这个问题，我们将发现，艺术无论在过去还是现在，常常是一件不美的东西。"

艺术常常是不美的，而有些不是艺术的制品却又能成为美的。杜卡斯说："有些以创造美为目的而制作出来的东西并非是艺术品。"对此，我甚至还要作进一步补充：不仅人类生活中的人文创造之物可能是美的，就是天地自然向人天然生成之物也可能是美的。"天地有大美而不言"，进入到人类生活中，"天下莫能与之争美"。

但是，人文创造之美和天地自然之美的存在，并不因此要否定人类也还需要通过精神生产创造出人心营构之美。文学艺术并非都美，但应该而且可以创造出艺术之美，这是人类发展的价值需求，历史发展的必然要求。

人从大自然中来，在大自然中生成。但人在大自然中生成之后，在不断适应现实的过程中又产生新的需要，因而不满足于现实而要对现实进行改造。随着实践活动的不断推进，新的需要又在活动中逐渐产生，从而和现实生成一种新的关系。需要—活动—关系，然后在新的关系中又生成新的需要，在人类历史发展中往复循环，相互促进，不断提升，发展到更高水平。

依马克思之见，人自身的需要，就是人的本性。而人的需要又在历史发展中不断生成，丰富多样。"人以其需要的无限性和广泛性区别于其他一切动物。"[1]恩格斯把人的需要和需要的对象联系起来考察，把人的需要归为三大类：生存的需要、享受的需要和发展的需要。而为了满足这些需要，就必须生产出"生活资料、享受资料和发展资料"。人来到这世上，首先要求生存，其中包括鲁迅所说的温饱。然后才能求享受，先是物质的享受，后求精神的享受。就如墨子所说，食必常饱，然后求美；衣必常暖，然后求丽；居必常安，然后求乐。发展的道路就更加广阔了，如恩格斯所说，人要充分发现自己的潜能，"发展和表现一切体力和智力"。那么，人的发展又是为了什么？马克思在年轻的时候就思考过要做一个什么样的人，那就是：为了"人类的幸福和我们自身的完善"。

受马克思、恩格斯思想的启发，我把人生的价值追求归纳为：一要生存，二要发展，三要完善。依我的理解，恩格斯所说的享受需要，不一定成为独立的阶段，而是渗透在人生过程之中，在物质生活、社会生活和精神生活中，都可以获得享受。马克思主义创始人在说及工人阶级已经发动起来宣传共产主义学说的同时，"他们也

---

[1]《马克思恩格斯全集》第49卷，人民出版社，1982年版，第130页。

因此产生一种新的需要,而作为手段出现的东西则成为目的,当法国的社会主义工人联合起来的时候,人们就可以看出,这一实践运动取得了何等辉煌的成果。吸烟、饮酒、吃饭等等在那里已经不再是联合的手段,或联络的手段。交往、联合以及仍然以交往为目的的叙谈,对他们来说已经足够了;人与人之间的兄弟情谊在他们那里不是空话,而是真情,而且他们那由于劳动而变得结实的形象向我们放射出人类崇高精神之光。"①这样的社会交往活动本身就生成了精神享受,人和人之间的交往实践关系,就提升到了审美关系。不过,这种人际关系的和谐之美,尚依存于交往实践关系之中,乃现实生活中的依存美。这和文学艺术的创作不能混为一谈。

人的享受需要应从物质享受向精神享受的方向提升,恩格斯曾谈及人在历史发展中经历的两次提升。先是通过生产劳动,"在物种关系方面,把人从其余的动物中提升出来",劳动创造了人。第二次乃是"在社会关系方面,把人从其余的动物中提升出来",人和人结合为社会,人在社会中接受教育,成为社会的人。沿着这条思路,我觉得,人还应该有第三次提升,那就是在精神关系方面继续提升,培养具有高度文明的人。正如马克思所说:"培养社会的人的一切属性,并且把它作为具有尽可能丰富的属性和联系的人,因而具有尽可能广泛需要的人生产出来——把他作为尽可能完整的和全面的社会产品生产出来(因为要多方面享受,他就必须有享受的能力,因而,他必须具有高度文明的)。"②

人类的每一次提升,都是在向真、善、美方向迈进。真、善、美是人类永恒的价值追求。人类的生产,无论是人自身的生产及其

---

① 《马克思恩格斯全集》第42卷,人民出版社,1979年版,第140页。
② 同上,第392页。

延伸为社会关系的生产,还是物质的生产以及精神的生产都需要不断优化,因而也都需要真的尺度、善的尺度和美的尺度。而作为精神生产的一种,艺术生产就更看重对真、善、美的追求。法国启蒙时代的美学家狄德罗,甚至把文学艺术领域看作是"真、善、美三位一体的自然王国"。

真、善、美都是人类所追求的精神价值,对人类的生存、发展和完善起着积极的、正面的、肯定的作用。文学艺术的创造,凝聚了人类生活中的真、善、美,因而成了人类文明的结晶。艺术价值中蕴含着认识价值、道德价值和审美价值等多种价值,但这多种价值却来源于作家、艺术家在生活实践中对错综复杂的各种现象的真切体验,"以身体之,以心验之",然后,把这些体验过的现象,按照美的规律作意象经营及意匠经营,创造出艺术美来。

美,作为一种对人类的肯定价值,遍布于人类生活世界之中,成为人与周围世界建立最亲密关系的纽带。马克思在年轻时就已经深切体会到,"美"创造出来的一切,对人的心灵最亲热。法国的现象美学家杜夫海纳,更是把人和现实的审美关系看作是一种隐秘的亲缘关系,在审美活动中获得的审美体验,揭示了人类与世界的最深刻、最亲密的关系。美的存在,既可在人文创造的现象中,也可在天地自然的现象中,还可在人心营构的现象中,有人文之美、自然之美和精神之美。美既可在人类的活动中,也可在活动的结果中,还可在人与人的关系中,人与物的关系以及人自身的身心关系中。德国美学家席勒在《审美教育书简》的第二十五封信中,曾有一段精彩的话,被美学家费舍摘录下来,这摘录引起了马克思的注意,因而在读书札记中重摘了下来,我以为很能说明美的多样性:

美对我们来说固然是对象,因为有反思作条件,我们才对美有一种感觉；但同时美又是我们主体的一种状态，因为有情感作条件，我们对美才有一种意象。因此，美固然是形式，因为我们观赏它；但它同时又是生活，因为我们感觉它，总之，一句话，美既是我们的状态又是我们的行为。①

美在意象（如朱光潜所说），但并非只在意象；美在自然（如蔡仪所说），但并非只在自然；美在人化自然（如李泽厚所说），但也并非只在人化自然。天地自然之象也好，人化自然之象也好，人文创造之象也好，内心营构之象也好，既可能美，也可能丑。天地自然、人化自然、人文创造、内心意象怎样才能美？这正是美学所要探索的。其实，美既在对象，也在关系，还可以在系统，天地境界就是系统之美。关系之美也甚广泛，人和人的和谐，人和物的和谐，人和心的和谐，都可能生成和谐之美。

若只从审美对象来考察，大千世界，万事万物，只有和人类发生了联系，才可能发生审美关系，从而体验到美丑。因而，和人类不发生关系的任何事物及其属性，就说不上美还是丑。人们把自然物的大小、多少、软硬等称作恒性，不管有没有和人发生关系，都客观存在着。这是物的第一性质。但事物还有和人发生关系以后才表现出来的第二性质，那就是颜色、声音、气味等，只有人的感觉器官才能感觉到，称之为偶性。马克思在《资本论》中谈到光时说到，人们不是把一物在视觉神经中留下的光线印象，表现为视觉本身的主观刺激，而把它表现为眼睛外界某物的客观形态。但是，实际上，在视觉活动中，已有了两物的关系，那就是由外界的客观

---

① [奥] 席勒：《审美教育书简》，冯至、范大灿译，北京大学出版社，1985年版，第133页。

物，投到眼睛这一物，才表现为光线。马克思说，这是两种物理性质的物品之间的物理性质关系，是一种物质关系。由此可见，红、黄、蓝、白、黑等，其实也是关系属性，但这里的关系，还只是光和人之间的自然关系，并非社会关系。花红并非就是花美，这早已由朱光潜所指明。但花红可以也是美的，那是因为这红花已进入了人和自然的价值关系之中，对人具有了客观意义，具有了价值属性。

美、丑不是事物的物理属性，而是审美属性。审美属性存在于人和世界的审美关系之中，是和人的审美需要相联系的价值属性，美是正价值，丑是负价值。世上万事万物和社会的人发生关系而进入价值关系之中，就具有了处于主体和客体之间的间性，价值属性就是一种间性。作为社会的人，具有三重属性，即自然属性、社会属性和精神属性。进入价值关系的客观对象和人的社会属性发生关系，满足人的社会性需要，具有价值属性。捷克哲学家布罗日克说得好："表现为一定价值的价值对象性，是由客体在社会实践中所获得的地位和功能所决定的。"①而审美价值则更是和人的精神属性发生密切联系，满足的是人的精神需要、审美需要。花的美，就是审美属性，能满足审美需要，我以为可以把这称为间性，以区别于恒性、偶性。花的审美属性离不开花的自然属性，但不能归结为自然属性，因为花这自然物已经进入了人类生活，和人发生了社会联系，处在价值关系之中，具有了价值属性。英国哲学家梅内尔的《审美价值的本性》一书严格区分了两类客观性，即第一性质和第二性质的客观性，他称为客观A和客观B。"对象之审美的善恶性质"，属于客观B，与人相关，具有价值。而我们"在观赏本身具有审美价值的对象时，所产生的愉悦经验似乎是

---

① [捷] 弗·布罗日克：《价值与评价》，李志林等译，知识出版社，1988年版，第27页。

对具有这种价值的对象的肯定"。在他看来,事物的第一性质是自在的,不管和人有没有发生关联,都客观存在着;而第二性质则是和人发生关联后才生成的,但也是客观存在。善恶、美丑就是事物的第二性质,属于客观B。在这里,审美价值还是属于对象本身的性能,审美体验乃由审美对象所唤起。而朱光潜的美学从心理学出发,只把意象看作审美对象,意象是物乙而不是物甲,物甲没有美可言,只有物乙才美,所以美只在意象而不在物象,美是意识形态。朱先生心目中的美,实际已是人的内心意象,虽然还把他说成物乙,但已不是物,其实已不是梅内尔所说的客观B了,而已进入精神领域,属于美的感受,当然就是意识形态了。在这里,美感代替了美。其实,意象有美的意象,也有丑的意象,引发意象生成的本象也有美丑,本象和意象各有其美,但本象之美和意象之美不能混为一谈,更不能只承认意象之美而否定本象之美。

我从自己的审美经验出发,常力求把美的感受和美的对象予以区别开来,不把两者混为一谈。可是,一涉及审美感受,情况就更复杂了。审美的发生,常常是审美主体和审美客体在一个特定的时空中猝然相遇才能进入审美状态。我把审美主体与审美客体相遇时的特定时空称之为境遇或场境,审美客体(对象)和主体(自我)以及境遇构成了一个相对独立的气场,可称之为审美场,自成一个系统。每一审美事件的发生,就是在这审美场中的主体、客体、境遇三个要素的相互作用,其结果就产生了审美主体和审美体验。审美体验不仅反映了审美客体的审美属性,而且也反映了审美主体的精神属性,还反映了主客相遇时的特定的境遇,归根到底,审美体验是人和世界的审美关系的反映。审美对象的审美特性,美、丑等等,只有在一定境遇中才能体验到。正如日本哲学家牧口常三郎在《价值哲学》中所说:"价值只能存在于一个人在一定时刻与客体发生联系时所体验的感受之中。"阿根廷哲学家方启迪在《价值是什么——价值学导论》一书中也说:"价值只有在一种特定的情况中才存在,并具有意义。"

审美是人和世界建立亲密关系的中介,一边沟通外面的现实世界,另一边沟通人的内在的精神世界。但是,审美体验只是在特定的境遇下的精神感受,稍纵即逝,离开那特定的审美场,审美体验也就消失了,只能成为脑海中美好的回忆。幸而,人类凭借自己在实践中得来的智慧创造出了文学艺术,运用符号把自己从大千世界中获得的审美体验物化在作品中,从而保存起来。

文学艺术中表达的,并不仅仅是作家、艺术家个人的审美体验,有着更为广阔的内容。在生活世界中,作家、艺术家在实践中不仅积累了种种人生体验,社会的、政治的、文化的、道德的等等,而且还在交往实践中吸纳了其他人的人生经验。作家、艺术家在创作时,都有可能把这些直接的和间接的人生经验综合起来,按照美的规律加以组织,建构出一个意象世界。天地自然之象,人文创造之象,都有可能进入这人心营构之象。正如德国哲学家卡西尔《人论》所说:"在我们的审美经验中,它们全部都结合成一个个别的整体。"在这个有机整体中,主观世界和客观世界已经融为一体。"艺术从一种新的广度和深度上揭示了生活;它传达了对人类的事业和人类的命运、人类的伟大和人类痛苦的一种认识。"我对卡西尔的美学最感兴趣的是关于艺术美和自然美的区分。他把自然美称作机体的美,把艺术中的美称作审美的美,进而明确指出:"一如风景的机体的美,与我们在风景画大师作品里所感到的审美的美,并不是一回事。"[1]我们在欣赏自然美时,乃是"生活在实物的实在性之

---

[1] [德]卡西尔:《人论》,甘阳译,上海译文出版社,1986年版,第193页。

中",所面对的是"活生生的事物本身"。但在欣赏文学艺术时,面对的却是"活生生的形式"。文学艺术所用的符号是一种独特的形象符号,不同于普通符号。正是这活生生的符号形式,唤起了我们的想象、联想、回忆等等,从而在我们的脑海里浮现出广阔而深远的意象世界。这个意象世界不是现实中的实在世界,而是现实生活中各种各样现象的映像,由作家、艺术家创作出来的人心营构之象。但是,这人心营构之象吸纳了天地自然之象和人文创造之象,所以,既能"思接千载"而又能"视通万里"。

艺术美应该而且能够高于生活之美,但却不是必然。相对于那些平庸的、拙劣之作,生活中有许多美景、美物、美事等远胜于文学艺术中的意象。所以,文学艺术之花只能扎根于生活的土壤才能生长出来,人类的现实生活才是文学艺术的源泉。每当我思索起艺术和现实的关联时,不由自主地会想起恩格斯年轻时写的几篇美文。他对莱茵河风光的真切体验,深刻地激起了我的共鸣。这位亲身参与了伟大历史变革的历史唯物主义者,却对大自然情有独钟。他把自己一生对大自然的思索上升到哲学的高度,写出了《自然辩证法》这一哲学巨著。他在年轻时就热爱大自然,终生未改。他自称:"大自然是宏伟壮观的,为了从历史运动中脱身休息一下,我总是满心爱慕地奔向大自然。"[1]年轻时,他常泛舟莱茵河上,其中有两次给人的印象特别深刻。一次是乘船下流,从河口奔向大海。此时,他思潮起伏,在《风景》一文中记下了他深刻的体验。一次是逆流而上,沿莱茵河上溯,翻越阿尔卑斯山。此时他思绪万千,写下了《漫游伦巴第——翻越阿尔卑斯山》。

不同的现实场境,引发出的是不同的审美体验。当轮船从莱茵

---

[1]《马克思恩格斯全集》第20卷,人民出版社,1971年版,第535页。

河驶入大海时,展现在面前的是:"海水的碧绿同天空明镜般的蔚蓝以及阳光的金黄变融成一片奇妙的色彩。"面对大海,恩格斯切身感受是,此时,一切人间的烦恼都烟消云散,人就"融合在自由的无限精神的自豪意识之中"。在这里,他真切地体验到的是一种壮美感:

> 整个大自然使我们感到如此亲近,波涛是如此亲密地向我们频频点头,天空是如此可爱地舒展在大地上,太阳闪烁着非笔墨所能形容的光辉,仿佛用双手就可以把它抓住。①

大海的壮美,吸引着人和它亲近,融为一体。但是,爬高山的感受却就不同了。在莱茵河上溯几个小时后,恩格斯弃舟爬山,面对的是高山峻岭,陡峭悬崖。当他沿着峡谷蜿蜒而上,达到山顶后的感受是:"在这高山之巅,你自己会感到渺小,直至头晕目眩;土地会在你的脚下移动,你将会滚下重重山崖,跌个粉身碎骨。"②他感受到了大自然的力量。然而,在这崇山峻岭里,山上建起了可以通车的公路,他也感受到了:"在这里,精神战胜了自然,山路如练,在峭壁间不绝。"在崇山峻岭面前,他体验到的是一种崇高感。

不错,文学艺术和美确无必然的联系,因为不同的人对文学艺术有着不同的追求。但是,我坚信,真、善、美是人类永恒的追求,对人类具有永恒的价值。文学艺术不必定真、善、美,但应该而且能够走向真、善、美。我们的文艺美学就应该进入艺术与审美的关系的深层,进一步探索文学艺术的审美特性,以推动文学艺术

---

① 《马克思恩格斯全集》第41卷,人民出版社,1979年版,第95页。
② 同上,第191页。

向真、善、美的方向前进。

文艺和审美,既在形式上有关,又在内容上有关。正是文艺具有独特的审美内容,才要求有独特的审美形式来表现。因此,要弄清文艺和审美的关系,就要既研究文学艺术的形式特征,又要研究文学艺术的内容特征,并且把两个方面结合起来,从而确定文学艺术作品和非艺术作品的联系和区别。

文学艺术的创造,本身又是人类掌握世界的一种活动方式。艺术活动这种方式同人类其他活动方式有什么联系和区别?艺术活动本身就是一种审美活动吗?如果是,艺术这种审美活动又和非艺术的审美活动是什么关系?艺术审美活动和非艺术审美活动的联系和区别何在?这使得文艺和审美的关系更加复杂了。

我们可以从微观上来解剖文学艺术的个别现象,找出一部作品或艺术品的审美特征,在艺术形式和艺术内容的综合分析中,确定文艺与审美的关系。我们也可以从宏观上来考察文学艺术这种活动方式及其结果,弄清它在人类所有活动中的地位和作用,确定它的坐标和方位。对文学艺术的美学研究,需要把宏观和微观的研究结合起来,作综合的研究。这里,我先尝试从宏观上来探索文艺与审美的关系。

二

在这五彩缤纷的大千世界里,我们怎样来分清艺术和非艺术?

文学艺术,它是属于人工创造的东西,而不是天然形成的东西。这是我们要首先分辨清楚的。仅就这点来说,就可以知道,审美现象、审美活动并非即是艺术现象、艺术活动。

天然的东西,也有审美价值。风吹草低见牛羊,这草原风光是美的。清泉十里出蛙声,这天然景色也是美的。辽阔海洋,蔚蓝天空,原始森林,未开垦的处女地,空气、阳光和水,即使没有经过人工的改造,但进入了社会生活,和人发生了社会联系,也可能有审美价值。当然,这些天然的东西,如果同人类不发生任何关系,与社会生活毫无联系,是"自在"的天然,那就既说不上美,也谈不上丑。可是,天然的东西,即使未经人工改造,却进入了人类生活,同社会发生了关系,那么,它就对社会的人具有这样或那样的客观意义,"自在"的就成为"为人"的自然存在。事物,不管它是自然的还是社会的,一旦进入社会联系之中,它对于社会的人就具有不依人的意志为转移的客观意义,我们称之为价值。不过,价值是有各种各样的,有不同层次的价值。天然事物也可能有交换价值,但交换价值不同于使用价值。交换价值表现的是人和人的社会关系,而使用价值表现的是"物和人之间的自然关系"。马克思说,"使用价值虽然是社会需要的对象,因而处在社会联系之中,但是并不反映任何社会生产关系。"随着商品经济的发展,有些文学艺术也成了商品,因而具有交换价值,使用价值和交换价值的矛盾,日益突出起来。交换价值服从资本的逻辑,不断扩张,主宰着使用价值;使用价值则遵循生活的逻辑,服务人类,不让交换价值主宰一切。马克思严格区别了使用价值和交换价值,尽管两者都是客观存在着的。天然物的使用价值,"不是以劳动为媒介"而同人类发生关系的。即使未经人的劳动改造,但天然事物仍可以成为"社会需要的对象,而进入到社会联系中",因而具有使用价值。天然事物的使用价值也有不同形态,例如,它可以有实用价值,能满足人类的物质需要;也可能有审美价值,能满足人类的审美需要。但无论是实用价值还是审美价值,作为使用价值的不同形态,都和自然物的本身性能分不开。马克思在《剩余价值理论》中作了这样的阐明:一物之所以是使用价值,"正是由于它本身的属性。如果去掉使葡萄成为葡萄的那些属性,那么它作为葡萄对人的使用价值也就消失了。"最后马克思作出这样的结论:使用价值,"它是人们所利用并表现了对人的需要的关系的物的属性。"马克思曾以金银、珍珠、金刚石等为例,来说明这些自然物的美学属性,这都是"关系属性"或间性,是处于价值关系中的价值属性。

自然之美有它自己特殊的魅力,不能为其他美所替代,自然之美究竟不是艺术之美。我们常说"风景如画",但风景究竟不是艺术。当然,自然风光和文学艺术都有审美价值,两者都以审美性质而联系起来,作家、艺术家也常在作品中再现自然山水之美。人们不辞辛苦,长途跋涉,赶到西山去观赏那霜林红叶,并不一定有实用目的,而是为了获得审美享受。这是人类独有的一种特殊活动——审美活动。然而,这种审美活动并非就是艺术活动。欣赏自然风光,只是在一定境遇下审美主体(在这里是欣赏者)对于审美客体(在这里是自然风光)的一种特殊的精神反映,亦即审美反映,属于精神活动。文学艺术的创造却就不只是一种精神活动,而且还是一种实践活动,要把作家、艺术家从生活中得来的人生体验,物化在符号中。这符号的创造,就是一种实践,建构符号的实践。因此,文学艺术的创造,是双重的创造,它不仅是审美主体对客观世界在脑海中所作的精神上的营构,而且也是审美主体(艺术创造者)对于审美客体(物质材料)的一种实践上的改造。但这种艺术创造又不同于物质实践或物质生产,因而称之为精神实践或精神生产。特殊的活动方式产生出特殊的活动结果,它创构出一种艺术符象以显现出艺术意象,构成独特的艺术世界。

艺术的东西,首先是人工创造出来的东西。然而,人工创造出来的东西,却并非都是文学艺术。人类的活动方式多种多样,活动产品千姿百态，并非全有审美价值，更不一定美。人类的活动，创造了崇高和优美，却也制造了罪恶和丑陋。剥削制度造成了畸形和贫困，人与人、人与物的关系都发生了异化，把人降低到动物水平，让人过着非人的生活，这样的生活不可能是美的。但是，人类又能按照"美的规律"①来创造，使生活变得美好。

文学艺术活动，应是按照"美的规律"创造的创美活动，一种审美创造。

那么，按照"美的规律"的创造，就都是文学艺术的创造吗？这却又未必。

在按照"美的规律"的创造中，必须区别出两种不同的审美创造，艺术的审美创造和非艺术的审美创造。

人类的审美创造，是按照"美的规律"进行的精巧而美妙的实践活动。人通过实践而作用于客观对象，改造世界，可以在掌握"必然"的基础上达到"自由"掌握的水平，从而进入审美的境界。于是，这种活动本身就成为审美享受，具有审美活动的性质。

能工巧匠，行家里手，在各自的活动领域里都可能把自己的活动上升为审美活动。庖丁解牛，主体（庖丁）通过工具（刀）作用（解）于客体（牛），这是实践活动。由于庖丁不仅对牛的生理结构了如指掌，而且熟练地掌握工具操作的高超技艺，所以在解牛时，运用自如，得心应手，主体和客体和谐一致，达到了"自由"境界。于是，庖丁解牛这样的实践活动，上升为审美活动，在解牛的同时，从中获得审美享受。开荒治河，驾马驱车，体育活动，棋艺比赛，都可以达到这种审美境地。

人对物的掌握能如此，人对人的交往活动又何尝不如此！高明

---

① 《马克思恩格斯全集》第42卷，人民出版社，1965年版，第97页。

的教育家,把人培育成崇高、美好的人,其教育活动本身就是一种审美创造,按照"美的规律"在进行。即使是人对人的斗争,如政治斗争、军事斗争,高明的外交家、军事家,使得政治上或军事上的敌人归于失败,那高超的斗争技艺使主体获得"自由",进入审美的境界,以致我们竟把这种活动赞为"艺术":外交艺术,军事艺术。显然,这里说的艺术,正如外科艺术、烹饪艺术、缝纫艺术、象棋艺术等一样,并非文艺学上所说的艺术,只不过是技艺而已,但确可以达到审美的境地。

这些精巧而美妙的实践活动,在某种程度上都可以称为审美创造,然而,却不是文学艺术的创造。这些实践创造,实用目的占主导,审美只是附带,属"依存美"。

无疑,艺术的创造也是一种审美创造。一切属于"表演"领域的艺术,如音乐、舞蹈、戏剧,其活动的结果和活动的方式紧密结合在一起,艺术创造在"表演"活动中得到体现,才算完成。这些表演活动本身就是一种审美创造。但是,并非一切表演活动都是艺术创造。杂技、体操、武术等表演活动,也要按照"美的规律"来进行,成为审美创造,但并非必然都成为艺术表演。这绝不是说杂技、体操、武术的表演不可能成为艺术。两种表演可以互相转化,体操可以是艺术的,也可以是非艺术的,杂技、武术亦然。

那么,同是审美创造活动,什么是艺术的审美创造,什么是非艺术的审美创造,就需要探索其界限所在。

正如审美创造活动有艺术的和非艺术的两类一样,审美创造的结果也有艺术的和非艺术的两类作品。

人类的物质生产,如果按照"美的规律"来创造,就能产生美的产品。精制的家具,华美的房屋,漂亮的器皿,这些都是美的物品,然而,我们却不能说这就是艺术品。这些物品具有审美价值,能够满足人的审美需要，给人以审美享受。但它们的审美价值却不是这些物品的主要内容。实用价值才是这些物品的主要内容，它们主要满足人的物质需要，供人物质享受。审美价值在这里是次要的，是"依存美"，它们服从于物品的实用目的。因此，这些物质产品无论怎样精美，它们终究不是艺术，而属于物质文化的领域。

可是，实用物品，如建筑、器皿等也能成为艺术作品，这就是建筑艺术、实用艺术、装饰艺术。建筑艺术、实用艺术，既有实用价值，又有审美价值，而且，审美价值上升为重要内容。然而，非艺术的东西变为艺术的东西，这不仅是审美价值和实用价值这两种因素的比例变化，而且是一种新质的审美价值的创造。在建筑艺术、实用艺术中，具有非艺术的建筑、器皿、家具那里存在着的审美外观，因而保留着物质文化的审美特征。但它们之成为艺术而与非艺术相区别，乃是又创造了一种新质的审美价值。在建筑艺术、实用艺术那里，那美的物品作为物质形式，体现了一种精神内容。精神内容与物质形式相结合，形成一种独特的新东西——艺术形象。在不同的艺术样式中，精神内容和物质形式之间的结合比例和方式各不相同，因而形成不同的艺术形象。但不管什么类型的艺术，都需要创造出一种具有审美价值的符号，作为物质形式，用来体现一种精神内容，构成艺术的意蕴。这种精神内容是艺术所必不可少的东西，它使得艺术具有了新的审美价值。正是文学艺术的这种精神内容，使它又具有了精神文化的性质。

那么，文学艺术的这种精神内容是什么呢？

这不是一般的思想意识，而是按审美理想、审美观念、审美趣味所组织起来和系统概括化了审美体验。在艺术作品中，作家、艺术家把从现实生活中获得的审美体验组织起来，建构为具有意蕴的意象世界。

在实际生活中，人在从事各种各样的实践活动时，都可能产生这样或那样的审美体验。面对自然风光，会有审美体验；面对社会人生，也会有审美体验；甚至回忆和想象，也能产生审美体验。审美体验，这是人对生活的一种审美反映，是把审美主体和审美客体融为一体、作为整体的复杂反映，它饱含着感知、理解、想象、感情等多种心理因素。但是，在日常生活中，我们对生活的审美体验是零散的，未经加工整理，而且也未创造出一种物质形式，使之固定。文学艺术的创造，则依照一定的审美理想、审美观念、审美趣味，按照美的规律，把生活中那些零散的审美体验组织起来，集中概括，予以系统化，从而构成一种新的审美体验，并且把它固定于一种符号形式。因此，文学艺术的创造，是人对世界的特殊把握方式，是组织人类经验的特殊方式。

这种被概括化和系统化了的审美体验，已经吸纳了现实生活中的诸多人生体验（道德的、政治的、认识的），但这些人生体验都已按照美的规律被组织在美的整体中，所以已不是普通的日常生活意识，而是和哲学、政治、道德、宗教等属于同一序列的高级的意识形态。

然而，文学艺术终究又是一种特殊的意识形态，它既区别于科学的思想体系，又区别于哲学等意识形态。这是因为，文学艺术的精神内容是概括化和系统化了的审美体验，而不是普通的哲学观点、政治观点、道德观点、宗教观点的总和。不错，文学艺术也要描绘政治、道德、哲学等现象，表现政治、道德、哲学的观点，但是，这些东西都要经过审美体验的折射而转化为自己的审美体验，在艺术作品中表现为意蕴，这才是真正的艺术内容。

同样是用优美的语言文字作为物质形式，体现的精神内容，可以是审美的，也可能是非审美的。科学著作、历史传记、新闻特写所用的语言文字也应该很优美，所体现的精神内容也可能富于形象性,描写生动逼真、有声有色,然而却不一定是艺术作品。传记文学、科学小说、艺术特写,同那非艺术的作品区别何在呢?这不仅只在于文学是对生活的形象反映,而且,还是审美的反映。马克思的《资本论》和巴尔扎克的《人间喜剧》,其不同,不仅只是抽象和形象的差别,而且还是反映的性质不一样。

何止文学如是,其他艺术也是这样。绘画、雕刻、摄影、电影、电视等等,可以成为艺术,但也不必然都是艺术。我们的文艺学,曾长期把摄影排斥于艺术之外,把它作为造型艺术的对立面。其实,摄影可以是非艺术的,也可以成为艺术的,关键在于它是否对生活作审美的反映。摄影也可以按美的规律把自己的审美体验组织在形象中,从而成为艺术。

对生活作审美的反映,不仅再现了审美客体的状态,而且还表现了审美主体的状态;既表现了对生活的审美评价,又表现了对生活的审美态度。审美体验,作为审美反映的结果,融主客为一体,反映的是现实中的一种价值关系:在人类生活中客观存在着的人与现实的审美关系。

文学艺术的创造,就是把这种复杂而独特的精神内容体现于物质形式中,形成艺术形象。艺术形象独立构成了一个符号系统,它把特殊的精神内容和独特的物质形式融为一体,创造出了艺术美,具有特殊的审美价值:"艺术价值是一种新的、更复杂的审美价值。"[①]艺术形象可简称为艺象,不同于普通的符号,而是一种独特的符象。普通符号只要把"意"表达出来,就可以"得意忘象,得鱼忘筌"。但艺术所创制的符象却不能"忘象",必须"具象","现

[①] [苏联] 斯托洛维奇:《审美价值的本质》,凌继尧译,中国社科科学出版社,1984年版,第167页。

象","显象"。

三

马克思主义经典作家告诉我们,文学艺术是意识形态性的上层建筑,它具有一般社会意识形态的共同特点,是经济基础的反映,通过政治并最终反作用于经济基础。艺术是特殊上层建筑和意识形态,它不仅不同于政治,也不同于哲学、科学、道德、宗教。艺术是对世界进行精神把握的特殊方式。这种把握,既不同于从理论概念上把握,也不同于宗教式的形象的把握,而是用审美意象来对审美对象加以审美把握。这是一种特殊的形象思维,始终带有主体的强烈情感、想象的意向性。艺术有着自己独特的反映对象和内容——反映的是作家、艺术家这个自我和周围世界的审美关系,一种独特的价值关系;有着自己独特的反映方式——意象思维,融对象意识和自我意识为一体的关系意识、间性思维。艺术美不必然离于生活美,但应该而且能够高于生活美,这就要作家、艺术家不仅具有反思意识,而且还具前瞻意识和创新意识。所以,艺术思维是一种以"象"为重心的复杂的立体思维,融时空、物我、主客为一体。

在我看来,文艺和审美是一种辩证的关系。

首先,审美活动是人类活动中的特殊形态,是随社会的发展而发展的。人类的审美活动,产生于人类实践活动中,是人类特有的辨别美丑悲喜等审美现象的精神活动。在实践中,人与自然、社会首先形成了实践的关系,内含着价值关系。在人生实践中,生成了马克思所说的实践感觉,其中已含价值判断。在此基础上,当社会发展到人们不以直接的、实用态度对待自己的产品时,才出现了比较成熟、比较纯粹的审美关系。由此而生的审美感,已从马克思所说的实践感觉提升为精神感觉。因此，人对自然美、社会美的审美，是由实用价值向精神价值的发展。

人对自然美、现实生活美的审美活动与其他活动（如意象活动、认识活动等）相比，具有虚用性、想象性、愉悦性等不同的特点。审美活动具有非实用性，如听音乐会，并非是对音乐的占有，而是一种对音乐的审美体验，是自己对音乐美感的自我享受和确证。审美活动的想象性，表明它与非审美活动的不同之处在于其超越性。审美活动已经从狭窄之境、实用功利中超越出来，从而具有精神价值的愉悦性，而非"囿于粗陋的实际需要的感觉"。艺术活动本质在于审美创造性，不同于一般审美活动（对自然美、社会美观照），是审美活动的高级形态，它创造了一种新的使用价值，供人审美。

其次，艺术活动是审美活动的集中表现形态。

艺术活动，内含着审美活动，具有审美的一般属性，但又有一般审美不同的特点。我们可以从以下几个不同的方面对其特点加以把握。

从审美活动与艺术活动的性质看：审美活动是主体对客体的审美感受、审美评价，是一种精神活动。如对西湖的游览、赏西山红叶、庖丁解牛都可以是审美，但不是艺术。艺术创造除了在审美体验中形成审美意象外，还要借助物质手段将这审美意象物化出来。艺术活动是精神活动与实践创造活动的统一。所以我们说，艺术内含着审美活动，而审美活动却不一定是艺术活动。是否有艺术传达（即艺术符号化）是艺术与审美的一大分水岭。

从审美活动与艺术活动的关系看：审美活动领域比艺术活动领域更广，生活中充溢着审美活动，但并不都在创造艺术。生活美与艺术美相比，虽然具有无比的生动丰富性，可以称得上是一切艺的源泉。生活中有不少美，比起那些平庸和拙劣之作具有更多的价值。但现实生活中的美毕竟是基始的、分散的，远不如艺术美来得那样集中、典型，那样理想。郑板桥的墨竹，和现实的竹相比，具有了新的因素，那就是精神意蕴。生活美要受时间、空间的限制，稍纵即逝，而艺术美是审美体验的物化，是一种将瞬间神态、动态凝定下来的美（如徐悲鸿的奔马、齐白石的虾）。优秀作品具有永恒的魅力，而且艺术欣赏引发的共鸣也远比对现实美的体验来得更强烈。这是在感知、理解、情感、想象的更高更自由地统一起来所达到的艺术审美体验。所以，只有当艺术作为一种独立的社会意识形态出现以后，人对现实的审美关系才算真正地从人对现实的实践关系、人对现实的其他精神关系中独立出来。

从审美活动和艺术活动的对象看：世上许多事物主要是因具有实用价值而存在，虽也可作为审美对象来欣赏，但审美价值依附于实用价值，只是依存美；在不作为审美对象时，仍可作为实用对象发挥它的作用。"马"可以拉车，"虾"可以作肴馔，"竹"可作器物。而艺术美虽然也有使用价值，但并非供人实用，而是一种虚用，是专供人们作为欣赏对象而产生的。艺术是精神产品，具有精神价值。艺术美比现实更易拉开审美距离，更易培养人的审美人格和审美能力。

再次，文艺是审美体验的典型化、物态化，具有一般审美活动所不具备的特殊的审美价值。从艺术生产的性质看，文艺是一种精神生产，其精神内容是一种审美理想、审美观念、审美体验。因此，艺术美是内容美（即意蕴美，包括审美的理想、感悟、体验等）与形式美的统一，主题与题材的统一，再现与表现的统一。艺术美是审美化、典型化的艺术形象。从艺术消费的性质看，作为特殊的上层建筑，艺术美具有一种其他审美类型（如自然审美、人文审美）所不能代替的特殊价值。

艺术美在提高人们的审美能力、审美趣味，陶冶人们的思想感情，塑造美好人格，具有特殊价值。艺术美具有审美教育作用，能在人们心中燃起为实现美好理想生活而创造的火焰，通过改变人们精神面貌，达到推动社会生活前进的最后目的。

总之，文艺与审美的关系是：人类的审美活动，并不就是艺术活动，审美的东西并不就是艺术的东西。但是，艺术活动是审美创造活动的特殊方式；艺术作品具有特殊的审美价值，不仅艺术的物质形式具有审美价值，而且艺术的精神内容（意蕴）也有审美价值；艺术文化的审美特征，不同于普通的物质文化，也不同于普通的精神文化。美妙的艺术，不仅要形美、声美，更重要的是要意美。

四

审美价值是文学艺术的基本价值，却不是全部价值。文学艺术追求真善美的统一，这才是艺术的最高价值。但进入文学艺术中的真和善，都应按美的规律组织到艺术美的整体中。

艺术审美价值，至少体现在三个层次。一是在艺术的精神内容中，反映了作家、艺术家这个人和周围世界的审美关系，概括了对审美关系的反映所形成的精神价值。二是艺术创造的符号建构也要遵循美的规律，形成形式美。三是延伸到艺术的接受，读者、听众、观众在通过艺术审美（欣赏）所获得的审美体验（二度体验）中，不断形成的新的审美趣味和审美心理结构，也就是对人的审美塑造。因此，艺术价值不仅在于完成作品，而且更在于完成人的灵魂的铸造，从而改造人的个性心灵，影响他的感觉、情感、理智和想象。

我们知道,艺术具有创造性和不可重复性。这表明,在艺术价值中,人的自由自觉的创造达到全新的高度。然而,艺术价值并非纯粹主观意志的产物,艺术价值的产生和存在是以审美活动的客观规律为依据的。只有当人"按照美的规律"进行创造的过程中,不断在创造中渗透、融入作者的审美体验,艺术品的审美价值定向才能形成。由此看来,人对世界的审美关系,在艺术价值中得到最为充分的体现和物化,艺术价值成为一种更新的、更复杂的审美价值。正是在这个意义上,应该赞同斯托洛维奇的看法:"审美理想不仅在描绘审美价值的形象中,而且在描绘反价值的形象中,在艺术品的整个结构中被揭示出来。体现在艺术作品中的审美理想获得新的价值性质,它成为艺术价值。"[1]

艺术作为一种特殊的意识形态,其特殊之处在于,艺术并不是哲学、政治、道德或科学思想等形式的简单重复。艺术世界与人的生活世界同构,它有可能包含哲学、道德的思想,包含通过活生生的艺术形象传达的世界审美的多样性。可以说,艺术作品中所包括的现象的宽广范围是其他任何文化现象所不能比拟的。政治集中在人际和阶级之间的关系上,哲学集中在思维与存在的关系上,而艺术则将自己的视线投注在人与世界的整个关系,即人与自我、人与他人、人与社会(人类)、人与自然四个层面上。这些关系比最深刻的思想体系还要复杂和丰富。这多个层面所展示的广度和深度,表现出艺术所发掘出和展示出人性的广度和深度。这是艺术价值的根本所在。

---

[1] [苏联]斯托洛维奇:《审美价值的本质》,凌继尧译,中国社会科学出版社1984年版,第160页。

艺术始终要面对人与自我的关系。正是艺术使人直面自己的灵魂,去追问:我是谁?我从何处来?到何处去?从而将自己的全部心灵秘密揭示出来。艺术荡涤着灵魂中的黑暗一面,使人的心灵渗入生命意义之光。因此,真正的艺术家敢于揭示自己的生命的真实,哪怕那里有恶欲、有污脏、有晦暗,他用解剖刀一般锋利的笔,将自己的意识和潜意识冲突、自己人性和兽性的冲突,自己真、善、美与假、丑、恶的冲突揭示出来,并艺术地描绘出来。艺术成为人将自己心灵袒露到何等程度的直接标志。这里,心灵的辩证法的底蕴正在于——"惟情不可以为伪"。

艺术价值的重要一维还体现在它对"人与他人"的关系的深切关注上。舍斯托夫说得好:"这种我与你的关系,相当普遍的表述是'看一看别人的灵魂'。凭艺术有观感则呈现分明,而想凭理性去考察却模糊不清。试设想弯腰于别人的灵魂之上,你们将什么也看不清,在那巨大而又幽暗的灵魂深渊中,结果只是体验了眩惑。我们力所能及的只是据外部情况推断内在体验,从眼泪推断痛苦,由苍白推断惊惧,由微笑推断欣喜等等。……总之,无所畏惧,直面灵魂,以自己那同样深不可测的陌生的眸子去探测灵魂的深渊。"[①]艺术,正是通过我与你的对话,达到人类心灵相通的程度;正是通过灵魂相契,达到深切的理解。艺术,使人们认识到,追求生命、生活的意义,是人的价值所在。正是在追寻生命答案过程中,人类对真善美追求的意义才得到揭示。

艺术不仅关注"我与你",而且也关注"我与人类"的关系。它使你、我、他、我们大家通过审美体验而沟通。"艺术的重要人道主义意义就在于。它通过自己的杰作证明:历史的进步不仅应该通过

[①] [俄] 舍斯托夫:《开端与终结》,俄文版"结语"。

人的努力来创造，也是为人的利益服务的，这种进步不应违背个人的意愿，而只能通过个人并服务于个人来实现。肯定个人自身价值成为使个人社会化的附加推动力。"①可以说，艺术将存在的真理昭示出来，唤醒人生。作品的现实层次虽面向当前的社会，但它的深层次则诉诸整个人类，正唯此，才使艺术作品从本体论上富有长久的地位。因为作品从整体来说不只是对具体的、现实的当代状况的反映，而且是关注整个人类根本处境和终极价值，为了表现人类总体的长久的生活走向和价值取向。

艺术价值同时表征在人与世界的关系上。这不仅标示出人对宇宙洞悟的程度，也标志着人关于存在本质的最高哲学的艺术解决。鲍列夫认为："对艺术所塑造的人的活动的一切类型，个人与世界的各种关系，艺术都是从它们的审美意义和它们与人的相互关系的角度加以把握的。这就决定着艺术的人文性质，揭示出艺术的审美特性的本质。"②真正的艺术品所体现出的"形而上的品质"③表明，艺术对人与世界总体关系的揭示，使人达到一种对人身处其间的世界的透明性洞悉。艺术使人与世界的意义凸现出来，人通过艺术既认识了世界，又认识了自己。

艺术审美价值的本质不仅表现在以上四层关系的揭示上，而且集中表现在艺术的超越性、艺术与未来的接通上。可以说，艺术是人超越有限存在而与人类大同远景"先行对话"的中介活动。鲍列夫认为：

---

① ［苏联］鲍列夫：《美学》，乔修业等译，中国文联出版公司1986年版，第325页。
② 同上，第274页。
③ ［波兰］罗曼·英伽登：《文学的艺术作品》（英文版）。

艺术中存在问题有三种尺度，过去、现在和将来。在艺术作品中既有人类对他的过去历史的追忆，也有对未来的预测。艺术家既面向他自己的社会环境，面向同时代人和"亲近的人"，又面向"遥远的未来人"，面向整个人类。艺术家努力介入今天的关系，同时又力图切断当代的界限，把自己时代的经验用于未来，用永不过时的全人类价值的数据来测量当代。这里既有永久的伦理标准（善与恶），又有全人类的审美价值（美与丑）。①

艺术是指向未来的，也就是说，艺术超越今天而指向明天。然而有不少人并没有认识到艺术价值的超越本质，仅仅看到艺术是时代的产儿，没有看到它也是未来的启示性到来。康定斯基说得好："艺术仅仅是时代的产儿，无法孕育未来。这是一种被阉割了的艺术。它是短命的，那个养育它的环境一旦改变，它也就立刻在精神上死亡。除此之外，还存在着一种能够继续发展的艺术，它同样也发源于当代人的感情。然而，它不仅与时代交相辉映，共鸣回响，而且还具有催人醒悟、预示未来的力量。其影响是深远和广泛的。"②因此，在我看来，艺术不仅关注现实世界，也关注未来世界，不仅关心今日人生境况，也关心未来人性新维度。

艺术审美价值的本质特征在于：艺术具有审美超越性，它使人不在现实生活中沉沦，而是坚定地超拔出来，达到人格心灵的净化。艺术以其不断的创新，为人类开拓出一片澄澈的境界，实现完

---

① [苏联] 鲍列夫：《美学》，乔修业等译，中国文联出版公司，1986年版，第276页。
② [俄] 康定斯基：《论艺术的精神》，查立译，中国社会科学出版社，1987年版，第16页。

美创造的图景。艺术是由美而求真的进程。它将真理置入艺术作品的同时，对个体人生和整个人类重新加以塑造。艺术的审美价值存在于艺术创造和人格塑造的双重创造之中。

艺术是意识形态，所以艺术的审美价值主要是精神价值而不是物质价值或符号价值，这精神价值乃是使用价值的一种，使用价值包括实用价值和虚用价值。正如马克思所说，"物对于人的使用价值，表示物对人有用或使人愉快等的属性"，既有实用价值，又有精神价值，"使人愉快"。马克思还曾说过，使用价值，"它必须满足一定的现实的或想象的需要"。满足"现实的需要"的应有现实价值，而满足"想象的需要"，则具有精神价值或虚用价值。

马克思说得好："我思想中的事物永远不会变为现实中的事物，因而它也就只能具有想象中的事物的价值，也就是只有想象的价值。"①艺术创造的艺术世界，不是现实世界，而只是想象的世界。所以，艺术的审美价值，不同于现实世界中的事物的审美价值，但不能因此而否定现实生活中事物的审美价值。马克思在《资本论》中说："每一种有用物品，都是许多属性的一个全体，从而可以在多种不同的方面有效用。发现这种不同的方面，是一种历史性的工作。"列宁就以玻璃杯为例，说明它既可有实用价值，又可有审美价值。艺术美不同于现实美，但都是美。

文艺美学只有将艺术美和生活中的其他美联系起来考察，才能见出艺术之美的独特价值。法国启蒙思想家狄德罗早在二百年前就对美的多样性作过精彩的阐发，颇多启示。狄德罗所说的"美在关系"有多重意义。但最根本的还是说，物之美，存在于主体与客体的关系之中，美，"这只是对可能存在的、其身心构造一如我们的生

---

① 《马克思恩格斯全集》第47卷，人民出版社，1965年版，第62页。

物而言，因为，对别的生物来说，它可能既不美也不丑。"①人类生活中的美丰富多样，他把它区分为二：一类是真实的美，也就是外在于我的美，这是不以我的意识为转移的美，这其实也是卡西尔所说的"机体的美"。还有一类是见到的美，也就是已映入我的眼帘中的已被认知到的美，这其实也就是卡西尔所说的"审美的美"。进而，狄德罗还把艺术中的美称作是"想象的美"或"虚构的美"以区别于"真实之美"和"见到的美"。狄德罗的这些美学见解就和郑板桥的审美经验很接近，"胸中之竹"是和"眼中之竹"以及"园中之竹"是不一样的，更不要说"手中之竹"和"画中之竹"了。"画中之竹"是艺象，意象已符号化了，和竹的本象已不同，正如齐白石所说，已处于似与不似之间。本象—意象—艺象，三者之间，和而不同。

一九八九年春，深圳湾海涛楼

本文原为文艺学研究生所作的讲稿，整理成文。原载《文艺美学论》，华中师范大学出版社2000年版。此书收入钱中文、童庆炳主编的《新时期文艺学建设丛书》。2015年收入海天出版社出版的《胡经之文集》第一卷。

---

① [法]狄德罗：《狄德罗美学论文选》，人民文学出版社，1984年版，第25页。

虚实相生取境美

虚实结合这一创造意境的艺术手法，在诗人杜甫手中，得到充分的运用，收到了以少见多，以小见大，化虚为实，化实为虚的意境美的效果。

杜甫的《月夜》诗："今夜鄜州月，闺中只独看。遥怜小儿女，未解忆长安。香雾云鬟湿，清辉玉臂寒。何时倚虚幌，双照泪痕干。"妙就妙在诗人不写战乱中自己如何思乡，而说家人怎样想念自己。化实为虚，化景物为情思。抽象的情感（思念妻子）附丽于具体的形象（对月怀人）画面上，令读者驰骋想象于虚实之间，从诗人对妻子念之深去推想妻子对丈夫思之切。再如，《自京赴奉先县咏怀五百字》："忧端齐终南，澒洞不可掇。"把无形无象心理之"忧"，进行感情物化，说自己的忧愁堆积如同终南山一样高，像无边的茫茫大水那样无法收拾，化虚为实。"写一代之事"的巨构《北征》："平生所娇儿，颜色白胜雪。见爷背面啼，垢腻脚不袜。床前两小女，补绽才过膝……"这里，诗人没有写战乱带来的灾难，没有写自己的深悲，只写爱子的饥色，写他们啼哭、垢腻等战乱的灾难，诗人内心的悲痛却淋漓尽致地表现出来。

"朱门酒肉臭，路有冻死骨"，杜甫的这两句诗是人们非常熟悉的。两句诗将截然不同的两个画面摆到一块，不仅互相映衬顿增魅力，而且从字面上呈现出第三个画面的意义：朱门内外仅一墙之隔，却是如此不同的两个世界，这是一个不合理的社会！这里，形象的直接性提供了联想的线索，发人深思：荒野上那冻死的穷人的骸骨，是"朱门"敲骨吸髓的剥削所致；朱门的酒池肉林，是"损不足以奉有余"的社会制度所造成的。这些情理，在作品里并没有从字面上说出来，但读者根据自己的生活经历与审美感受去补充和丰富诗的想象，就深刻地感受到了。杜集中这类剔骨析肌地洞穿社会病根的诗句还有："富家厨肉臭，战地骸骨白"（《驱竖子摘苍耳》）；"甲第纷纷厌梁肉"（《壮游》）；"犀箸厌饫久未下，鸾刀缕切空纷纶"（《丽人行》）；"肜庭所分帛，本自寒女出"（《自京赴奉先县咏怀五百字》）等。这不是诗人对现实简单的感受和反应，而是诗人取境的审美把握中感情浓缩的表现，是融合真、善的审美评价。可见对社会的本质揭示得越深刻，概括的程度越高，作品的境界越高、大、深，其美学价值也就越大。

国破山河在，城春草木深。
感时花溅泪，恨别鸟惊心。
烽火连三月，家书抵万金。
白头搔更短，浑欲不胜簪。

这首杜甫的名诗《春望》，创造了一个独特的境界，自成意境。诗中写景、抒情结合得很完美，真正是情景交融。但是，诗里出现的不只是情和景，而且还有事和人。写景、状物、叙事、绘人，各种因素综合为一个独立天地，恰好完美地表达诗人的思想和感情。在这由景、物、事、人等结合而成的"境"，和诗人所要表达之"意"，完美地融为浑然整体。蕴含着诗人对于国破家亡无限悲痛忧怨之情、忧国思家之意。有限之境，无穷之意，完美结合，融合无垠，这就成了意境。前人曾云"古人为诗，贵于意在言外，使人思而得之"，举出的典型例证就是这首《春望》。"'山河在'，明无余物矣；'草木深'，明无人矣；花鸟，平时可娱之物，见之而泣，闻之而悲，则时可知矣。"（司马光《续诗话》）诗人的不尽之意，正是在这有限之境表现出来，意深藏在境中，使人思而后才能得之。

而唐代大诗人李白也善于在自己的诗篇中以虚实相生的手法创造一种独特的境界。我们仅以他的一首小诗为例，看诗人是怎样通过二十八个字也有虚有实，以实带虚、以虚喻实创造意境的。

　　李白乘舟将欲行，忽闻岸上踏歌声。
　　桃花潭水深千尺，不及汪伦送我情。

这首诗是李白天宝十四载（公元775年）游览安徽泾县桃花潭后临别赠友之作。当诗人登舟欲行之际，"忽闻岸上踏歌声"。妙就妙在未见其人而先闻其声，以歌声代人，以虚寓实，而虚实相生。诗人轻舟待发，而送行者踏歌相送（一边唱，一边用脚顿地打拍子），"忽闻"表明这踏歌相送对诗人来说实属意外，而就诗来说，也是绝巧的意外之笔，使诗承首句铺叙之后陡起一笔。不仅使此景、此歌、此情犹如耳目，其人物情状呼之欲出，丰富了诗境的视听（时空）感，并显出情感心曲的回流。没有以虚寓实是难以臻此妙境的。

"桃花潭水深千尺"非一般浅潭小流可比，然而，千尺之深的潭水比起汪伦那种诚挚、朴素之情来，是远远"不及"的，而汪伦所"送我情"到底有多深，诗人留下了大片空白（虚），任人情思去度量，去驰骋。汪伦情意之深，豁然于人眼目之中，让人回味良久。后二句这种触物感兴、即兴象征以丰富诗的意蕴境界之法看似平易,道的眼前景,写的意中情,然而却是非扛鼎之笔所难以道出。李白诗之不同凡响,就在于他那"妙境只在一转换间"(沈德潜《唐诗别裁》),而"不及"二字是其关键。这种托物即兴,以物象征,化抽象的情谊(虚)为具象的形象(实),将难以丈量的无形情愫借用"眼前景"加以比较度量,这一"转换"使诗别开生面,空灵有趣,余味涵包,新颖警人。

全诗仅二十八字,却首以"忽闻"为一波折,使歌声以及送行人之姿犹如耳目之前;再以"不及"为另一波折,李白运用虚实相生的手法,使人透过形象潭水千尺去体味到诗人与歌者之间的情谊。使诗的画面有动有静,跳跃转换,灵动自然;情感曲线有起有伏,将诗人的若明若暗、瞬息转换的情感形象展现出来,而为人们所激赏。

通过上述诗篇的分析,可以看到诗歌艺术的意境往往与"虚实"关系紧密。唐代刘禹锡说"境生于象外"(《董氏武陵集纪》),指出艺术意境所具有的"象"(实)与"境"(虚)的两个不同层次,通过"象"这一直接呈现在欣赏者面前的外部形象去传达"境"这一象外之旨,从而充分调动欣赏者的想象力,由实入虚、由虚悟实,从而形成一个具有意中之境,"飞动之趣"的艺术空间。

一九八七年冬,北京大学畅春园

原载《文艺美学》,北京大学出版社1989年版,后收入人民教育出版社2001年版《高中语文读本》第五册。2015年收入海天出版社出版的《胡经之文集》第一卷。

论艺术创造

文学艺术,应该是美的创造,需按美的规律进行。但我们常见到的,却往往不是。平庸随处可见,丑陋也屡见不鲜。"应然"和"本然",在实践中时常对立。不按照美的规律进行的所谓"创作",比比皆是,艺术垃圾日益增多,这本不足奇。那么,当文学艺术正在日益走向商品化的时代,还要来奢谈美的规律,岂非多此一举,不合时宜?不,正是在交换价值规律的作用范围日显广泛之时,文学艺术就更不应迷失自己的创造本性,更不能违背美的规律。只有按照美的规律的创造,才会出现艺术精品。

一

文学艺术,作为一种社会现象,本身就是由多维度、多因素、多方面构成的复杂存在。

对文学艺术的认识,可以从不同角度、用不同的方法来进行。在不同的历史条件下,突出的重心也并不一样。

我们很早就认识到,文学艺术是思想教育的工具。我们常说,文学艺术是思想性和艺术性结合的产物,但思想性处在首位,乃第一位,而艺术性只是手段,为的是更好地突出思想性。"言之不文,行而不远。"这种认识，反映了文学艺术的实际：在历史发展长河中，各种意识形态曾综合在一起，审美文学和道德文章并不区分；审美和实用也不分离，实用艺术和美的艺术结合在一起。因此，在这样的文学艺术中，功利价值（政治、道德）和审美价值密不可分，实用价值和审美价值结为一体。这种功能价值（功利或实用）和审美价值结合一起的文学艺术，今后也不会消失。对这些文学艺术来说，思想性第一，艺术性第二，或者，实用性第一，艺术性第二，应该是普遍规律。"依存美"的存在是普遍现象，美依存在各种各样的实践活动和结果之中。

但是，当文学艺术从其他意识形态中分离出来，成为一种独立的、特殊的意识形态的时候，我们对文学艺术的认识就不能那样简单和单纯了。

作为一种独立的、特殊的意识形态（审美意识形态），文学艺术中的艺术性，是否仅仅只是技巧、手法的总和？是否也和内容有关？文学艺术的内容是否只归结为思想性？人们从那些再现性艺术作品中发现，我们常说的思想，是要转化为形象的，思想就寄寓在生动的人物、情节、场面等形象之中。这些形象是否真实再现了生活本身，是文学艺术能否成功的关键。于是，真实性又曾被看成了文学艺术创造的中心。

但是，文学艺术是否就是生活的再现？特别是那些主要表现人的心灵的文学艺术，都能归结为生活的再现吗？何况，那些再现，都要经过作家、艺术家的心灵。人的内心生活，思想、感情、想象、意愿、理想等等，都能在文学艺术中得到表现。因此，文学艺术的创造，又被看成自我表现，是作家、艺术家的主体性的张扬。

那么，文学艺术是否只是主体的自我表现？从反映论的角度说，人的精神活动都是存在的反映。文学艺术这一意识形态，是否也是对社会存在的一种创造性的反映？这也恐难否定。恩格斯说得好："推动人去从事活动的一切，都要通过人的头脑，甚至吃喝也是由于通过头脑感觉到饥渴引起的，并且是由于同样通过感觉到饱足而停止。外部世界对人的影响表现在人的头脑中，反映在人的头脑中，成为感觉、思想、动机、意志，总之，成为'理想的意图'，并且通过这种形态变成'理想的力量'。"①人类的反映活动，是主客体相互作用的产物。只有当主体和客体处在相互作用的对象性关系中，才有反映的发生。正如皮亚杰所说："认识既不是起因于一个有自我意识的主体，也不是起因于业已形成的（从主体的角度来看）、会把自己烙印在主体之上的客体；认识起因于主客体之间的相互作用，这些作用发生在主体和客体之间的中途，因而既包括主体又包含客体。"②文学艺术既是再现又是表现，既反映了客体，又反映了主体，也反映了主体和客体的关系，不过重心不同而已。再现着重反映的是主客体关系中的客体，而表现则着重反映了主客观关系中的主体。文学艺术中的再现和表现紧密结合在一起，浑然一体，反映了主体和客体的相互关系。马克思、恩格斯在《德意志意识形态》中说得好："人们的观念和思想是关于人们的各种关系观念和思想""人们是什么，人们的关系是什么，这种情况反映在意识中就是关于人自身、关于人的生存方式或关于人的最切近的逻辑规定的观念"，文学艺术反映的就是自我这个人类个体和世界的各种关系。

  人类的精神活动包含有两类重要的活动：一是认知活动，一是意向活动。文学艺术对社会存在的反映，就是认知活动和意向活动的相互渗透、作用的动态过程。在这过程中客体不断被内化，主体

---

  ①《马克思恩格斯全集》第4卷，人民出版社，1979年版，第228页。
  ②［瑞士］皮亚杰：《发生认识论原理》，王宪钿译，商务印书馆，1981年版，第21页。

不断向外化，因而，反映出了人的生活的活生生的状态和过程。如果我们不是把反映过程仅仅归结为认知过程，而是也包含了意向过程（情感、意志、理想等参与其中），从而融合了认知和意向，进而上升为体验活动，那么，我们又回到了一个古老而朴素的真理：文学艺术是生活的反映。但我们依据的是实践论基础上的能动反映论。这里的"反映"，已是由审美理想、审美观念参与其中的审美反映。而那"生活"，也有了更具体的阐释。正如马克思所说："意识在任何时候，都只能是被意识到了的存在，而人们的存在就是他的实际生活过程。"①这实际生活过程，按照中国最朴素的说法其实就是：人生。人生，就是人的生命活动过程及其结果，有着丰富的内涵：它"包括了一个广阔范围的多样性活动和对世界的实际关系"②。文学艺术的重心在体验人生，体验活动连接着认知活动和意向活动，但自有规律，着重反映的是自我和周围世界的关系。

在人生的各种各样活动中，在人对世界的实际关系中，实践活动及实践关系，是一切活动和关系的基础。在此基础上，人类又产生和发展了一种特殊的活动——审美活动；形成和发展了与世界的一种独特关系——审美关系。审美活动重在体验，联结着认知活动和意向活动，起着中介平衡作用，知、情、意得以统一。我们从审美活动中获得审美体验，其中蕴含着审美情感。审美情感具有独特的质地，鲍山葵在《美学三讲》的第一讲就作了论证，审美情感乃是具体的情感，是稳定的情感，共享的情感，关涉的情感，"它是和某些对象，和对象的一切细节都连带着"。审美情感离不开审美对象，晚钟响了，引发美感，"我对声音的特殊质地所具有的情感，是

---

① 《马克思恩格斯选集》第1卷，人民出版社，1972年版，第30页。
② 《马克思恩格斯全集》第3卷，人民出版社，1979年版，第296页。

由那个东西的特殊质地引起的。"① 人类之所以会产生审美活动，发展审美关系，正是为了生活得更美好，和周围环境建立起动态平衡的和谐关系，达到最佳状态。

人生的活动是多种多样的，生产活动、交往活动、政治活动、道德活动、文化活动，可以概括为两大类型：人与人的相互活动以及人与物的相互作用，或者说，主体间的活动和主客体的相互活动。人类的审美活动，产生于各种实践活动的基础上，当然和这些实践活动紧密相连。人和世界的实践关系也是多种多样的，人和人、人与物的相互关系，都可能发展为审美关系。因此，人类的审美活动、审美关系并不只是限于狭隘的范围，而和广阔的实践活动、实践关系相联结。

然而，文学艺术不只是一种审美反映，而且还是一种审美创造。文学艺术的创造并不仅是一般审美活动，而且还是一种包含了审美反映的实践活动。

以往，我们只注意到了，文学艺术对生活的审美反映乃是在实践基础上产生的，而不大在意文学艺术的创造本身就是一种实践活动。文学艺术的创造，不只是人的内部心灵活动，而且还是外部物质活动，是内部和外部两种活动的交互作用的结果。

不过，这是一种特殊形态的实践活动，马克思把它称作艺术生产。这是一种联结着物质生产和精神生产的特殊生产，自成系列。实用艺术、建筑艺术等紧连着物质生产；语言艺术被称作自由艺术，则紧连着哲学、道德、科学等精神生产。综合了语言和其他表演的戏剧、电影等的艺术，更是融合了物质生产和精神生产的许多因素，处在艺术生产系列的中心地带。

---

① [英] 鲍山葵：《美学三讲》，人民文学出版社，周煦良译，1965年版，第5页。

文学艺术的创造，不是复制现实世界，而是以艺术符号建构一个与现实世界不同的、异质而同构的艺术世界。这是人的内部心灵活动和人的外部物质活动共同创造出来的有机整体，不能仅仅归结为其中的一个或几个因素。当代文艺学、美学对这一有机体的各个侧面曾作过分析、解剖，或把文学艺术说成是一种幻象、一种感情、一种想象、一种直觉，或把文学艺术说成是一种言说、一种符号、一种编码、一种程式，或把文学艺术说成是一种模拟、一种器物、一种虚构、一种假定，都只是抓住了这个有机整体的某些方面、因素，而不是整体的把握。其实，文学艺术这一有机体包含了这些方面、因素，但不能仅归结于此。整体大于局部之和。文学艺术创造的本性应该而且能够按照美的规律来进行。这是人类本性的发展使然。人，一要生存，二要发展，三要完善，成为完整的人，形成全面发展的自由个性。人不满足于现实，要使生活更加符合理想，因而要改造对象世界，创造出更加美好的世界。文学艺术的创造，反映了人和周围世界的审美关系，其功能乃是创造者这个主体和对象世界这个客体之间关系的自我调节，促使个体和环境之间的关系达到新的动态平衡。因此，文学艺术，应是人类为了使人类生活更加美好而创造出来的一种审美模型。但是否能达到这一目的，却决定于创造者能否按照美的规律来进行。

并不只是文学艺术的创造，人类的其他实践活动，也需要按照美的规律来进行。动物也生产，蜜蜂、海狸、蚂蚁也会为自己营造住所、巢穴。但动物只会生产它自己的直接需要的东西，只能依照本能来活动，只是一代一代地复制既有的东西。马克思说，"不可能发生大象为老虎生产"的情况，"一窝蜜蜂实质上只是一只蜜蜂，它们都生产同一种东西"。动物不可能按美的规律来创造。马克思说得好："动物只是按照它所属的那个种的尺度和需要来建造，而人却懂得按照任何一个种的尺度来进行生产,并且懂得怎样处处都把内在的尺度运用到对象上去。因此,人也按照美的规律来建造。"①这最后一句,美学老人朱光潜把它翻译成"人还按照美的规律来创造",也有人把"建造"两字译成塑造或造型的。我看,创造囊括了建造、塑造、造型等的意思。

人类能超越动物所属那个物种的尺度,不仅懂得按照任何一个种的尺度来生产,因而能不断生产出新的客体;同时又能按照主体的内在尺度去生产客体,所以能使生产出的客体符合主体的需要。但符合主体需要的新客体,不一定必然是美的。人类还要按照美的规律来生产,生产出来的新客体,不仅要符合主体的实用需要,而且还要符合主体的审美需要。只是,在一般物质生产领域,虽然也要按照美的规律来生产,但创造审美价值不是其主要目的,创造实用价值才是首要目的。人类生活中大量存在的是"依存美",审美价值从属于实用价值。就是在精神生产领域,科学、哲学等的创造,尽管也要按照美的规律进行,但也不以创造审美价值为主要目的,审美价值从属于功利价值。所以,人类的生产,无论是物质生产还是精神生产,甚至人自身的生产,既有外在的尺度,又有内在的尺度,更要有将两者统一起来的"美"的尺度。美的尺度是内外的合度。踵事增华,完形成象,恰到妙处,内外合度,和而生美。真善美是人类的永恒追求。

文学艺术的创造,不仅是揭示现实世界中的审美价值的反映活动,而且是创造一种新的审美价值的实践活动。这是按照美的规律综合两种创造活动为一体的特殊的创造活动。它不仅需要通过意象经营,把作家、艺术家在人生实践中获得的审美感受、审美体验,按照

---

① 《马克思恩格斯全集》第42卷,人民出版社,1979年版,第97页。

美的规律组织起来，营构一个意象世界；而且，它还需要通过意匠经营，按照美的规律把物质材料加工改造，建构艺术符号，使意象世界符号化，从而，创造出融两者为一体的有机体，一个崭新的艺术形象世界。作家、艺术家不仅需有审美反映能力，而且还要有创美的实践能力，亦即构造形象的能力。"艺术家的这种构造形象的能力，不仅是一种认识性的想象力，而且还是一种实践性的感觉力，即实际完成作品的能力。这两方面在真正的艺术家身上是结合在一起的。"①

因此，文学艺术，理应按照美的规律来创造。违背美的规律，不符合文学艺术的创造本性。

二

文学艺术的创造，首先需要构思。艺术生产若要成为美的创造，就必须按照美的规律，精心构思。

人在进行生产之前，就能作超前反映，在脑海里预先建构起主体所希望的未来结果的图像，然后才按照这个内心图像去运作。还以建造房屋为例，正如马克思所说：

> 最蹩脚的建筑师，从一开始就比灵巧的蜜蜂高明的地方，是在他用蜂蜡建筑蜂房以前，已经在自己的头脑中把它建成了。劳动过程结束时得到的结果，在这个过程开始时已经在劳动者的表象中存在着，即已经观念地存在着。②

---

① ［德］黑格尔：《美学》第1卷，朱光潜译，商务印书馆，1979年版，第363页。
② 《马克思恩格斯全集》第23卷，人民出版社，1972年版，第202页。

这个建筑师脑海中观念地存在着的未来结果的表象，不仅已经渗入了建筑师的思想，而且表现了建筑师的意向，想把房屋建成什么样。这个渗透了思想、意向的表象，已是有意之象，按我国传统文化观念的理解，称之为意象，最为精当。如今，人们已把此称作创意设计，文化产品就更要讲究创意设计。

文学艺术的创造当然要比建造房屋的超前建构复杂得多，但构思的中心，也是建构意象，作意象经营。不过，这意象乃是审美活动的结果，其目的也在引发别人的审美活动，如康德所说，这是审美意象。

审美意象直接或间接来源于作家、艺术家对实际生活的审美体验，对人生价值的感悟。

在实际生活过程中，作家、艺术家面对一些对象，直接体验、感悟到了对象的美或丑、悲或喜、崇高或卑下，由直接感知的映象，经由审美经验的改造，意与象迅速结合，瞬即转化为审美意象。有些构思，甚至立即和物化结合起来。如有些雕塑的创造，常是从物质材料出发，审视那块玉石或竹根，可以塑造什么形象，脑海中立即浮现了那未来才能实际完成的意象。但更多的艺术构思，则并非直接面对生活对象而发，而是由回想起过去在生活中得来的表象，或由联想而引发的印象，在想象中把各种印象组织起来，经过作家、艺术家的审美经验的改造，意与象结合，构成审美意象。更为复杂的一些艺术构思，还把众多的意象，如人物意象、景物意象、事物意象、心灵意象等等结合在一起，融为有机整体，建构为一个审美的意象世界。《红楼梦》就创造了一个错综复杂的意象体系。艺术构思，就是作家、艺术家将自己对人生的体验和感悟转化为审美意象，将意象不断审美化的过程。

艺术构思之所以要致力于意象经营，这不仅是因为，审美意象最能有效地表现复杂而精微的审美体验、人生感悟，而且，审美意象还能超越对现实的直接反映，表现对未来的理想，创造出现实中不曾有过的幻想的意象世界。作家、艺术家不仅善于把审美体验、人生感悟转化为审美意象，而且也善于把人生理想、情感意向转化为审美意象。"通过想象的活动产生纯美的理想，它基本是内在的意象，与理性对立，是自然美的变相，是按照既成客体自由创造的。"①不管这是否是马克思的原话，但这番话确符合艺术创造的实际。在文学艺术的意象经营中，作家、艺术家把个人经历的直接经验和从社会中获得的间接经验联结起来，把当下经验和过去经验融为一体，把再现现实和表现理想结合一起，经由审美化而融为审美意象。所以，高尔基称道文学艺术是组织经验的最经济、最有效的方法。康德之外，克罗齐、萨特、苏珊·朗格等都高度重视意象的研究。以探索创造活动的秘密而著称的美国心理学家阿瑞提，在研究了包括文学艺术在内的创造活动之后，甚至把意象看作是人的创造力的第一因素，说它是"一种创新，是新的形成，是一种超越力量"②。阿恩海姆则说："真正的创造性思维活动都是通过'意象'进行的。"③

　　作家、艺术家的人生越丰富，视野越广阔，从生活中获得的体验和感悟越深切，那么，可以用来创造意象的材料当然越丰富多样。从最平淡的日常生活，一直到惊心动魄的伟大斗争，只要作

---

①［德］汉斯·科赫：《马克思主义和美学》，佟景韩译，漓江出版社，1985年版，第336页。

②［美］阿瑞提：《创造的秘密》，钱岗南译，辽宁人民出版社，1987年版，第62页。

③［美］鲁道夫·阿恩海姆：《视觉思维》，滕守尧译，光明日报出版社，1986年版，第37页。

家、艺术家有真切的体验和感悟,都可以成为意象经营的材料。但是否真正进入艺术构思之中,却要视作家、艺术家的创意而定。作家、艺术家要建构什么样的审美意象,要创造一个什么样的意象世界,这要决定于作家、艺术家的审美意向。生活中充满了真、善、美,也不时出现假、恶、丑;现实中既有崇高、悲剧、苦难,也有卑劣、喜剧、荒诞。作家、艺术家对生活作什么样的审美评价,持什么样的审美态度?是肯定真、善、美,鞭挞假、恶、丑;激发起来的是对真、善、美的审美快感,还是对假、恶、丑的审美反感;是把崇高、优美毁灭给人看以激起人的崇高感、悲剧感;还是把卑劣、丑恶撕破给人看以引发人的喜剧感?艺术构思,不仅要依作家、艺术家的审美意向来决定意象材料的取舍,而且也要依审美意向来把意象材料加工改造,重新组织,建构一个符合审美意向的完整的意象世界。作家、艺术家的审美意向,直接和审美理想、审美观念联系着。审美理想、观念处于审美心理结构的中心,对意象经营起制约作用。在意象建构时,正如恩格斯所说巴尔扎克那样,同时就是在对生活作出"诗意的裁判"。这是一种独特的价值判断,康德称之为"审美判断"。

在艺术构思中,意与象如何结合为意象,乃是作家、艺术家要解决的最基本的矛盾。"象"是客体对象的映象,无论是直接感知的映象、回忆过去而来的表象、由联想而来的印象,尽管各自的清晰度不一样,但都要求符合客体对象,要按照客体的外在尺度来再现对象,要求真实。"意"则是作家、艺术家这个主体自身的意向。主体依照自己的意向来感知、改造客体的映象,把客体的外在尺度和主体的内在尺度统一起来,按照美的规律把意和象结合为审美意象。这个审美化了的意象,已不只是客体对象的复现,但又不完全脱离对象,处于"似"与"不似"之间,不只"形似",更有"神似"。即使是那些以线条、色彩、声音等形式美见长的艺术（所谓的"抽象"艺术，以及书法艺术等等），那些声、色、形在艺术家头脑中的映象，也都染上主观情意，因而具有"意味"。而那些较为复杂的文学艺术，其意象不仅有"意味"，而且更有深层的"意蕴"，因而韵味无穷。

艺术构思就是作家、艺术家将人生体验和感悟不断意象化，又不断审美化的过程。在意象化过程中，想象起着重大作用。但艺术的想象渗透着感情态度，作家、艺术家不仅要在想象中重新体验对象，而且要体验到自己的感情。要体验，就要"入乎其内"，设身处地，心随物化。画竹，就要与竹化；写花鸟，就要与花鸟共忧乐。但作家、艺术家不能只沉浸在对象中，还需要"出乎其外"，物随人化：理智审视，组织意象，按照主体的意向，使意象审美化，符合美的规律。既要入乎其内，又要出乎其外，这在表演艺术中表现得最为明显。演员演戏，必须深入体验角色，但又必须出乎其外，理智调控。正如意大利著名演员萨尔维尼所说，当他表演的时候，他过的是双重生活，一方面要哭或者笑，但同时却又要解析他的眼泪和笑，使它们能最有力地作用于他想使之动心的那些人。作家在创作小说时，既要真实再现人物的性格、命运，又要体现自己的创作意向，要将两者完美地统一起来，必须精心地构思，以至像托尔斯泰这样的文学巨匠在塑造安娜的形象时，不得不改变原先的构想。

艺术构思需要思维。分析和综合，比较和概括等等，人类的最基本的思维方法，在意象经营中都在运用。就艺术创造的总体过程来说，艺术思维是整体思维。概念思维也会不时参与（视需要而定）。但在艺术构思中，意象思维起决定作用。运用概念进行判断、推理，构筑概念、范畴的体系，这是科学论著的使命。科学思维从感性具体上升为知性抽象，再到思维具体，基本是概念的运动。艺术思维则从感性映象上升为意象，再到典型的塑造或意境的创造，主要是意象的运动，感情、思想等融合其中。因此，作家、艺术家和科学家的思维并不相同。俄国文艺批评家杜勃罗留波夫较早看到这两种不同思维的特点：作家对世界有着丰富的感受，但并不是把这种感受引向抽象。对于作家来说："若是竭力把这种感受引到一种确定的逻辑组织里去，把它用抽象的公式表现出来，这却是徒劳无功的。"作家面对世界，"看到了某类事物的最初事实时，他就会惊异万分""他虽然还没有作过理论上的思考，能够解释这种事实；可是他却看见了，这里有一种值得注意的特别的东西，他就热心而好奇地注视着这个事实，把它摄取到自己的心灵中来。开头把它作为一个单独形象，加以孕育，后来就使它和其同类的事实与现象结合起来，而最后，终于创造了典型。"科学家则不同，"由于以前聚集在他的意识里、不知不觉地在他的意识里保存下来的个别现象丰富多彩，就使他能够一下子同它们组织一个普遍的概念。这样一来，这个新的事实，就立刻从生动的现实世界中，转移到抽象的理性领域里去了。"①

作家、艺术家经过意象经营，按照创意，使意与象结合起来，把众多意象组织起来，创造出一个意象世界。这个意象世界按一定的结构方式组织而成，具有一定的意象结构，从而构成一个有机整体。文学艺术创造中的营构意象的结构方式，多种多样，丰富多彩，我们的文艺学、美学还在不断探索，可做的事还很多，有待更多人的关注。这种意象结构，乃是意象世界在内心形成的结构形式，相对于形之于外的外形式，它只是内形式，尚未最后完形，还

---

① ［俄］杜勃罗留波夫：《杜勃罗留波夫选集》第1卷，辛未艾译，上海文艺出版社，1962年版，第273—274页。

有待于通过符号来外化。因此，艺术构思告一段落，但并未终结，在符号外化过程中还在深化和继续。这种意象化和符号化的过程，虽有先后，但相互交错，结合一起，正如黑格尔所说："按照艺术的概念，这两方面——心里的构思与作品的完成（或传达）是携手并进的。"①

三

当文学艺术的创作还只是停留在构思阶段，还只是腹稿，不管它构思如何完美，那还仅仅只是稍微具体化了的创意，还不是创作。创意设计要付诸实践，实际操作，才生产出作品。观念中的意象经营要转化为创作的实在，需要另一番功夫——意匠经营。

文学艺术创造中的意匠经营，仍离不开"意"，但更需要运用自己的身手随着"意"而自由灵活地运作起来。这种运作，不仅需要受创意的制约，而且也要受物质材料的制约，因而既要按照主体的内在尺度，又要按照对象的外在尺度来运作，按照美的规律，将两者完美统一起来。"以人观物"和"以物观物"结合在一起，付诸实践。

作家、艺术家在生活着，在生活中审辨美、丑、悲、喜，体验或感受到生活的审美价值，获得审美享受。如果到此为止，也就算不了艺术创造。作家、艺术家之与众不同，不仅在于要把生活中由审美而来的体验、感悟，经过意象经营加工改造，赋予内在形式，而且，还要运用一定的物质材料，创造出一种符号形式，使内在形式转化为外在形式。这种外在形式，乃是可以为人所感觉到的外在

---

① [德] 黑格尔：《美学》第1卷，朱光潜译，商务印书馆，1979年版，第363页。

之美。只有不仅创造了内在之美，又创造了外在之美，才能使这种美保存下来，不仅供自己个人审美，而且也可供别人审美。文学艺术的外在之美，就是鲁迅所说的"音美"或"形美"，而内在之美，就是"意美"。艺术之美，乃是这种外在之美和内在之美的统一——系统质。

要创造外在之美，就必须选择一定的物质材料，进行加工改造。这就不仅要花心思，而且要动身手，如鲁迅所说，要用思理以美化天物，这需要费"匠心"。这种既需要"想"，又需要"作"，动作和运思密切结合在一起的意匠经营，应是既不同于概念思维，又不同于意象思维的特殊思维——动作思维。这种动作思维，一头联结着符号建构，一头联结着意象世界，要把这两者结合成一个整体。

艺术的形式美的创造，关键在"作"。人的活动过程，本身就可以成为创造。一些艺术，如舞蹈、戏剧，就必须由人体动作来完成。音乐中的声乐，也是由人的声音运动来完成的。器乐却不依靠人声了，但也必须由人来演奏乐器，离不开人的活动。这些都是动态艺术，艺术就直接在活动中呈现、展示，人的活动停止，艺术也就中止。还有不少艺术，则是以静止之物的形态来完成，是静态艺术，如绘画、雕刻、文学。但是，这都必须经过人的劳作，是人的活动的结果。动的过程转化为静态物品，也是由"作"而来，所以称为作品。

文学艺术的创造，既然要靠劳作，也就必然要有作法。在长期的艺术实践历史过程中，每种艺术类型都积累了一套艺术劳作的"手法"。要能创造出美的作品，当然必须按照美的规律，运用精湛的技艺，精心加以制作；而那些依靠动作本身来完成的动的艺术，就更需要按照美的规律来支配自己的活动了。

艺术的形式需要美，因而本身就具有一种审美价值。这种美的形式，在艺术中具有符号的性质，是艺术符号。符号的意义不仅在自身，而且在传达信息。无论是语言符号还是形象符号，要通过人的感觉器官为人所感觉到才能有意义，正如马克思所说："任何一个对象对我的意义（它只是对那个与它相适应的感觉来说才有意义）都以我的感觉所及的程度为限。"[①]世界万物，种类甚多，但能用来作符号的却甚有限。所以，艺术符号是有限的，信息的表达常受到限制。就是表达得最自由的语言，也常常言不尽意，因而像陆机这样的诗人，也发出"恒患意不称物，文不逮意"的感叹。人对生活的感受和体验却是无限丰富的。要以有限的符号形式来表达无限丰富的内容，这是艺术创造中要解决的最大的矛盾，这比起艺术构思来更艰难得多。这就不仅要通过意象经营，把生活中得来的人生感悟、体验加以组织（内形式），还要通过意匠经营把一定物质材料组织起来，构成符象（外形式）。而且，更重要的是把这两者完美地结合起来，使形式美和内容美统一起来，构成有机整体——艺术美。

艺术的内容和形式的关系，曾经被误解成一种机械的相加，以为形式可以不变，而内容可以不断变化，旧瓶可以装新酒，不同的内容可以装进一种形式。于是，只要押韵的就是诗，三字经、百家姓、千字文都成了诗。其实，正如卢卡契所说，审美形式始终都是作为某种特定内容的形式出现的。正是特定的内容，才需要特定的形式。克罗齐看到了艺术有特定的审美内容，但他又把艺术的形式和内容割裂开来，以为艺术形式与审美无关，传达只是物理的事实："审美的事实在对印象的表现加工中就完成了，至于传达，是后来

[①]《马克思恩格斯全集》第42卷，人民出版社，1979年版，第126页。

附加的，是另一种事实。"①他只承认审美直觉才是艺术创造，而把传达活动排除在外。形式主义美学则走向另一极端，把艺术仅仅归结为一种美的形式："艺术中一切都仅仅是艺术手法，除了手法的总和，事实上根本不存在别的东西。"②而其他则是"美感以外的现实性""形式之外非审美的事实"，因而不属于艺术作品，被逐出艺术之外。不错，在完美的文学艺术作品中，确实不应有"美感事实和非审美事实的二重性"。但是，当作家、艺术家确实从丰富多彩的对象世界获得了审美体验、人生感悟，那么，这种审美反映为什么就不能成为艺术的内容呢？当大千世界经由体验、感悟而转化为审美意象，这样，艺术的内容不也是审美的吗？为什么艺术就只能有美的形式而不能有审美的内容呢？我看，问题还是在于艺术的审美内容和美的形式如何有机结合。还是黑格尔说得辩证：文学艺术之所以要有美的形式，"既不是由于它碰巧在那里，也不是由于除它以外，就没有别的形式可用，而是由于具体的内容本身就已含有外在的、实在的，也就是感性的表现作为它的一个因素。"③卡西勒（又译作卡西尔）把文学艺术看作是一种符号形式，由内容转化而来的一个有机整体。"一首诗的内容不可能与它的形式——韵文、音调、韵律——分离开来。这些形式并不是重复一个给予的、直观的、纯粹的、外在的或技巧的手段，而是艺术直观本身的基本组成部分。"④

---

① ［意］克罗齐：《美学原理·美学纲要》第6章，朱光潜等译，外国文学出版社，1983年版。

② 有关形式主义，参见胡经之、张首映编：《西方二十世纪文论选》第2卷，中国社会科学出版社，1989年版，第2、10、37页。

③ ［德］黑格尔：《美学》第1卷，朱光潜译，商务印书馆，1979年版，第92页。

④ ［德］卡西尔：《人论》，甘阳译，上海译文出版社，1985年版，第198页。此节引文，未注明出处者，均见《人论》第9节。

文学艺术的创造,就是内容形式化、形式内容化的双向对象化过程,最终创造出一种独特的存在——"活的形象"。在这"活的形象"中,形式是躯体,而内容是灵魂,躯体和灵魂不可分离,紧密结合在一起。"活的形象"的形式,是心灵化的灌注生气、气韵生动的形象符号,它是审美想象的产物,而又引发别人的审美想象,所以是"审美想象的特殊身体"①。而这形象符号传达的则是审美的信息,无限丰富的心灵的世界。至于这心灵世界乃是客观世界的反映,却是另一层次的问题,那才涉及唯心唯物,这里不说。

正是因为"活的形象"把内容和形式融合在一起,因此,"当我们沉浸在对一件伟大的艺术品的直观中时,并不感到主观世界和客观世界的分离。"我们沉浸在这个"活的形象"中了:"现在我进入了一个新的领域——不是活生生的事物的领域,而是'活生生的形式'的领域。"

艺术要运用符号,通过符号思维而创造形式结构,建构符象。但艺术符号不是一般的符号,自有独特的性能。普通的符号仅只是一种工具,为的是表达意义。可以"得意忘象,得鱼忘筌"。但艺象却不能"忘象",必须"具象""现象""显象",是一种形象符号。使用艺术符号和使用其他符号不同,"这两种活动不管在特征上还是目的上都不是一致的:它们并不使用同样的手段,也不趋向同样的目的——一种激发美感的形式媒介中的表现,是大不相同于一种语言或概念的表现的。一个画家或诗人对一处地形的描绘与一个地理学家或地质学家所作的描述几乎没有共同之处。在一个科学家的著作和一个艺术家的作品中,描写的方式和动机都是不同的。"我们在生

---

① [英]鲍山葵:《美学三讲》第二讲,周煦良译,人民文学出版社,1965年版,第31页。

产实践中，把木材、水泥、钢材等等组合变形，创造了一种新的物质形式——房屋；而艺术实践则使用艺术符号，创造了一种"活的形象"。"艺术家把事物的坚硬原料熔化在他的想象力的熔炉中，而这种过程的结果就是发现了一个诗的、音乐的，或造型的形式的新世界。"

正是作家、艺术家使用艺术符号，把物质材料通过审美想象创造出了"活的形象"这个新客体，也就"使我们的情感赋有审美形式，也就是把它们变为自由而积极的状态。""在这个世界，我们所有的情感在其本质和特征上都经历了某种改变过程。"贝多芬的《第九交响曲》就表达了作者的复杂感情。其中有根据席勒《欢乐颂》的基调而表达出狂喜的感情，但我们也会感受到整个乐曲表达出来的悲怆音调。但是，这些都构成一个有机整体，因而，"在我们的审美经验中，它们全都结合在一个个别整体。我们所听到的是人类情感从最低的音调到最高的音调的全音阶，它是我们整个生命的运动和颤动。"

文学艺术的目的，不正是要把内容和形式融合为一个有机整体，创造出"活的形象"吗？这种"活的形象"，不是客观世界中事物的情景再现，而是新的创造。即使是像苏州评弹《蝶恋花·答李淑一》，虽是依据同名诗词改编，但也是"活的形象"的新创造。评弹曲调，吴侬软语，温柔敦厚，若要表达原词的意境必须有新的变化。原词一唱三叹、意深情长，对牺牲者表达了深切的怀念，但整首充满豪迈激情。如何在评弹中表现这种精神？评弹作者就把评弹的原有曲调分解，重新组合，又吸收了陕北民歌中粗犷的旋律（"河畔上开花"开头）、京剧中高亢的曲调（"一马离了西凉界"结尾），融为有机整体。整个评弹曲调，和谐一致，浑然一体，宛若天成，因而使人感到韵味无穷而又催人奋进，给人以不尽的审美享受。

作家、艺术家不仅必须感受、体验事物的内在意义，而且必须给予这种感情、体验以外形。"艺术现象的最高最独特的力量表现在这后一种活动中。外形化意味着不只是体现在看得见或摸得着的某种特殊的物质媒介如黏土、青铜、大理石中，而是体现在激发美感的形式中：韵律、色调、线条和布局以及具有主体感的造型。"无疑，要把材料改造为形式，这需要煞费"匠心"，运用高超的技巧和手法。然而最高超的技巧要消融在美的形式中，使人全然感觉不到它，正如巴金所说："文学的最高境界是无技巧。"[①]文学艺术的优秀之作总是这样的："不表现什么形式，线条和颜色再也找不到了，一切都融化为思想和灵魂。"[②]文学艺术的创作把内容形式化了，也把形式内容化了。所以，连高度重视形式化的符号美学家卡西尔最后也得出结论："只有把艺术理解为是我们的思想、想象、情感的一种特殊倾向，一种新的态度，我们才能够把握它的真正意义和功能。"

那么，这"活的形象"不就是我们常说的艺术形象吗？我倾向于把席勒所说的"活的形象"作新的阐释，用来作为艺术形象的进一步规定。物质材料经过心灵化，按美的规律改造为美的形式，用以表达审美意象，因而成为"活的形象"，这也正是艺术形象的本质特征。艺术形象具有符号的性质，但它不仅只是"能指"，还包括了"所指"。在艺术形象中，能指和所指融为一体，密不可分了。没有经过心灵化的物质，只是死的物质，不是"活的形象"。要使读者、观众、听众也能在心灵中激起共鸣，也要经过读者、观众、听众的心灵化，不然，那作品也仍然是一堆死的物质。所以，这"活的形

---

① 巴金：《巴金谈文学创作》，《文学报》第53期，1982年4月1日，第2版。
② [法]葛赛尔记：《罗丹艺术论》，沈琪译，人民美术出版社，1978年，第87-88页。

象",乃是体现心灵和激活心灵的中介,只有在审美想象中,才使这形象活起来。

不过,艺术形象、活的形象,对这"形象"二字,应作宽泛的理解。形象者,存在形态之象也。它应涵盖有形之象、有声之象、动态之象。音乐没有直接的有形之象,直接呈现的只是声音之象,如朗格所说,是时间意象的符号化,只是"音美"。但声音也是存在的一种形态,《乐记》早已把这称之为"乐象"。把乐象归属于艺术形象之下,也并不违背形式逻辑,何况,科学证明,声音虽存在于时间中,但乐音随着时间的进展,也在改变着空间结构。音乐的声音之象,也能使人联想、想象出有形之象。不过在音乐中,"音美"乃直接呈现,而"形美"乃由间接引发,由"音美"而使人联想到"形美"。无怪贝多芬说自己作曲时,心中常浮起画面。但我还是愿意把艺术形象理解得宽泛些,不仅涵盖有形之象,而且还有声态之象、动态之象。这样,音乐形象之说仍可成立,把它简称为乐象,也未尝不可。当然,若有比艺术形象更好的说法,也可接受,比如,把艺术形象简化为艺象[①],躲开了"形"的多解,也未尝不可。但那艺象的实质,仍然是"活的形象",是"艺术形象"。

艺术形象,艺象,是联结艺术创造者和艺术接受者的中介。两个主体之所以能沟通,乃是因为艺术形象的结构和艺术创造者及艺术接受者的审美心理结构,异质同构,动态相应。但艺术形象不仅只是一个新的审美对象,而且还是一个审美创造的模型。人们从艺术形象那里得到的不只是审美的享受,而且是审美创造的启示。艺术教育的意义,既在帮助提高审美的鉴赏力,又在培养美的创造力,发展和完善人的创造本性,推动人们按照美的规律去改造世

[①] 何国瑞主编:《艺术生产原理》,人民文学出版社,1989年版,第115-118页。

界，使我们这个世界更美好，个体和环境也达成新的动态平衡。这，也正是我们今天要重视审美教育的根本原因。

为《文艺研究》创刊二十年而作

一九九九年，深大新村

原题为"艺术：按美的规律创造"，载于《文艺研究》创刊二十年特刊，1999年第7期。

超越古典向当代

一

我喜好作美学的思辨,在沉思中享受着思辨的愉悦。但伴随着抽象的思辨,也时常会被引发出许多美好的回忆,唤起不少意象,浮现在脑海中,从而又享受到审美的愉悦。

这些从回忆中唤起的意象,不少是来自我喜爱和熟悉的艺术形象,特别是来自能背得下来的诗词名篇。但是,给人印象最清、最深的意象,却还是来自我亲身投入过、体验过的自然风光、大好河山。

我对文艺美学的爱好,初始是由对自然山水的陶醉而引发,继而爱好文学艺术,然后才由此而对美学思考感兴趣。我的无锡同乡、前辈学者杨绛声称,她第一爱好是自然,然后才是文学,我颇有同感。而对朱光潜的自然无美之说,我一直感到困惑。

在生活中,最早引起我的浓烈兴趣的是我周围的山山水水。我的家虽在苏州城里,但我却出生在江南第一古镇——无锡和苏州之间的梅村。我父亲在太湖之滨辗转任教,因而父母经常流动,我就跟随我祖父母在梅村长大。这是像同里、周庄一样典型的江南水乡,小镇依水而筑,门前是清澈见底的河水,门后就是竹林鱼池。白天,最使我们孩童兴奋的,是跳到河里光着全身相互嬉水。忽而,捕鱼的鱼鹰呼啸而过,我们追着跳着,欢欣雀跃。晚上,渔火点点,水影闪烁,引得我们这些孩童按捺不住,也点起灯笼,结伴到河边抓起虾来,真是其乐无穷。正是这种真切的体验,在我脑海中潜伏着,不知不觉在意象中储存着,而当后来有人要我写《枫桥夜泊》的赏析短文时,脑海中立即涌现出这样的意象,忍不住先要抒发出来。

随着年龄的增长,少年时代的我,对于周围的山水有了更广的接触,更多的体验。足迹所及,太湖,石湖,阳澄湖,那水;惠山,虎丘,灵岩,那山,多迷人!我为之深深陶醉。

使我最早对文学艺术发生兴趣的,也是自然山水。虽然后来我也进过教会学校,但我最早上学,进的是私塾。塾师虽教三字经、百家姓、千字文,但却颇有风趣,能自编自唱,教我们的第一首歌,就是唱"三月三,清明到,去游山";教我们写的第一篇作文,就是《清明游山》,要我们记下游鸿山的情景。是自然山水引发了我对文学艺术的兴趣。父亲时常去苏州玄妙观买来一些书画,挂在墙上,最吸引我的,还是钱松嵒画的太湖风光,使我至今难忘。

那时,我对自然山水艺术的关系了解得十分简单:真山真水好,画出了真山真水的,自然也好。我也喜欢上了江南丝竹乐和广东音乐,每当我听父亲用二胡拉起用苏堤春晓、柳浪闻莺、姑苏吟等命名的乐曲时,就觉得好听,为之吸引。好听在哪里?这大概是因为让我想起了真情实景吧!父亲教我背《唐诗三百首》,最容易记住的,还是孟浩然的"春眠不觉晓,处处闻啼鸟",王维的"明月松间照,清泉石上流"这一类写景诗,这不仅是因为这些诗短小精悍,更因为所写的景是最为我熟悉和喜爱的。当我长大成人,远离水乡,久居燕京,最常想起的,竟是白居易的那首"江南好,风景旧曾谙。日出江花红胜火，春来江水绿如蓝，能不忆江南？"这让我回想起十八岁前一直耳濡目染的江南山水。

引发我对理论感兴趣的，还是朱光潜的那本小书《谈美》。这本书不是故作深奥，而是紧密结合生活和艺术中的实际现象，从中引出道理，娓娓道来，平易近人，通俗易懂，感到亲切。特别是对艺术美的分析，使人茅塞顿开，豁然开朗。但也引起我的困惑，那就是他在书中说：自然中没有美，自然本身无所谓美。这，对于我这个中学生来说，无法理解。然而，也正是这种困惑，在我心中萌发了作美学思考的兴趣。接着，我读到了周扬编的《马克思主义与文艺》，苏联季摩菲耶夫的《文学原理》，知道研究文学艺术这是门大有可为的学问。于是，我为奔向文艺学而跨入了大学之门。

在我面前展现了一个广阔的文学艺术的海洋，任我自由观赏。不过，在我们那个学习年代，主潮还是古典。在讲堂上，除了吴组缃、王瑶为我们分析当代文学和现代文学之外，其余一概是古典文学。游国恩、林庚、浦江清为我们讲中国古典，甚至何其芳、吴组缃开的专题讲座也是评说《红楼梦》。冯至、季羡林、李赋宁为我们讲的是外国古典。苏联季摩菲耶夫的门生毕达可夫在北大讲文学理论，我一听，分析的实例，也都是俄罗斯的古典。大学时代，我读的大多是古典名著，欣赏的大多是古典艺术，中外都有。毕业后当研究生，跟随杨晦学文艺学，他要我研究中国古典文艺理论，而向朱光潜、宗白华学美学，接触的也主要是古典美学。于是开始我的学术研究时，最早我是集中在这个问题：古典作品为何至今还有艺术魅力？这，马克思曾经关注过，也引起了我的学术兴趣。我开始尝试从美学上来分析，千百年前古典艺术这一审美客体，本身所具有的审美特性，怎样会激起了千百年后的我们这一审美主体的兴趣，从而作出审美反应。我写出了一篇文艺学副博士研究生毕业论文，表达了我当时的理解，古典作品之所以有不朽的魅力，还是由于其中表现了真、善、美，因而具有永恒的价值。此文在六十年代初的北大学报上发表，给蔡仪留下了印象。

古典传统哺育了我，但我终究又生活在当今，离不开当下现实。五十年代后期，文学艺术有了新的发展。周扬一再倡导，要关注现实，立志建立和发展马克思主义文艺学、美学。他自己还亲自带着何其芳、邵荃麟、林默涵、张光年到北大设列讲座。周扬一开讲，就旗帜鲜明地提出："建设马克思主义美学。"作为这个讲座的助教，我也被卷进了这个潮流，不能不受影响。于是，我在关注古典之外，也开始关注现实。我曾探讨过文学艺术中表现理想和再现现实怎样才能统一起来，现实主义精神和浪漫主义情志如何做到相互结合，在《文学评论》和《文艺报》上都发表过论文。作为《文艺报》的特约评论员，我还曾写过一些文艺评论，如评论王愿坚的短篇小说，李英儒的《野火春风斗古城》等。文艺评论的影响远远超过文艺学、美学，不仅可在著名报刊上发表，而且一本薄薄的评论小书，一下就能印上十万册，书斋中人很难想象。

但是，平心而论，我真正的学术兴趣还是在文艺学和美学。在参加编写《文学概论》的过程中，我和蔡仪、王朝闻都有许多学术交往，我逐渐萌发了一种意向，想融文艺学和美学为文艺美学。但是，这仅仅只是一种意向而已。"文化大革命"中，我的主要心思，一是集中在评论《红楼梦》，二是认真研究了马克思的资本论和剩余价值学说。但我读马克思的书不是为了研究经济学，而是想弄懂价值论。马克思的价值论，重心当然是在研究交换价值如何引发出了资本运动，但也不时对使用价值作过精辟论说。在他看来，像空气、处女地、自然草地、野生林木等等，虽然不具交换价值，但却具使用价值。就是人类通过劳动创造出来的人工物品，也不一定具有交换价值，但有使用价值。劳动的目的，本是创造使用价值，供人使用。只有物品成了商品，可以交易，才有了交换价值。交换价值主宰了使用价值，就发生异化。回归之路就是使交换价值服从使用价值。但使用价值又有多种多样，并不只是实用价值。使用价值中还包括精神价值，是为了满足人类的"想象"或"愉快"的，文学艺术就是为了满足精神需要而创造出来的，其中就有审美需要。马克思说得好："一个歌唱家为我提供的服务，满足了我的审美需要。"我把这称之为虚用价值，以区别于实用价值。这"虚用"二字，乃是我借用古人的说法。明代谢榛在《四溟诗话》里说过，世间万事万物，"有实用而害于诗者，有虚用而无害于诗者"，诗人就要有所考量，方可入诗。我说的"虚用"，是说精神作用。我们过去的文艺学、美学，研究审美，多认识论，忽视的正是价值论。蔡仪的美学，奠基于认识论，但否定价值论，晚年甚至还批判价值论。因而，他虽然肯定了自然美，但却把自然归结为物种特性，自然美只是物种的典型，否定自然的价值属性。周扬承认价值论，但他凸显了文艺的政治价值，突出文艺为政治服务的价值，轻忽了审美价值。

二

改革开放之初，我得以集中精力来思考文艺美学自身的问题。

从我自己的体验出发，如果美学只停留在争论美是客观的还是主观的这样抽象的水平上，这不但不能说清美究竟是什么，更不能解决艺术实践中的复杂问题。审美现象，乃是一种特殊的社会现象。美学，要研究审美现象，必须揭示审美活动的奥秘。人类的审美活动产生于实践活动（生产实践，生活实践），这审美活动又生发为艺术活动。因此，艺术活动离不开审美活动。但艺术活动又自成系统，从文学艺术家体验生活，到艺术创造的实践活动，再到艺术为人所接受，均需按照美的规律进行。这种艺术活动的审美本质和创美规律，应该获得系统的研究。为了和其他美学相区别，我把这称之为文艺美学。

我这想法形成之后，就开始自己的探索。1980年春，中华全国美学学会成立，我提出，艺术院校和文学系科，应该开设文艺美学课程，发展文艺美学这一学科，使美学和文艺学结合起来。我这想法，引起了艺术院校从事理论教学的教师的共鸣，也得到了美学前辈王朝闻、朱光潜、伍蠡甫等的支持。这使我受到了鼓舞。

散会后，我回北大写的第一篇文章就是《文艺美学及其他》，先在北大的《大学生》创刊号发表，又收入《美学向导》（1982年，北京大学出版社）。接着，我在1980年初写成的长文《论艺术形象》也发表了，其中我论及了艺术的审美本质。同时，我的《艺术掌握世界的方式》《艺术的意境》以及论艺术美的文章也陆续发表。为了使美学理论尽量和艺术实践相结合，我也陆续写过一些从美学上分析古典文学的文章，对《红楼梦》，古典诗词尝试作美学阐释。目的还是想具体地而不是抽象地谈论艺术的美学问题。

我全力投入文艺美学的研究，在八十年代初期我招收硕士研究生时，一开始就明确定向为文艺美学。1980年，当我开设的文艺美学课程不仅引起了中文、英文、西语、东语、俄语以及哲学等系研究生的兴趣，而且也吸引了一些大学本科生时，我确实受到了很大鼓舞。于是，北京大学文艺美学研究会也应运而生，由我主编的《文艺美学丛刊》曾出版过数辑。由叶朗、江溶和我发起的北京大学《文艺美学丛书》，曾出版了数十种，我的《文艺美学》一书也收入其中。此外，我也担任了王朝闻主编《艺术美学丛书》的编委。

文艺美学,成了我学术关注的中心。

围绕文艺美学的学科建设,我和我的研究生曾编辑过几种理论资料出版。中华书局出版了我和王一川、陈伟、丁涛编的《中国古典美学丛编》三册(1988年),北京大学出版社出了我和陈伟、王一川选编的《中国现代美学丛编》(1987年)。有了中国传统的材料,却缺少外国材料,当代的知道得更少。为此,我尝试走出古典。这时,国家教育委员会为推动教材建设,鼓励我主编一套当代西方文艺理论的教科书。我说还是得请前辈学者伍蠡甫来主编,但80高龄的伍蠡甫老人说,二十世纪的西方文论他也所知不多,还是要我张罗。这样,我就把这当作为自己补课的机会。为此,我曾去过香港大学、香港中文大学搜集资料。开始时,我和李衍柱等几位编写的《西方文艺理论名著教程》(1985年,北京大学出版社),涉及现代的,只有刘小枫等写的四章,篇幅极少。到1988年再版,我邀王岳川请了一些年青学者增写了十多章,现代部分共有二十章,专成一卷,才弥补了出版的缺憾。此后,我受国家教育委员会之托,和张首映合著了《西方二十世纪文论史》,配上四卷《西方二十世纪文论选》,由中国社会科学出版社在1988年出版。不久我和王岳川又主编了《文艺学美学方法论》,由北京大学出版社在1994年出版。

然而,我的学术兴趣并没有因此而走向西方现代。我关注西方现代,是想解释我们自己的艺术现象,取其新视界,借用新方法,以促进我们自己的学术发展。

近年,我逐渐感到,我们重视了艺术特性的研究,却忽视了研究艺术珍品如何按照美的规律来创造这一根本。所以,我把目光注视到美的规律问题上来。1999年发表在《文艺研究》上的《艺术:按美的规律创造》,呼唤重视对美的规律的研究。

三

　　文艺美学今后将如何建设和发展，仍是我关注的中心，但我同时也在密切注视着更为广泛的文化和自然的美学问题。

　　我一向认为，中国古典文艺学也好，西方现代文艺学也好，对今人说来，都只是建构中国的当代文艺学的思想资料而已。但，这绝不是说，中国古典文艺学，或者，西方现代文艺学就不能、不必成为独立的研究对象。不，无论是中国古典文艺学，还是西方现代文艺学，都还需要作系统而深入的研究。

　　在朱光潜、伍蠡甫两位前辈的鼓励下，我也曾对西方现代文艺学下过一些功夫，希企有一个较为全面的了解，并在改革开放之初向国内作过一些粗浅的介绍。但我并非专致此学，只是浅尝辄止，未能再作深入钻研。

　　当西方现代文艺学被迅速引进、弥漫课堂文坛之际，却又激起了我对中国自己的古典文艺学的思索。难道中国古典文艺学就只剩下文献价值而失去了现实意义？中国古典文艺学能否对中国当代文艺学的建构发挥积极作用？还在五十年代中，杨晦、罗根泽、宗白华三位前辈曾引导我向中国古典文艺学迈步，思考过一些问题，积累过一些资料。如今，我很想回过头来，尝试对中国古典文艺学中一些重要问题作些新的阐释。

　　然而，中国要建构的当代文艺学，既不可能只是西方现代的，也不可能只是中国古典的。文艺学乃是对实际存在的文艺现象的理论概括和阐释，中国的当代文艺学，不能不关注当下现实，回答新时代文艺实践中的新问题，对新时代的文艺现象作出新的概括和阐释。

这样一来,势必要把我们的视野引向更为广阔的领域。文学艺术,作为文化的一种重要现象,离不开整个社会的文化发展。而我国的当代文化,已越来越走向多元化。我们正在追求现代化。高雅文化也好,通俗文化也好,文化的现代化趋向,日益成为主流。但现代文化是否一定都好,前现代文化就一定都不好?后现代文化现象也在渐渐出现,我们如何看待这些错综复杂的文化现象?这倒提醒我们在这急奔现代化的急剧变化时代,必须更加注重历史的辩证法,从而尽可能避免西方在现代化过程中出现的历史失误。

如今,我们都很注重"存在",不时听人说,存在就是合理。然而,所谓"合理"有两层意思,一是说存在的必有其理由,自有其道理;二是说存在的符合真理,此存在乃是历史发展应有的。黑格尔所说,存在的就是合理的,乃是说的第一层意思,事物的存在都有自己的缘由,不可能无缘无故地存在。这是一种事实判断。而第二层意思,说的乃是这存在是否符合历史发展的必然要求,对历史发展具有肯定价值还是否定价值,这是价值判断。事实判断和价值判断,两者有联系,但不能混淆。如今,我们在评价错综的文化现象,常只满足于描述,却不愿作价值分析,甚至颠倒黑白、混淆美丑,实应引起我们的高度关注。

我国的文艺创作数量正在急剧飙升,且不说那积压了多少的电视剧,前几年,仅长篇小说就年产约800部左右,但究竟有多少是按照美的规律创造的?三年前,《布老虎丛书》高悬百万酬金想征集现代爱情小说优秀佳作,要求小说写出九十年代的现代爱情,但要体现"中国古典浪漫主义艺术精神"。小说要逼近现代生活,而"内在的意蕴走向要超越现实,能够在小说开辟的虚构境界上完美地表达作家的审美意图和生命理想,并对人类普遍面临的爱情处境作出自己的回答",从而给予人真正的审美享受。征文一出,应者如流,收到书稿600多部，但只有一部《比如女人》差强人意，却亦未能入选。看过书稿的评论家分析，目前小说创作中存在的主要问题，乃是：价值观念混乱，使人无所适从；审美境界不高，缺乏审美理想；过多的感官刺激，停留在生命浅层。看来，当代文艺学应更多关注当下现实，探索文学艺术如何按照美的规律来创造。

当代文艺学需要扩展文化视野，更要关注对复杂的文化现象作价值分析，辨别真、善、美和假、丑、恶。因此，我们不仅需要发展文艺美学，也需要发展文化美学。

更进一层，我们还要学会如何按照美的规律来安排这个世界，安排人类自己的生活。人生活在这个世界之中，离不开周围环境。人和世界的关系，不仅只是功利关系，还应建立审美关系。杜夫海纳把这称之为"人类与世界最深刻和最亲密的关系"（《美学与哲学》）。在这个关系中，作为审美主体以及审美客体都是活生生的客观存在。大自然，作为审美客体，有丑也有美，而且，自然之美并不必定就比艺术之美低。当平庸的、拙劣的、庸俗的艺术充斥于世之时，人们宁愿逃出重围而走进大自然的怀抱，去享受那自然之美。

蔚蓝的天空，悠悠的白云，灿烂的阳光，叮咚的泉水，弯弯的小河，高高的山峰……大自然中客观存在着美。清人叶燮说得好："凡物之美者，盈天地间皆是也，然必待人之神明才慧而见。"（《已畦文集·集唐诗序》）大自然中充盈着美，就看人能不能去发现。人能否发现大自然中之美，这有诗人是否具有审美素质，这是人类历史长期发展的结果，人的本质力量的表现。只有具有审美素质的人，这美景、美物才成为他的审美对象。正如马克思所说："忧心忡忡的穷人甚至对最美丽的景色都无动于衷；贩卖矿物的商人只看到矿物的商业价值，而看不到矿物的美和特性。"（《1844年经济学—哲学手稿》）但是，景物之美，矿物之美仍是客观存在，是自然的一种价值属性，并不能因商人、穷人不会欣赏而否定其自身价值。大自然的天然之美，并不是因为自然被人化了，打上了人的烙印，被人的本质力量对象化了，而是因为自然山水进入了社会联系之中，它作为审美客体，客观上对于人的全面发展具有肯定的、积极的、正面的意义。大自然本身对于人类客观上存在着一种潜能，对人类具有肯定或否定的意义，因而具有价值。马克思对唯物主义的创始人培根所说的一番话极为赞赏："物质带着诗意的感性光辉对人的全身心发出微笑。"在人和世界的和谐关系中，自然美向人呈现出来。随着人类实践活动的扩大和实践能力的提高，大自然的天然之美，越来越多地被我们发现。人和大自然的审美关系，将越来越广阔。

人生活在这个世界上，必然要和自然进行物质、能量和信息的交换。在人和大自然的紧密联系中，发展出了审美关系。清代文史学家章学诚说得好：世上万事万物，因象而见，有"天地自然之象"，也有"人心营构之象"。自然美就因有"天地自然之象"而为我们所感受到。"天地自然之象"不同于"人心营构之象"。张潮在《幽梦影》中就提道："有地上之山水，有画上之山水，有梦中之山水，有胸中之山水。地上者，妙在丘壑深邃；画上者，妙在笔墨淋漓；梦中者，妙在景象变幻；胸中者，妙在位置自如。"

多年来，我们的美学更多把关注的目光放在研究审美活动的心理分析上，这自然有历史的缘由。朱光潜的文艺心理学曾长期被忽视，我们自然要继续接着说下去。但是，若美学只研究审美活动，甚至把美学只归结为审美学，忽视实践创造中的"美的规律"，那就又把美学引向狭窄的道路。其实，美学不仅研究审美活动，物的生产，心的生产（精神实践活动）以及人自身的生产，都存在符合不符合"美的规律"的问题。"美的规律"存在于人类的多种多样的关系和活动中,席勒在《审美教育书简》的第二十五封信中说道:"美对我们来说固然是对象,因为有反思作条件,我们才对美有一种感觉;但美又是我们主体的一种状态,因为有情感作条件我们对美才有一种意象。因此,美固然是形式,因为我们观赏它;但它同时又是生活,因为我们感觉它。总之,一句话,美既是我们的状态,又是我们的行为。"[1]艺术的创造,本身就是一种创美活动,它凝集了在世的人生体验(审美活动),进而促进人的育美活动。人生的最高境界是追求真善美,而人类的求美活动又表现为审美、育美、创美的互动。因此,我们的美学,不仅应该研究审美活动,而且更应探索创美活动和育美活动中的美的规律。

一九九八年冬,深大新村

原载《文艺美学论》,华中师范大学出版社2000年版。此书收入钱中文、童庆炳主编的《新时期文艺学建设丛书》。2015年收入海天出版社出版的《胡经之文集》第一卷。

---

[1][德]席勒:《审美教育书简》,冯至、范大灿译,北京大学出版社,1985年版,第133页。

艺术应求真善美

随着我国现代化建设的全面发展,文化的现代化建设也在加快推进,文化事业和文化产业双翼齐飞,蓬勃发展。文化生产的规模、技术和数量急速提升,空前未有。数年前,长篇小说年产还只千部左右,到了今年(2014),竟已跃升至四千余部。电视剧的数量,也已达到年产一万七千多集,但能实际播放的,只有一半左右,出现了供过于求。

但是,数量如此众多的文化产品,为广大读者、观众、听众所喜闻乐见的文化精品却不是太多,不能满足广大人民日益增长的精神需求,和他们对于真、善、美的渴望和追求。习近平在前不久主持文艺座谈会,指出了当前文化艺术的不足,存在着"有数量,缺质量,有'高原'而缺'高峰'的现象"。这种现象的出现,当然有多种多样的原因,颇可引起我们作进一步的深思,作些理论的探索。

文化生产要发展,当然要遵循所有生产(包括物质生产)共有的普遍规律,但更不能违背精神生产自身的特殊规律。我们需要更加重视精神生产特殊规律的研究。

马克思主义创始人把精神生产看作是一种"生产的特殊形式",以区别于物质生产和人类自身的生产。整个社会的全面生产,主要有三大部类:物质生产、精神生产和人类自身的生产。为了简化,我在数年前曾称之为:物的生产、心的生产和人的生产。这三类生产，相互联系，彼此促进，构成整个社会生产的有机整体。马克思说得好，"不应把社会活动的这三个方面看作是三个不同阶段，而只应看作是三个方面"，或者，"把它们看作是三个因素"①。这三类生产都受生产的普遍规律所支配，但是，每一部类的生产，又都自成特色，具有各自的特殊规律。

人类的实践活动，是人的有意识的活动，既要付出体力，又要运用心力，既要"做"，又要"想"，是体力劳动和脑力劳动的结合。但是，不同的生产实践，其体力和心力的结构方式不同，着力点不同，因而就有了不同的结果。物质生产的活动方式是以体力劳动为主，成果为物质产品，功能则是满足人类的物质需要。精神生产的活动方式是以脑力劳动为主，成果是以符号为标识的精神产品，功能则是满足人类的精神需要。

然而，无论是物质生产还是精神生产，其产生和发展都是为了人类自身的生产和再生产，使得人类的"现实生活"或"直接生活"能够进行下去。人的自身生命的生产，既包括个人自我的生命生产，又包括他人生命的生产，由此而又生发出社会关系的生产。在人和人的交往中，产生了社会关系。这是人自身生产的延伸。马克思、恩格斯在《德意志意识形态》中说："一开始就进入历史发展过程的第三种关系是：每日都在重新生产自己的生命的人们，开始生产另外一些人。"一旦人的生命的生产开始，生命生产"就立即表现为双重关系，一方面是自然关系，另一方面是社会关系"。随着人的生命生产的发展，人的自然关系和社会关系逐渐复杂起来，人的物质生活，精神生活和社会交往生活日益丰富，对物质生产和精神生产就会有更高的需求。

---

① 《马克思恩格斯选集》第1卷，人民出版社，1995年版，第80页。

物的生产、心的生产、人的生产，这三类生产自人类历史最初起就同时存在着。但是，这三类生产的地位和作用，却在不同时代有着历史的变化。在人类历史的初级阶段，人的生产占着最重要的地位和作用，正如马克思所说，"人的依赖关系（起初完全是自然发生的），是最初的社会形态"，此时，个人主要靠人与人的相互依存而生活，物质生产和精神生产还只能在狭窄的范围内和孤立的地点存在和发展。要在物质生产有较大发展之后，社会才进入到第二种形态，那就是"以物的依赖性为主要基础"的时代。历史从前现代发展到现代，现代化的结果是物质生产提升到了支配的地位，个人也通过交往关系的发展而从人的依赖关系中解脱出来，具有了相对独立性。但是，人类并不会仅停留于此，随着后现代的到来，精神生产的地位和作用正在日益上升。未来还将发展到第三种社会形态，那就是在物质生产和精神生产的高度发展的基础上，个人得到全面发展而获得自由个性的时代。此时，人的生产，物的生产，心的生产都将得到高度的、协调的、和谐的发展。

但在当今世界，社会发展极不平衡。一些国家至今尚处在贫困落后的前现代，发展物质生产尚是当务之急。一些发展中国家，在发展物质生产的同时，已意识到也要发展精神生产。而一些发达国家已从现代发展到后现代，走向信息社会、知识经济时代、文化生产的比重已日渐超过物质生产。我们这个世界上的人口大国，虽然已发展成为仅次于美国的第二大经济体，但还仍在走向现代化的路途中，尚在为全面实现小康而奋斗，物质生产仍需第一位。然而，当今中国，发展也不平衡，前现代、现代和后现代同时并存，对不同领域的生产，需作具体分析。在我们的物质生产领域，已经出现结构性的产能过剩（如钢铁，水泥，煤炭，玻璃等），需进行调结构、快转型。在发展高新科技产业以外，更应致力于文化产业的发展和提升，加快向知识经济、信息社会转型。当前，精神生产的地位和作用更显得重要。

精神生产领域，最重要的是两大部类，一是科学技术，二是文化生产。科学技术在当今世界已发展成为第一生产力，不仅直接应用于物质生产，而且也成为文化生产的重要手段。文化生产则为时代生产意识形态，提供价值理念，引导社会走向先进方向。科学精神和人文精神，是我们这个时代理应高扬的时代精神。

精神生产当然要以物质生产为基础，但精神生产反过来应该而且可以促进物质生产的提升。精神生产不仅为物质生产提供精神动力，而且也为物质生产的提升提供更新手段。物质生产要有新的创意和设计，才能生产出创新产品，而创意和设计就有赖于精神生产的发展。精神生产越来越渗透到物质生产中去，甚至成为主导因素。物质生产要提高层次、升级换代、结构调整等等，都急需精神生产的参与，物质产品要增加精神含量，才能升值。中国已经迈向生态文明时代，面对自然资源不足，自然环境恶化，我们更应控制物质生产的规模，加快质量的提升，更加重视精神生产的发展。

但是，发展精神生产并不仅只是为提升物质生产的水平，更加重要的是，其根本目的更在于促进人自身的生产和再生产要向培养全面的自由个性这个方向发展。自由个性，是德、智、体、劳、美全面发展的结晶，不可能只凭物质生产的发展来实现，更需要精神生产的发展来促成。精神生产不仅能满足人类的精神需要，更能提升人的精神境界，塑造具有真、善、美品行的人格。

物质生产只能创造硬实力，精神生产方能创造软实力。精神文化有两大类型，马克思对此曾作过考察。一是静态的物化产品。作家写出的作品，画家创制的画作，雕塑家塑的雕像等等，这都是创造活动的结果，精神凝结在符号中，以物化的形式存在。二是动态的行为活动本身的呈现。教师、演说家和一切表演艺术家的表演，不是以静态的物化形式，而是动态的活动本身的存在，给人予精神享受，此时的产品和生产行为不能分离。不论是静态的物化产品，还是动态的表演行为，作为精神文化，都不应是简单的重复，最突出的特点乃在于要求创新。不是去重复别人的复制，而是别具风格的创新，这是文化艺术的必然要求。但是，对于文化艺术说来，创新还仅只是一个初步要求，创新的更进一层是要创优，要使精神产品更加优化，新而不优，难成精品。艺无止境，文化艺术不仅求新创优，更进一层，还要从优化进而追求卓越，在众多的精神产品中出类拔萃，卓然超群。当务之急，我们的文化艺术生产不是要在量上扩展，而是要在质上提高。我们花了巨大的人力、财力、物力投入精神生产，但产出的平庸之作太多，更有不少伪劣商品，而精品杰作，却多乎哉？不多也。

　　文学艺术的创造自有独特的规律。不错，文学艺术作为精神生产的一种，也可以成为商品，因有具有交换价值，并能产生剩余价值。马克思曾以歌女的歌唱为例，说明歌女可以自行卖唱，维持生计，也可以被剧院老板雇用，从而为老板赚钱，生产剩余价值。但是，文学艺术更重要的价值还是精神价值，因而绝不能沦为市场的奴隶。作家弥尔顿创作了《失乐园》，当然可以到市场出卖，成为商品。但正如马克思所说："弥尔顿出于同春蚕吐丝一样的必要而创作《失乐园》，那是他的天性的能动表现。"艺术生产出来的是精神价值。

　　人类生产的最高精神价值应是真、善、美。早在1844年，马克思就提出了人类的生产，应有真、善、美三个尺度，应该而且能够按照美的规律来创造。马克思说，动物也能进行生产，但是"动物只是在直接的肉体需要的支配下生产，而人则甚至摆脱肉体的需要进行生产，并且只有在他摆脱了这种需要时才真正地进行生产"。人不仅能从事物质生产，更能进行精神生产。马克思最后概括出了人类生产的最根本的原理:"人则懂得按照任何物种的尺度来进行生产,并且随时随地都能用内在固有的尺度来衡量对象;所以,人也按照美的规律来塑造物体。"这里,马克思对人类的生产提出了三个尺度,一是真的尺度,要懂得任何物种的尺度,即物的尺度;二是善的尺度,运用人的内在尺度来衡量对象,即人的尺度;三是美的尺度,要按照美的规律来创造。

马克思虽然未曾来得及对"美的规律"作进一步的阐发,但对美的重视却一直持续到晚年。他曾摘录了弗舍等美学家的言论,对席勒所说的一番话颇感兴致,摘录了下来:"美既是我们的对象,又是我们的主体的情状。美是形式,因为我们判断它,但它也是生命,因为我们感觉它。它既是我们的情状,又是我们的作为。"

综观中外古今,文学艺术之所以具有不朽的魅力,那都是符合真的尺度、善的尺度和美的尺度的独特创造。不同的艺术的价值重心可以不同,有的重真,有的重善,有的重美,但艺术的最高境界,乃是真、善、美的统一结晶。正如习近平所说,真、善、美具有永恒价值,追求真善美是文艺的永恒价值。文学艺术应该表现自然的美、生活的美、心灵的美,直至信仰的美、崇高的美。这是人类文明价值的高度概括,值得我们永远汲取。

二〇一四年冬,深圳湾望海书斋

原载《胡经之文集》第一卷,海天出版社2015年版。

第二编 文化美学

走向文化美学

也许仅只是我的一种直觉印象。我感到,文艺学或艺术学在近几年正向两个方向发展:音乐、舞蹈、美术、戏剧、影视等的研究越来越趋向门类专门化,音乐美学、舞蹈美学、戏剧美学等越来越深入探索不同艺术独具的艺术奥秘,各自遵循的"自律"。但是,对文学的研究,却越来越趋同于文化普适化,把文学与整个文化融合起来,逐渐向文化研究转移。

本来,多年前就知道西方当代美学早已出现向文化研究转移的趋向,没有想到,这种趋势很快在我们这里也出现了。

有朋自远方来,畅谈之后更加深了我的这种印象。多年不见的香港中文大学美学教授王建元博士前不久来访,这位在台湾曾以研究"雄浑""崇高"著名的美学博士,坦率告诉我,他现在不研究抽象的美学问题了,已经转向文化研究,关注很具体的文化现象,如:西方文化如何影响香港文化,香港如何应对迪士尼乐园落户,等等。

当然也有不同声音。香港另一位朋友,美学教授刘昌元博士就不以为然。在最近一次美学的国际研讨会上,他宣读了一篇长长的美学论文,还是探讨美学的基本理论问题。他对我说:美学自身的基本问题,不能由文化研究所替代。他还将继续作美学沉思,不想转移。他对美学的执着，令人敬佩。

我却觉得，美学、文艺学的这两种发展趋势，相反却又相成。自上而下，由下而上，应可互补，关键是如何将两者结合起来，促成新的整合。

我向来十分敬重哲学美学，但我不满足于仅对审美作哲学结论，而希望美学能解释人类具体的审美和创美。艺术创造和艺术审美，乃是人类审美现象中的一种独特形态，和自然审美、文化审美相比，有其独特的性质和规律。因此，在八十年代初，我热切期盼发展文艺美学或艺术美学。如今，文艺美学的发展成了文艺学中的一个学科方向，绘画美学、音乐美学、电影美学等也都在向更纵深的层次发展。我想，文艺美学或艺术美学还应有新有发展。

美学的领域广阔得很，它至少应对这两类审美现象作出理论概括：一是对自然的审美，二是对人文的审美。艺术创造和艺术审美，只是文化现象的一种，属艺术的文化。

大自然为人类带来了连绵不尽的美感。我们赞叹大自然之美，鬼斧神工，自然天成，不由人力所致，具有独特的魅力。随着人类实践领域的扩展，人在大自然中越来越多地发现天然之美。伴随而来的自然生态环境日益恶化，天然之美会越来越显得珍贵。中国传统美学对天然之美情有独钟，对自然审美有许多真切的体会和精辟的描绘。但是，对自然如何审美和自然本身怎么会美究竟不是同一回事。对自然本身之美至今尚未有一个合理的符合实际的解释。物种自然属性说，人的本质力量对象化说，都不能令人满意。还是马克思主义的价值论可以把我们引向对自然美的更合理的解释，似应大有可为，且可发展为一门新的学科：生态美学。前两年，我在主编《人与自然》丛书时，就期盼"生态美学"的早日出现。只是，我心目中的生态还是以人为本，人占有特殊的生态位，能发挥主观能动性，对生态进行调整。

但人生活在这个世界上，已不可能完全回归自然。我们每个人都已不可能脱离人自己创造出来的文化世界。

对于我们生活于其中的文化世界，我们可以从不同的角度去对待，但我最感兴趣的还是如何从美学的角度来审视。我们需要各种各样的文化研究，我更希望走向文化美学。

文化之美是人所创造的美，不同于天然之美。美，并非都是人的创造；劳动创造出来的，也并非必美。文化，正如其他实践一样，可以创造出美，也可以创造出丑。如果人能按照美的规律来创造，人类就能创造出美。但是，如果人类劳动违反了美的规律，创造出来的就不一定美。人间有多少假、丑、恶！这不都是人的自我异化活动中滋生出来的吗？那么，人间的文化创造，怎样才能符合美的规律，这是文化美学必须回答的首要问题。进一层，人间的文化创造，并不只是仅为满足审美需要而展开的，很可能首先是为满足实用需要，甚至可能把交换需要放在首位，交换价值的无限扩展，追求资本的增值，把人引向异化的道路。马克思在《资本论》，特别是在第四卷《剩余价值理论》中，科学论证了使用价值、交换价值、剩余价值的联系和区别。使用价值不像交换价值（它表现的是人和人之间的关系），它"虽然是社会需要的对象，因而处在社会联系之中，但是并不反映任何社会生产关系。"使用价值反映的是人和自然的关系，是"对人的需要的关系的物的属性"。马克思在《政治经济学批判》一书中，曾以钻石为例，阐明使用价值不同于交换价值："这个商品作为使用价值是一颗钻石。从钻石本身看不出它是商品。当它作为使用价值时，不论是用在装饰方面还是机械方面，在娼妓胸前还是玻璃匠手中，它是钻石不是商品。"[1]钻石的使用价值也有多种多样，既有实用价值，也有虚用价值，但都是使用价值而不是交换价值。在马克思看来，审美价值是使用价值的一种，满足的是精神需要。文化美学应沿着马克思的价值学说，进而探讨人类的文化，应如何按照美的规律来创造。人类创造的文化产品的交换价值、审美价值和符号价值等，应是什么结构关系，这也是文化美学必须回答的问题。按照"资本的逻辑"，交换价值需主宰使用价值；但遵循"生活的逻辑"，交换价值应服从使用价值。消费社会的来临，更使符号价值凸显出来，把审美价值沦为资本的奴隶。文化产品成为商品之后，社会应如何调节，值得及早研究。

人，更应成为文化美学关注的中心。人是万物的尺度，万事万物之所以有美丑，乃是因为它们对人来说具有肯定还是否定的客观价值。人类的三大生产、物质生产、精神生产，以及人自身的生产要相互促进，良性互动。但最根本的还是人类自身的生产。人类之所以要创造文化，乃是因为自然不能完全满足人。人生活在这世界上，不仅只是为了生存，还要求发展，更要完善。所以，人要按照美的规律来创造文化，不断在创造中自我完善，成为自由而全面发展的完整的人，和周围环境（既有自然环境，又有人文环境）达到动态平衡。当然，人的自由本性的发展，人的理想人格的建立，人和环境的动态平衡，是不断发展的历史过程。马克思在1857—1958写的《经济学手稿》中，曾这样论述人如何从现有环境中获得自由的历史过程：先是"人的依赖关系"的时代，个体不能独立，只能依赖于人才能生存。二是"以物的依赖性为基础的独立性"的时代，个体从人的依赖关系独立出来，却又堕入依赖于物的关系之中。三

---

[1]《马克思恩格斯全集》第13卷，人民出版社，1986年版，第16页

是"建立在个人全面发展和他们共同的社会生产能力成为他们的社会财富这一基础上的自由个性"的时代。①

"人的依赖"时代,就是我们所说的前现代。"物的依赖"时代,包括现代、后现代的整个现代化时代。而"自由个性"的全面发展,更需我们面向现实,作更为深入的探索。每个时代,都有自己的文化,文化美学应该面向自己时代的文化现象。

我们这个国度,现正处在社会主义初级阶段,正在为实现社会主义现代化而奋进,目标自然是朝向着"自由个性"全面发展方向。但中国地广人多,各地发展极不平衡,广大的西部地区,正力争全面实现小康,由前现代向现代转化。就是沿海发达地区,也还在为基本实现现代化而奋斗,前现代的文化现象也还到处可见,而西方却已舶来后现代文化。这样,我国目前的文化现象,极为错综复杂。我们急需对现代化过程中涌现出来的错综复杂的具体的文化现象作文化研究,也需要及早对文化发展作宏观审视,从整体上关注文化发展的美学方向。

文化美学、文化研究,两者相辅相成,相联系而又各有区别。在我国,都应受到重视,都该得到发展。

关于文化研究,美国学者卡勒教授在《当代学术入门 文学理论》(辽宁教育出版社、牛津大学出版社,1998年版)一书中曾有较为精辟的评述。文化研究在西方从二十世纪六十年代兴起,但其实在十九世纪就已有萌芽。从歌德、爱默生的时代就出现了一种新型的著作,它既不是评介文学作品,也不是思想史,也不是哲学、社会学,而是所有这些融为一体,形成一种新的类型。到了二十世纪的六十年代,从事文学研究的人开始研究文学之外的著作。文化

---

① 《马克思恩格斯全集》第46卷上,人民出版社,1986年版,第104页。

研究已经不只是对文学作研究,而是涉及广泛的社会领域,用卡勒的话说,它"包括人类学、艺术史、电影研究、性研究、语言学、哲学、政治理论、心理分析、科学研究、社会和思想史,以及社会学等各方面的著作。"(第4页)发展到九十年代,文化研究的对象,已扩展到整个广义的文化领域:"令人吃惊的是,随着文化研究的发展,已经说不清它究竟跨了多少学科。"(第45页)文化研究已近包罗万象,从莎士比亚到肥皂剧,从弥尔顿到麦当娜,从失乐园到迪士尼,高雅文化和通俗文化,都在文化研究视野之中。

文化研究是从文学研究发展而来,那么,文化研究兴盛起来之后,还需要文学研究吗?文化研究有利于文学研究的深入。按卡勒的说法,"文化研究因为坚持把这研究作为一项重要的研究实践,坚持考察文化的不同作用是如何影响并覆盖文学作品的,所以它能够把文学研究作为一种复杂的、相互关联的现象加以强化。"(第50页)但是,文化研究并不能替代也不会取消文学研究本身。文学研究应该深入研究作为艺术文化之一的文学的特殊性:"文学研究关注的要点正是一部作品与众不同的错综性。"如果不能掌握文学的特殊性,而只停留在文化的一般性,"文化研究很容易变成一种非量化的社会学,把作品作为反映作品之外什么东西的实例或者表象来对待,而不认为作品是其本身内在要点的表象。"(第53页)所以,卡勒在这部《当代学术入门 文学理论》中,主要还是在阐释文学的特殊性,语言、修辞、叙述、意义、解释等仍然是主题。

我国的文化研究也在近几年兴起。我们也有了《文化研究》杂志,文化研究文章也多了起来。关注文化热点,分析文化现象,涉及教育、家庭、男性、女性、扶贫、下岗、腐败、污染、色情、暴力、黑社会、全球化等等,都是社会关注的现实问题。我们的美学也在面向现实,剖析当代审美文化现象,出现了多部研究当代审美文化的专著，使人耳目一新，令人鼓舞。美学如能面对当下现实，更多关注文化现象，进一步发展，正可走向文化美学。

无疑，文化美学首先应关注当代审美文化。但当代审美文化并不只限于大众文化，高雅文化当亦在其列。文化美学可以通过对高雅文化和通俗文化的研究，探索当代文化如何走雅俗共赏之路。不只是当代审美文化，就是非审美文化也应列入文化美学的视野。艺术文化之外，政治文化、道德文化、科技文化、教育文化等也应得到文化美学的关注，从美学上加以审视、评析。研究领域因现代化的发展而日益扩大，这正是文化美学和文化研究相近之处。然而，西方在解构主义、反本质主义兴起以来，文化研究关注具体问题的具体分析，从一个具体问题引发出思考。像福柯的《性经验史》（上海人民出版社2000年版），就把"性"放在具体的历史中来评说，"把原本相去甚远的、各个不同领域里的东西：一些我们认为与性有关的行为、心理的区别、身体的部位、心理的不同反应，还有最不同的社会意义，组合到一个统一的范畴之内（即"性"）。（第6页）文化美学也重视具体的文化现象，并从文化研究中吸收养料；但更应重视归纳，从众多的文化现象作出的分析中，从美学高度进行思考，作出理论概括，走向文化美学。

文化美学是文艺美学的扩大和延伸，不妨先从研究大众文化着手，作些美学探索，然后再逐步推进到更广的领域。但精神文化应成为文化美学的基本对象，对真善美的追求，应是文化美学的终极目标。

无疑，我们要密切关注西方的文化新思潮，但并非要我们去赶浪潮。文化美学还是要面向我们自己的当下现实，研究文化实践中出现的新问题，而且，决不能丢弃我们自己的价值取向，要有我们自己的价值评判。也只有这样，我们的文化美学才能对世界先进文化的发展作出独特的贡献。在1995年深圳召开的国际美学会议上，法国一位美学和艺术学教授曼纽什在题为"中国哲学对西方美学的意义"的发言中说道："我期望随着中国思想对西方美学影响的增长，会产生这样一个结果：目前流行一时的一些方法论论述，诸如读者反应批评主义、结构主义、后结构主义、解构主义、新历史主义等等，最终都将变得了无意义，因为所有这些被人们大量讨论的主义，早就失去了其应有的目标：视觉艺术和文学。相反，艺术对人之存在的意义问题，将再次变成人们注意的焦点。"

深圳大学是所年青学校，但近二十年来，陆续来了许多青年学者，如今已成长为学术中坚。我们约请了热心文化的人文学者分别撰写了专著，编成一套《文化美学丛书》出版。希望这套丛书能对文化美学的发展，起一些积极作用。

为《文化美学丛书》所作总序
二〇〇〇年秋，深大新村

原载《学术研究》2001年第1期，后收入《胡经之文丛》，作家出版社2001年版。2015年收入海天出版社出版的《胡经之文集》第四卷。

文化美学应时生

时代需要文化研究

大众文化的兴起,引发了文化研究,并在不断拓展新领域,很多年轻学者都在转向文化研究,令人高兴。本来,中国在迅速走向现代化的过程中,各种文化现象纷纷涌现,时而令人振奋,又时而使人困惑、眼花缭乱。文化研究能把视角转向当下现实,捕捉社会实际中的复杂现象,深入剖析,这正是适应了现实需要,使人耳目一新。

目前的文化研究,已出现了三种类型:一是对所有社会现象作研究,经济、政治等现象都已包括在内,从饮食男女,穿着打扮一直到社会暴力、黑暗势力都在文化研究的视野;二是,对社会中的精神文化现象作研究,研究对象缩小到哲学、宗教、道德、艺术等领域;三是,对精神文化中的更小范围作研究,对象专注于文学艺术这类现象。依我看,这三种类型的文化研究都有自己的发展前景。这也正说明了,文化研究并不限定于一个学科,而是一种跨学科研究;有些文化研究的倡导者,就是要消解学术殿堂已有的学科,跨越各种各样学科的限制。这也无妨,关键是要有正确的价值评判，并逐步走向探索文化发展的规律。

文化现象错综复杂。以研究世界的复杂性著称的哲学家埃德加·莫兰在他的《迷失的范式：人性研究》一书中就阐明了，人类社会远比自然界复杂。自然界已够复杂了，但"在自然界享有最大自由的人类社会"能够以"对自然界的多种依存性来滋养它的自主"，变得更为复杂、丰富、多样。而人类社会中最复杂的还是"人类个体"，这是个"复杂性的最后果实"，"对人类社会既享有最大的自由，又具有最大的依赖性"。这个"人类个体"的活动，只能在两个重叠的层次上展开，"而这两个层次又是相互依存的：它们一个是社会环境系统，一个是自然环境系统。""人类个体"既生活在自然环境中，又生活在社会环境中，为了既适应环境又改造环境，就产生了多种多样的文化，物质文化，精神文化，社会文化等等，并且都各自有其独特的复杂性。文化研究可以自由选择研究不同文化的复杂性，但我更有兴趣的是关注其中的规律性。

文化是人创造的，但却是许多"人类个体"共同创造的结果。恩格斯在给约·布洛赫的信中曾精辟地分析了历史事变是怎样创造出来的。许多的"人类个体"都参与了进来，"融合为一个总的平均数，一个总的合力。"由于有众多个体的参与，"这样就有无数相互交错的力量，有无数个力的平行四边形，而由此产生出一个总的结果。"作为历史现象的一种，文化也是这样创造出来的，社会文化的复杂性就更为突出。作为总的合力，总的平均数，总的结果，社会的规律不依个人的意志为转移。但是，恩格斯进而阐明了，个人的意志也参与了历史，"每个意志都对合力有所贡献，因而包括在这个合力里面。""人类个体"具有相对独立性，面对复杂的社会环境和自然环境，既要掌握社会规律，又要掌握自然规律，方能生存、发展和完善，这里就生成出个体如何处理和周围环境的关系的人文规律，以和社会规律、自然规律相联结。美的规律就属于人文规律，要把自然规律和社会规律同人类个体自身的生活规律联系起来，以求得人类个体和周围世界达到动态平衡的最佳状态。

研究文化也需要美学

文化研究走向跨学科，但对文化现象的研究确也可以从美学的角度来研究。

所谓文化，就是"人文化成"，乃相对于天然而说的，本来就包含了两个方面：一是"人化"，把"物"按照人的需要加以加工改造，二是"化人"，使"人"的品性自身得以提升，"人化"和"化人"相互促进，使文化不断从野蛮向文明提升，向真善美方向发展。文化的产生和发展，使得我们这个世界就有了三个层次：一是天然的世界，这是一个广阔无限的没有人涉足的大自然；二是虽然还没有人化，但已和人类发生了社会联系的自然；三是人化自然，不断被人加工改造着和扩展着的世界；在这基础上，进而生成了由人类自身构成的社会。美学研究人类的求美活动，不仅涉及艺术审美、文化审美，而且还涉及自然审美，特别当我们的生态环境日益恶化之时，就更需要研究自然审美（包括如何保护天然生态之美以及如何按照美的规律来改造自然）。美学要面向现实，生态美学确实大有可为。但在当下，我们又面临着另一种现实，那就是在发展的过程中，又在生产着许多文化垃圾，我们的美学如何应对？我觉得这就需要发展文化美学，研究我们的文化生产如何按照美的规律来创造。文化既然包含"人化"和"化人"两个方面，那么，无论是物质文化还是政治文化，精神文化都应按美的规律来创造，都为满足人的需要。不过有的文化主要用在实用，而有的文化主要是为虚用。经济、政治、文化，这里说的文化，主要用来说精神文化，这也正是文化美学应作为重要考察的对象。精神文化的创造也是一种实践活动，是精神生产，主要靠精神劳动。但若精神劳动还只停留在脑海中，那还不算是实践，而仅只是虚践。虚践也是一种存在，但不是实在，而只是虚在。这头脑中的虚在要经由物质实践，或通过精神实践用符号来物化，才转化为实在。作为精神生产的产物，精神文化是符号化了的文化，把人的精神世界予以符号化了。作为商品生产的精神文化产品，实用价值、交换价值、审美价值和符号价值常交织在一起，文化美学要重点研究审美文化，必然要研究实用价值、审美价值、交换价值以及符号价值之间的关系，更要研究审美价值和其他精神价值（认识和评价、思索和感悟、科学和道德等）的关系。真、善、美这古老命题，在当下现实中究竟有了什么新的内容，需要文化美学作新的阐释。大众文化发展起来之后，中国的审美文化格局发生了新变，大众文化、主导文化、高雅文化三足鼎立，互补互动，相互影响，共同促进了当代审美文化的发展。随着社会现实和思想观念的急遽变化，崇高和荒诞、悲剧和喜剧、优美和丑恶等等都会产生新的内容和形式，需要文化美学从现实生活中的实际现象出发，作出新的阐释，如色情、暴力、权谋等等文化现象，如何从美学上给予评判等等，需要研究的问题多多。审美文化是为满足人的审美需要的，可什么是人的审美需要，和人的其他需要是什么关系？马斯洛把人的需求分了好几个层次，我看，主要是三个层次：生理需求、心理需求、精神需求。这三者是什么关系，精神现象学正在深入研究。文化美学自然也不能回避这样的问题：审美愉悦究竟和生理快感有什么样的联系和区别？对娱乐性不妨作些更深入的研究，区分一下审美的娱乐和其他娱乐的区别，以利大众文化向先进文化方向发展。

随着日常生活的渐趋审美化，今人的视听等五官感觉日益精致，物质生活的丰饶使官能享受迅速发展。但文化美学应及早提醒世人，不要过多沉湎于官能享受，而应关注提升审美文化的水平，在"五官感觉"之上，更要着力于培育和发展马克思所说的"精神感觉"和"实践感觉"（意志、爱等等）。

文学艺术仍需要美学研究

大众文化的发展，推动了艺术的生活化，生活的审美化，审美向生活渗透和泛化，于是，美学的领域正在日益扩展，文化美学必然也更关注生活的美学。但这并不意味着艺术和生活的界限消失了，艺术活动也是人的生活活动，但并不就等同于日常生活。审美活动已泛化到日常生活，日常生活的审美因素日益显现，审美性已非文学艺术之专有特性，于是有人以为对文学艺术的研究，已用不着美学，只要文化研究就行。

诚然，文学艺术的生产、交换和消费，作为一种文化现象，应以文化学的角度、视点、方法，把它放在整个文化系统中去进行研究。文化研究拓展了文艺研究的视野，反过来促进文艺研究向纵深发展。把文学艺术放在美学视野中来考察，这是传统美学题中应有之义，因为，文学艺术乃是人类审美活动的集中表现形式。当下社会的急遽变化，使大众文化、通俗艺术空前活跃，传统的文学艺术正在被挤向边缘，不少文学艺术又在走向实用，纯文学走上杂文学，艺术只用来作包装外壳。然而正是在这种现实面前，我们仍然需要文艺美学。诚然，艺术创造和物质生产、日常生活都需要按照美的规律来创造，但艺术创造仍然有和其他生产不同的特点。艺术创造要用物质材料按照美的规律创造出一种符号样式来，但这种美的符号样式却是为了表达出作家艺术家对人生的审美体验，自有独特的创作规律。要把审美体验组织起来，通过意和象的结合，进行构思，转为意象，营构意境，予以符号化，成为一种独特的美的创造，和其他文化产品不同。如今的日常生活，衣食住行，我们都在追寻美，但这并非艺术之美，而是生活之美。艺术美的价值和功能，自有独特的内涵。文化美学要发展，文艺美学也仍需深入。在我们面前，要研究的问题多多，道路十分广阔，从中文系出来而又长于研究的年青学子大可不必担心。文化美学、文艺美学、生态美学、生活美学、城市美学、设计美学等等，都要发展，大家可以依照社会的需要和个人的志趣，各显神通。

我在八十年代初倡导文艺美学，但决不以为美学只研究文艺，美学的领域广阔得很。

从历史发展看，人类长期有美而无学，要到1750年德国哲学家鲍姆加登才提出要建立美学。那时，他还只把美学理解为"感受学"或"感性学"，研究的是"朦胧的认识"，以便和"明晰的认识"相区别，目的是使这种低级认识也能完善，"感性认识的完善"就是美。因此，美学在当时只是一种"低级认识论"。到了康德，才把美学提升到和逻辑学、伦理学相并立的地位，真正成了审美学。审美活动成了独立的研究对象，它虽连接着认识活动和实践活动，但又不是一回事。审美活动是一种感性活动，但感性中有理性，审美理性不同于纯粹理性和实践理性。审美判断是一种感情判断、价值判断。由此，黑格尔把美学称作"研究感觉和情感的科学"。但他的关注重心在艺术，所以把他的美学称为"美的艺术的哲学"，其实，艺术创造已是一种实践活动，是精神实践。到了席勒，更是把美学扩及另一实践领域，即教育实践。他高扬古希腊的美育精神，倡导实施美育，培育人不仅要懂得审美，"对丑恶的东西会非常反感，对优美的东西会非常赞赏";而且,还要从审美中吸取营养,培育美的品性,"使自己的心灵成长得既美且善"。美育是直接育人的实践活动。

到了马克思,美学的关注更从精神生产和人自身的生产延伸到物质生产领域,不仅是康德所关注的道德实践,而且人类的物质生产,都应按美的规律来进行,通过实践来创造美。物质生产如此,那精神生产和人自身的生产就更应重视美的规律了。随着时代的发展,美学应时而进,领域在不断扩展,审美、育美、创美都成美学研究题中应有之义。依我之见,发展到如今,美学的旨归,应是探索人类如何按照美的规律去掌握世界(外在世界和内在世界),从而促进人类的内在世界和外在世界达到动态平衡的最佳状态,和而不同。

在深圳大学中文系研究生座谈会上之发言
二〇〇二年春,深大新村

原载《胡经之文集》第四卷,海天出版社2015年版。

文化美学待深探

社会要以人为本,渐已成为我们大家的共识。个体的生命价值也日益受到重视,个体生命的日常生活已被纳入哲学视野,成为文化哲学的重要对象。从哲学高度来审视人的日常生活,乃文化哲学题中应有之义。那么,美学呢,要否面对日常生活?

当代人的日常生活随着"初级现代化"的推进,正在向全面小康发展,发生了急遽变化,丰富多彩,新奇纷呈。古人云:"食必常饱,然后求美;衣必常暖,然后求丽;居必常安,然后求乐。"审美需要伴随着日常生活的提高也逐渐发展起来。

于是,日常生活中的审美问题也就凸显出来。一方面,审美的日常生活化,多种审美活动逐渐进入普通人的日常生活。"昔日王谢堂前燕,飞入寻常百姓家。"过去只有极少数文化精英、文人雅士所能享受的,如今的"小资""中产"乃至小康人家也渐能享受。生活空间的拓展,自由时间的增多,已容许人们投入更多的审美活动,逐渐使日常生活丰富、完美起来,审美正在逐步走向日常生活化。另一方面,日常生活本身也在逐步审美化。衣食住行、日常起居的消费质量在提高,日常生活的品位在提升,普通人可以从日常生活中获得更多的审美享受,生活本身有了更多乐趣。

无论是日常生活的审美化,还是审美的日常生活化,都在提醒我们，文化美学，应对此加以关注。文化美学理所当然地要把日常生活的美学纳入视野，探索人们应如何按照美的规律来安排生活，什么样的生活才是美好的生活，生活的意义究竟何在。

确实，当代人的审美活动已经超出了文学艺术的范围而渗透到大众的日常生活中，扩及环境设计、城市规划、居室装修等广阔的领域，必然引发人们的美学思考。

日常生活的急遽变化，呼唤文化美学不能只停留在文艺美学，而要进入日常生活领域，探讨生活的审美问题。

审美如何才能日常生活化，关键在于怎样把人类创造出来的人文之美以及由天造地设天然就有的自然之美引进普通人的日常生活。这要历史发展到较高水平才能做到。过去就很难，皇家园林、苏州园林只有极少数人才能享有，就是大山名川，也只有漫游不为稻粱谋的徐霞客等文人雅士方能去体验。如今，现代媒介能把世界文化遗产和世界自然遗产一一呈现于影视屏幕。现在的问题反而是，拥入我们日常生活的审美实在太多，使普通人无所措手足，先进文化能进入日常生活当然好，落后文化、腐朽文化呢？难道都要进入寻常百姓家？我们已经在生活中遭受了那么多的"审美疲劳"，难道还要忍受更多的"审美反感"？我们的文化美学不能不回答。

日常生活的审美化，关键问题则是如何在日常生活中把日常体验提升为审美体验，而不是仅仅沉溺在日常生活的物质消费中。但是日常生活的审美化，是否就消解了艺术？为什么就不能进而促进艺术的进一步提升呢？为什么在把日常体验提升为审美体验之后再提升艺术体验呢？面对日常生活审美化，艺术究竟应何为？

艺术和生活应是相互促进的关系。艺术不必然比生活高明，平庸的、拙劣的艺术远比生活贫乏，这样的艺术若是消解，并不奇怪，也不足惜。但艺术可以而且应该有比生活高明之处。如果艺术真正在日常生活审美化的基础上有更高的提升，艺术怎么会被日常审美化所消解？我们的艺术正应把日常生活的审美体验提升为艺术体验，推进艺术创造更上层楼。

何谓日常生活？日常生活就是每个人都要进行的个体得以生存和再生产的生命活动。衣食住行、起居作息、养儿育女、生老病死、亲友往来、闲聊杂谈等等，这都是日常生活的基本内容，大致包括了个人的日常消费和日常交往以及伴随而生的日常观念活动。日常生活中最紧要的就是每个人如何待人接物、为人处世。

人类对生活的反映存在不同的方式，视要达到什么目的而定。若要认识生活，那就要遵循感性—知性—理性这条途径，获得对生活的理性认识，从理论上去掌握生活。若要去体验生活，获得对生活的精神享受，那就可以沿着直觉—反思—领悟这条途径，获得对生活的深切体验。所谓日常生活的审美，其实就是从日常生活是否能满足人的审美需要这个维度去体验日常生活，在审美体验中获得审美享受。作家、艺术家在从生活中直接获得的审美体验基础上，加以再体验，在再体验中反思，对美、丑、悲、喜、荒诞、滑稽等现象作出审辨、评价，然后加以符号化。在艺术创造中，应有作家、艺术家对生活的审美判断，而审美判断就是审辨什么是美、丑、悲、喜等等。审美一定需要体验，但体验中有理性，有对生活的反思，通过反思而领悟人生的价值、意义。在康德之前，所谓判断力被说成是审辨力，康德之后，审辨力才转说成判断力。审美确是一种体验活动，但这里确实有"审辨"在内，是一种含有"审"的反思性体验。

反思我们的艺术创作，数量的增长飞速，长中篇小说年产已近千部，电视剧也在万集以上，但可称为精品的究竟有多少？精品不多，但平庸之作却不少，很难给人留下深刻印象。武侠、戏说、传记倒出现颇多，但远离当今的现实，恍如隔世，很难引起在世的现实体验，而有的更在欢笑中宣扬暴力、劫杀、权谋。用力在日常生活体验的作品日渐多起来了，一些作品逼真表现出了另类人的"独特"体验，甚至连形形色色的"绝对隐私"也在公众面前大肆渲染。张扬物欲、肉欲、食欲，成了一些卑劣之作或伪艺术的主旨。

我们的许多艺术，内中失去了审美判断力，关键还在价值观念的混乱，价值标准的颠倒。暴殄天物、骄奢淫逸、纸醉金迷、肉欲横流、纵欲无度，这本都是对人的本质力量的否定，是生活中的丑恶现象，可是在一些艺术作品中大肆渲染反而成了一种荣耀。中国还处在社会主义初级阶段，现代化程度尚不高，还属基本小康，正在奋斗走向全面小康，离后现代还差得远。可是，我们的一些艺术已经在为奢侈张扬，夸耀西方消费社会中的奢侈消费、虚假消费、畸形消费、标榜"超前"。其实，早在一个多世纪前，马克思就对那种刺激、畸形消费的"工业宦官"，作过辛辣的讽刺："工业宦官投合消费者的最下流的意念，充当他和他的需要之间的牵线人，激起他的病态的欲望，窥伺他的每一个弱点，然后要求为这种殷勤的服务付报酬。"(《1844年经济学—哲学手稿》)想不到如今有文化人也加入了这个行列，悲哉！

而对韩剧洪流滚滚而来，愤愤不平之声随之而起，韩剧美工布景不精，制作水平不高，角色表演不真，怎么会席卷中国甚至东亚荧屏？这正可引起我们进一步的深思。韩国在经历了东南亚金融风暴的巨大冲击之后，痛定思痛，深刻反思，决定立即转轨，在1982年鲜明提出"文化立国"，文化成了立国之本。发展文化产业当然是"文化立国"的题中应有之义，眼光不能只停留在制作层面，而是着眼于文化内容的探求。为此，2001年，韩国专门成立了宏大的韩国文化内容振兴院，研究中国人的文化需要。正是韩剧重视内容的构思，所以创造出了富有文化内涵的影视作品。

韩剧注重展示普通人的平常生活，不去渲染暴力、凶杀、色情，而是着力突出在待人接物、处世做事中的亲情、友情、爱情。尽管生活中也有丑恶、伪善，但最后还是正义、美好取得胜利。韩剧的主旨是在弘扬东方文化的精髓：社会应该而且可以和谐。

从美学的角度看，韩剧并非完美。但我们可以从中受到启发：艺术手段很重要，但更需我们重视的是文化精神。

日常生活，乃个体生命的根基，人类文化的起点。但在日常生活世界之上，还存在着远比个体生命生产更广阔的非日常生活、超日常生活的生活世界，一个为了社会能再生产而展开的整个社会生活。整个社会的大厦，从经济基础到上层建筑，都奠基于日常生活之上。一个完整的生活世界，乃是日常生活、非日常生活、超日常生活相互渗透、相互促进、相辅相成的动态过程。因此，艺术反映生活也不能仅仅止于日常生活的审美化，而是应着力开掘无限广阔的道路。

二〇〇五年秋，深圳湾望海书斋

原载2005年10月27日《文艺报》，原题"生活审美化，艺术应何为？"。后收入《胡经之文集》第四卷，海天出版社2015年版。

焕发新审美精神

在走向现代化的进程中，审美现代性也悄然而生。改革开放之初的那股文化启蒙思潮，本身就充盈着现代审美精神，推动着文学艺术的与时俱进。大众文化、通俗艺术的兴起，推进了审美现代性的新变，成为我国审美文化的新维度，从而改变了审美文化的格局。如今，主流文化、大众文化、高雅文化已三足鼎立，各显神通，三分天下，各领风骚。在审美文化的发展过程中，三者既分立又互动，相互作用，彼此影响。随着新世纪的到来，国际文化交流的扩大和深入，文化美学要自觉把握这个契机，在促进文化的互动和沟通中提升，向着先进文化方向发展，唤起和焕发新审美精神。

一

从"文化大革命"噩梦中醒来的人们，迎来了精神的自由和解放，对未来充满了美好的憧憬和希望。于是，美学热应运而生，文化生活中洋溢着一股和呼唤现代化相应的现代美学精神。

在改革开放之初的那个年代，大众的生活还远未摆脱贫困，百废待兴，一切都要重新开始，但心里充盈着对美好生活的期盼。所以，这时的审美精神，主要是对未来的一种审美期待、审美向往，呼唤崇高,富有浪漫气息、理想色彩。这种启蒙型的审美精神,高扬人的主体性,呼唤精神的自由和解放,把美看作是人的本质力量的对象化,美也被主体化了,因而成了人的自由象征。

这种富有浪漫气息、理想色彩的现代审美精神,起着呼唤奔向现代化的文化启蒙作用,唤起了我们的自我意识的觉醒。文学艺术中出现的,从舔吮"伤痕"到内心"反思",一直到文化"寻根",其实都渗透着这种启蒙型的审美精神。不过,多年之后,社会生活出现了新的变动,不仅"官本位"未能消退,而且又新出了"钱本位",这两者相互争夺而又相互勾结,权钱交易甚嚣尘上,把文学艺术挤向了边缘。尽管少数精英还在艺术创作中坚守着精神启蒙,但更多的人却转向大众文化、通俗艺术,甚至审美转而向日常生活扩散,促成了审美精神向生活靠近,向实际生活泛化,发展为生活型的审美精神。

也许我从中心走向边缘较早,所以较早就感受、体验了这种审美精神的转变,而不是在书本上。为了能把理性分析和个体经验联结起来,我还得从个人体验切入。

我最早接触的大众文化、通俗艺术是从港台传入的。八十年代初,我第一次看到台湾歌星奚秀兰放歌《阿里山的姑娘》,引起了我的一种惊奇感。这位歌星在台湾并非一流,歌喉只能说圆浑,说不上优美,更称不上高雅,但那唱法却很新颖,充满生命活力,富有青春动感,表情甚为丰富,内容洋溢着生活气息,给人以一气呵成的鲜活之感。过去,习惯了太多的沉闷、迟缓、拖沓的节奏,突然听到了充满青春活力的歌曲,一下感到惊奇,歌还能这么唱!世上还有这样的歌!以后,又听到了三毛的歌曲,邓丽君的歌唱,更加深了我的印象:这同传统的审美已有了很大不同。

受了古典审美的熏陶,我对世界名曲一向充满崇敬,但没有想到，当代钢琴王子克莱德曼竟会那样演奏古典名曲。第一次听到他演奏经他改编后的古典名曲，我的直觉是：这些古典名曲和我们亲近了，流进了我们的现代生活。他对古典乐曲作了现代阐释，赋予了现代气息，加快了节奏，多了自由发挥，适应了现代人的审美需要。受这古典新曲的激发，我曾一度全神贯注、如痴如醉地沉迷于中外名曲的欣赏中，以致高价的音碟机刚在香港面世，我就迫不及待、不辞劳苦地运回，以便尽情一饱耳福。我曾在华盛顿郊外的一个小镇上盘桓数天。九十年代初的一个夏天，有一次，正当我在餐馆准备进食之时，忽听得音箱中放出以牧场抒怀为主题的新乐曲，一下就吸引了我。我静静地听着，忘了动手进食。至今，我始终不记得那次吃了什么，什么味道，但一想起那情景，就又不知不觉地沉湎于那缭绕的余音之中。那次，我又一次体验到了孔老夫子所慨叹的余音缭绕，三月不知肉味的意境。回来后，我到处打听能否买到这一乐曲的音碟，终未如愿，留下了深深的遗憾。

从古典审美走向现代审美，对我说来，是在不知不觉、潜移默化中悄然行进的，并未借助于什么理论。八十年代初期，我在不时来往于香港之际，不由得也看起港台小说来。先是看琼瑶的爱情小说，那古典式的爱情的理想境界，也能给人以审美享受，但终究离现代尘世太远，渐感乏味。继而看亦舒的爱情小说，感受到爱情的现代境界，扑朔迷离，惊心动魄。我惊异作者能那样深切体验女性内心世界而捕捉到了现代生活中爱情的复杂性，这是在大陆作家中从未见到过的。后来再看梁凤仪的财经小说，虽然作品也以爱情为纽带展示出人与人的多重复杂关系，但已更多地关注商界的兴衰浮沉，少了心灵的深掘，虽仍可读，却已逐渐少了阅读的兴趣。对于铺天盖地而来的武侠小说，虽然我年少不经世事之时曾为之着迷，但长大后，再也引不起我的兴趣，就是香港文友送我金庸小说，也只是翻了几页,就感昏昏欲睡,赶快转送了别人。心里总觉得那上天入地的武侠,离现代尘世太远。若要好奇,还不如看一看陈娟的《昙花梦》,那还离尘世近些,尽管这也是艺术的虚构。

那时的主流文化、精英文化变化都不大,没有什么吸引我非看不可的东西。于是,我的审美意向就转到近十年来获得奥斯卡金像奖的影片上来。在深圳每天都能看到香港电视台播放的一到二部欧美影片,连续好几年,真看了不少,超过了一百部,这是过去从未体验过的。这是一种现代审美,那新鲜的感受持续了数年。其中一些优秀之作,已渐成经典,确实耐人寻味。但更多的则是走向模式化、暴力、色情、黑幕、西部片,均有不少重复的套路,无多少韵味,看多了也就感到无味。大约在九十年代中期始,我已很少再转向香港电视台去看好莱坞影片,非不敢也,乃不为也,实已提不起精神,引不起多少兴趣了。引起我兴趣的,已是对发生在我们自己身边的现实的审美反思。

改革开放激发了中国人的惊人创造力。港台和欧美的大众时尚之风吹来之后,当初受过审美精神感召的文化人中,开始有人把目光转向大众文化实践,出现了自由制作人、自由经纪人、自由写作人、自由卖艺人,从对港台、欧美大众文化的仿制,逐渐走向中国自己的大众文化的创造。于是,发展到九十年代,大众文化、通俗艺术已蔚为一道独特的景观。

如今,越来越多的自由文化人走上了大众文化、通俗艺术的道路,就连以抒发心灵见长的诗歌也是如此。1986年,《深圳青年报》就推出了《中国诗坛:1986"现代诗群体大展"》,张扬诗歌要表现日常经验、平常生活、普通形象,嘲讽崇高、典雅、神圣。不久,大众化、通俗化、日常化的思潮也渗入小说,新写实小说兴起,一反过去的艺术典型化和宏大叙事的观念,着力于描写日常生活的

"原生态",审美的触角向日常生活延伸。也曾出现了《一地鸡毛》《烦恼人生》等颇有影响的作品,为小说开拓了新的领域。但发展到新生代小说,则走向了只关注个体自我,不顾他人,厌弃社会,竭力把自我的"绝对隐私"有意暴露出来,自我展示,以此招揽读者,这就完全消解了文学艺术的审美判断,甚至颠倒了价值关系。

大众文化、通俗艺术日益发展为审美文化新格局中最活跃的因素。它正在冲击着主流文化和高雅文化。这样发展下去,大众文化、通俗艺术会不会像香港那样,扩展成为我国的主流文化?①

这就不仅决定于大众文化今后会怎么发展,而且还决定于在我国历史上已长期形成的主流文化会怎样发展。

在我国五十年前逐渐发展起来的主流文化,一直高奏主旋律,弘扬社会主义、爱国主义、集体主义。但是,在文艺为政治服务的道路上,途径越来越狭窄,发展到"文化大革命",文艺只剩下了几个"样板",其他则被一扫而光。改革开放也解放了精神生产力,主流文化也从"政治化"的唯一途径上走上"启蒙"和"审美"的道路,特别是在大众文化、通俗艺术兴起之后,主流文化徘徊、反思之后,自我调整,吸取了大众文化、通俗艺术之长,也关注起文艺的娱乐性来,开始摆脱过去那种单调的政治说教,探索使文艺如何"寓教于乐",寻求"雅俗共赏"。正是这样,主流文化在自我反思、自我调整中走向更加宽广的道路,巩固了自己的主导地位。

在整个审美文化格局中,高雅文化始终是一个最为薄弱的环节。改革开放以来,不少文化精英转向大众文化、通俗艺术,也有

---

① 香港的学者、文友告诉我:大众文化、通俗艺术在香港已发展成为主流文化。香港也有学院派文学艺术,但和大众隔离,不和大众文化、通俗艺术发生关系。国际上著名的交响乐团、歌剧舞剧也不时出现在香港舞台上,而且还有自己的水平很高的中乐团,但构不成文化主流。

不少人转向主流文化,但坚守高雅文化的人却越来越少。高雅文艺也仍在发展,但成就大多在"古雅"领域,对古典艺术、民间艺术进行加工,而甚少出现"新雅"佳作。

我们的文化美学,很可关注一下"春节演出"这一重大的"文化事件",作些深入的分析。就在我们国家的电视台上,"春节演出"已出现了三种类型。一种是持续了十多年的综合众多艺术表演的正宗演出,竭力在寻求为大众喜闻乐见、雅俗共赏的道路,尽管年年受到非议,精品无多,精彩渐少,但营造了一种传统节日的热闹气氛。这是否代表了我国当今审美文化的主流?不妨深入下去作些学术探讨。但心连心艺术团走向全国各地基层所作的艺术演出,当是如今的主流文化无疑。二是文化部组织的另一种文艺晚会,显然更重视艺术的审美价值。中外古典名曲和中外民间乐曲成为主导内容,无论是名曲还是民歌,都是历史上沉淀下来的优秀之作,成了百听不厌的经典。这些名曲或民歌或经文化精英的加工、改编,或经文化精英的现代阐释,都显现出了典雅,即使是来自民间的乐曲、民歌,也都提高为精美之作,我愿把这称之为精美文化。在日益扩大的国际文化交流大潮中,我们能真正"送出去"到金色大厅去展示的,其实主要还是这些作了现代阐释的优秀传统文化,特别是民族歌舞、民间杂技、民歌民乐。经过王洛宾加工了的西部民歌,经过提升了的华彦钧的《二泉映月》,由越剧曲调提炼出来的小提琴协奏曲等等,现在不都走向了世界?三是一种专为青少年组织的青春动感的演出,融摇滚、蹦跳、撞击于一体的劲歌猛舞,这是否算是大众文化的极致?但在我心灵上引起的已不是审美愉悦,而是撕裂之感,看来已非我这样年纪的人所能享受得了了。但看看那些歌迷、舞迷的如痴如醉,兴奋迷狂,不由得引发我的思索:大众文化之火是否会越烧越旺?这真是大众文化发展应有的方向?

二

面对审美文化格局的新变，文化美学应把探索大众文化、主流文化、高雅文化各具的特点以及相互关系综合起来研究，在它们互动相渗中把握发展趋向，真正研究发展中的一些问题。

对于大众文化的研究，成果渐多。国外的文化研究不断进入我们的视野，西方马克思主义的文化批判学说，社会交往理论，后现代主义文化理论，英国文化主义理论，甚至，欧洲新兴起来的以批判文化相对主义为特征的文化理论，都得到了我们的重视。这为我们提供了文化研究的新视角。但它们在不同文化土壤上产生，面对的是不同的文化现实，对大众文化的评价并不一样，所要解决的问题也不同。我们需要有广阔的理论视野，但需要解决的还是我们自己的问题。文化美学所应持有和关注的，乃是"国际视野、中国问题"。

大众文化，本应包括民俗文化和流行文化。民俗文化是传统的大众文化，在民间流传，也在发生变化，出现了新民俗文化。但城市却被流行文化所笼罩，以至一说起大众文化，在我们心目中习惯上就只指流行文化。

当前的大众文化究竟有什么特点？说法已有很多，诸如商品性、市场性、产业性、技术性、标准性、平面性、复制性、游戏性等，还可以列出更多。但这大多是从文化生产方式和流通方式着眼而作的抽象，而且并非大众文化所独有，主流文化、精英文化也在走向产业化、技术化、商品化，服从现代生产的一般规律。因此，还是要探讨大众文化自身所独具的价值、功能、结构。

若把大众文化和主流文化、高雅文化放在一起考察，大众文化给我印象最深的还是它的世俗性、娱乐性和流行性（或叫即时性）。大众文化可以有许多价值、功能，但它的最突出的目的和功能，就是给大众即时的快乐，正如西方学者所说，"大众文化的花样很简单——就是尽一切办法让大伙儿高兴"[①]。流行的文化，就是要为大众逗乐、找乐，即时享受，引起大家的高兴。当然，招人逗乐的背后，隐藏着利益，那就是我给你逗乐，你交给我钱，通过交换，我得到的是实利，所以，当然要招揽越来越多的顾客，大众越多越好。文化市场必然要面向大众，正如《中国文化蓝皮书》所说："市场唯大众的马首是瞻，认定最畅销的东西就是最好的东西。"流行文化就是以当时最流行的时尚来逗乐大众。

审美文化本从日常生活中来，由日常生活中的审美发展而为审美文化的不同形态。大众文化则是最贴近日常生活的那种审美文化形态。它从日常生活的审美中提炼出新形式，从而又回归日常生活，引发大众体验生活的乐趣，享受生命的欢乐。改革开放以来，大众的生活发生了剧烈变化，紧张劳动之余，渴求享受生命的欢乐，体验生活的乐趣，大众文化应运而生。它适应了日常生活的需要，推动了大众向日常生活的回归，促进了生活的审美化和审美的生活化，使日常生活具有了一种新的意义，正如丹尼尔·贝尔在《文化：现代与后现代》所说："运动感和变化——人对世界感知方式的剧变——确立了人们赖以判断自我感觉和经验的生动而崭新的形式。"[②]大众文化、通俗艺术表现了生活剧变引起的运动感、变化感，创造出自己特有的艺术方式，富有青春动感和生命活力，因而

---

① [美]丹尼尔·贝尔：《资本主义文化矛盾》，赵一凡等译，三联书店，1992年版，第91页。

② 王岳川、尚水编：《后现代主义文化与美学》，北京大学出版社，1992年版，第4页。

受到大众的欢迎。

尽管审美和娱乐相通，审美也要求娱乐，但并非一切娱乐都是审美。娱乐，有娱感官之乐，也有娱审美之乐。大众文化、通俗艺术不能只停留在满足感官的享受，而应提升为精神的体验。生命的意义，当然也包含感官的享受，但是"囿于粗陋的实际需要的感觉只具有限的意义"（马克思），审美才使我们能体验更高更深的人生意义。因此，大众文化、通俗艺术要向关注审美意蕴方向提升。最困难的是如何提升。已有许多尝试，一手伸向经典，一手伸向民俗，且已初见成效，像《涛声依旧》借用了古诗意象，《霸王别姬》引进了京剧曲牌，《中华民谣》则融入了民歌，还有不少干脆就将民歌改编，运用了一些民歌旋律，却改换了内容，变成了新腔，名为新民歌，其实已是面目全非。但不管怎样，多少还有一些文化意蕴，有所提升。伸向经典，伸向民俗都很必要，今后仍需要继续，以求创新。但是，依我看，大众文化、通俗艺术更应在提炼生活经验上下功夫。还是要面向当下现实，关注大众生活，和大众日常生活的实践更贴近；但又要通过自己对大众日常生活的体验、领悟和反思，对日常生活又有所超越。正是在对大众生活的新体验、新领悟、新反思中，焕发出新的审美精神。

这也不正是对整个当代审美文化所应提出的要求？当然不错，大众文化、通俗艺术就是整个审美文化中的一个有机组成部分。但当我们把目光转向主流文化时，我觉得对主流文化却应有更高的要求。

主流文化受主流意识形态的主导，应反映社会的公共要求。我们所要实现的，乃是社会主义现代化，社会主义思想教育当然是精神文明建设的灵魂。主流文化担负着社会主义教育的伟大使命，实施德、智、体、劳、美的全面教育。因此，主流文化并不只是审美文化。就是从我自己这个个体来看世界,我们也并不只要接受审美教育,而要广阔得多,真善美都是我的价值追求。我需要认识和了解我生活于其中的这个世界,这世界究竟是怎样的,正在发生着什么变化,不同的人在这世界上怎么生活着。我也需要体验和评价这个世界上发生的变化、人的各种不同的生活,而且,我也需要学会以什么态度,怎样来对待这个世界、生活中发生的一切。因此,只要有助于我认识、评价、体验以及如何对待这个世界的文化,不管体现为艺术,还是科学,我都乐于接受。在我们这个世界发生急速变化的时代,人的生活和命运也千变万化,我们的文学急于反映这种变化,不一定都要变成主要为满足审美需要的艺术的文学。可以是现实的实录,也可以是调查报告,只要有助于我们认识这个世界,又何尝不可?因此,大文学、杂文学的发展已势在必行。回想起来,能引起我阅读兴趣的,其实不一定都是审美的。我爱看这样的纪实:我那见过的可爱的太湖、滇池、洞庭湖甚至洱海怎样被污染了,在咱们自己国土上生活的各种各样的人是如何生活着,中国人远离国土后在那里又怎样生活。当然还有普通百姓都关心的问题,如那些贪官污吏怎样被挖出来了。而能及时反映这些的,大都是调查报告、新闻报道或是纪实文学,没有多少审美意味,但却都是反映了我们生活中已经发生的事件,这正是我所要急切知道的,没有审美意味,也照样读,它满足了我要认识世界这个需要。文学不一定都是美的文学,也可以有真的文学和善的文学,具不同的特长,有不同的价值。

但如果我们对主流文化有更高的要求,希望主流文化重视发展审美维度,教育我们如何从审美上去体验和评价我们这个世界,作出诗意的裁判,教会公众如何以审美态度对待这个世界,那就不仅要对日常生活作审美超越,更应超越大众文化、通俗艺术。

在商品生产的刺激下，最近数年在我国形成了规模空前宏大的创作之潮。如今，我国每年生产出来的长篇小说就达八百到一千部，而影视制作，每年更在万集之上，有时高达一万五千集，这真是历史罕见。艺术生产都在向产业化、工业化、技术化、商品化、规模化发展，艺术产品急增并不奇怪。不仅业余作家、艺术家在走向大众文化，就是由国家供养的专业作家、艺术家也在向大众文化靠拢。但规模日益扩大的艺术生产究竟产出来多少艺术精品？是不是获得形形色色各种奖状的作品就是精品？不见得。艺术精品，乃艺术中之精品，就不只要有较高的认识价值、思想价值，更必须要有高度的审美价值，认识价值、思想价值就寓于审美价值之中。恩格斯一再说，他是从"美学观点和历史观点"来评价艺术作品的，而且这是衡量作品的"最高标准"。作为审美文化的最重要部分，主流文艺应有很高的审美价值。为此，主流文艺应该站在时代发展前列，具有超前意识，把握时代脉搏，抓住人民大众共同关切的人类命运问题，"入乎其内"，有真切的体验和深刻的领悟，又"出乎其外"，唤醒自我意识，进行自我反思。我们高兴地看到，负有社会主义教育使命的"五个一工程"，在注意抓重大题材的时候，鼓励提高艺术质量，促进"主旋律"具有更高的审美价值。近数年，我们的文艺更增强了审美批判性，多年不敢涉及的政治领域，渐渐又成了热门话题，现代官场小说、肃腐反贪作品、扫黄打黑的影视纷纷涌现，触及人民大众关注的问题。《抉择》《大厂》《至高利益》《大雪无痕》《大法官》等优秀之作，吸引了广大读者、观众。本来，作家、艺术家的审美视野原应十分广阔，激烈的政治斗争，崇高的道德行动，都可以用审美的眼光作出审美评价，从审美上作出肯定或否定的态度。如今，主流文艺又在重拾宏大叙事，发扬敢于面向现实的审美精神，使我们在严酷斗争的描绘中重新体验正义，在盖世太保枪口下的中国女性形象中又重新感受到崇高。但是，应该清醒地认识到，真正称得上艺术精品的还是不多，珍品则更是罕见，平庸则随处可见，艺术垃圾日益增多。当务之急不应再鼓励量的疯长，而应重视质的提高，特别要关注审美评价中的价值取向，应有更高的审美追求。商潮涌动中，在人与人的关系、人与自然的关系、人和自我的关系中，异化现象都在滋长，作家、艺术家如何对人与世界的关系不时作审美反思，焕发直面人生而又超越现实的新审美精神，增强审美批判性应是提升主流艺术审美品位的必要途径。

在我心目中，高雅文化应是既对大众文化的吸收和超越，又应吸收主流文化的精华作新的超越，创造出来的应是弥足珍贵的精美珍品、传世之作。但在启蒙型审美精神潮退之后，确有少数文化精英受西方形式主义美学影响，致力于形式之美的建构，只在符号本身下功夫，不在体验生活上着力，忽视在现实生活中体验、领悟人生价值和意义，把艺术美仅仅归结为形式美。这种重在形式的审美精神，使得少数精英只关注形式审美，导致作品失去审美意蕴，受到时代和人民的冷落。幸而，一些文化精英在改编古典名著和改作民俗艺术这两个领域还是取得了一定成功。对中外古典名著的现代阐释，对民俗音乐的深度开掘，苏州评弹的艺术提升，梁山伯祝英台民间故事的演绎成多种艺术，对王洛宾编改的民歌的再演绎等，都给人留下了深刻印象，不少已登上国际舞台。对古典艺术和民俗艺术的再创造，前景广阔，道路宽广，尚有很大潜能可挖掘和发挥。但若要在我们这个时代实现中华文化的伟大复兴，创造中华文化的新的辉煌，我们的作家、艺术家就要有伟大的艺术抱负，吸纳中外文化的精华，熔铸和焕发新的审美精神，不仅有对大众文化的超越，更要有对主流文化作新的超越。

三

不同时代的审美精神有着不同的特色。在改革开放之初,我们曾经高扬过富有浪漫气息、理想色彩的现代审美精神,推动了这次新启蒙。美学热潮消退,审美精神向社会更广泛的领域弥散。在大众文化、通俗艺术中发展了一种以感性享乐为特征的审美精神,而在少数精英文化中则曾发生过一种以形式追求为特征的审美精神。在主流文化中,更多地在发扬着面向现实、关注人生的审美精神。在文化的相互碰撞、沟通、互动过程中,现代审美精神也在逐渐发展、提升。

随着新世纪的来临,国际文化交流正在迅速加快和扩大,我国的社会主义现代化进程也在向纵深发展,人的现代化问题更加突出起来。在呼唤中华民族的伟大复兴声中,中华文化的发展将进入一个新的历史时代。新的时代需要唤起和焕发新的审美精神。不是要重归当初那种审美情景,不可能也无必要再兴美学热潮。文化美学应在汲取、反思这些浪漫审美、感性审美、形式审美、现实审美的审美经验的基础上,又继承和发扬中华文化的古典审美精神,按照我们这个新时代的实践需要,着眼未来而又面向现实,实现新的超越。

这种与时俱进的新审美精神,应富有时代气息而又蕴含东方神韵。我想从时代感、人性化和超越性这三个方面略说一下这种审美精神应有的品格。

一是时代感。

我们这个时代的审美精神,应面向当下现实,把握时代脉搏,富有时代感。

我们正在经历着一个剧烈变动的时代。尽管我们在一个世纪前就在尝试着走向现代化,但历经磨难,多受波折。等到我们真正睁开眼睛看世界,痛切地感到我们已落后得太久,就匆忙急起直追,赶快引进国外生产力,加足马力赶上去。待到一些地方迅速发展,生产的物质生活资料已丰富起来之后,我们又发现,生产出来的许多商品已经销不出去。于是,我们就转而扩大内销。但广大的内陆地区还刚在奔向初级现代化,不少地方还正从前现代向现代化转化,刚解决了温饱,而世界上西方发达国家所占的人口不多,却早已抢先垄断了世界上大多数的物质财富。人家早已从初级现代化越过了高级现代化又进入后现代,一些先知先觉,在享受过丰饶的物质生活之后,又在追求简朴的生活,发展精神生产,以丰富精神生活。我们在一些地方刚经历了资本原始积累,又在加快现代化步伐,初级现代化(以工业化为特征)还未完成,马上又迎来了知识经济时代,仓促间又要赶上信息化,两步并作一步走,要作跨越式发展。而西方后现代思潮却已悄然舶来,激发我们自我反思。那西方现代化所造成的许多弊端发人深省,物欲高涨,人欲横流,人我疏离,生态破坏、人性扭曲等异化现象,在我们这里也都在发生。我们还需要西方那样的现代化?究竟我们应追求什么样的现代化?能不能探索一种新的现代化?我们需要什么样的跨越式发展?一些人沉醉在眼前享乐和狂欢,一些人在焦虑、急躁,而我们更该做的乃是对我们这个时代作审美的反思,增强对社会中所出现的各种异化现象的批判性,从时代高度持批判态度。在肯定我们时代中的真、善、美的同时,必须加大批判假、丑、恶的力度,深化审美的批判性,这应是我们这个时代的更高审美追求。

无疑,这种审美追求乃是新感性和新理性的融合,蕴含了理性思考的科学精神,又富有当代人文精神。只有将科学精神和人文精神辩证结合起来,人类才能获得真正的自由。

二是人性化。

新的审美精神应从人民大众的审美追求中提升出来,反映人民大众的审美需要。尽管个人审美体验极为个性化,但在主体间的交往中,可以引发相似的体验。关注人的命运,重视人文关怀,提升人类本性,应是新审美精神的重要内容。

审美本身就是人类本性的表现,只有人类才有。人经由劳动而从自然关系中提升出来,成为人类,人类和动物有着本质的差别。马克思在《1844年经济学—哲学手稿》中说:动物如蜜蜂、海狸、蚂蚁等也进行生产,但只能在直接的肉体需要的支配下,凭本能来生产,而人却只有在摆脱了肉体时才自由进行生产。动物只是按照自己所属的那个物种的尺度来生产,而人却懂得按照任何物种的尺度进行生产,并且,"随时随地都能用内在固有的尺度来衡量对象;所以,人也按照美的规律来创造。"(朱光潜译)人能不能用"内在固有的尺度来衡量对象",这是能不能按美的规律来创造的前提。那么,什么是"内在固有的尺度"呢?前人常用"主体的需要"来解释,但主体的需要乃是多层次的,有的只是个人生存的需要,有的则涉及"类特性"。依我的理解,这"内在固有的尺度"乃是人在固有的"类特性"。正是"类特性",把人和动物的生命活动区别开来,而自由自觉地活动恰恰就是人的类的特性。人能用"自由自觉"的这一类特性作内在尺度来衡量对象,所以才有审美。类的特性,人类本性乃是衡量对象是否按美的规律创造的价值尺度、根本标准。审美活动、创美活动、育美活动,则是更高的自由自觉活动,突出体现了类的特性、人类本性。

但是,历史发展的曲折,使得人应有的人类本性、类的特性发生了异化。马克思在考察社会关系中发现,人与人,人与物,人与我,在历史发展中都在发生着异化。人的异化活动不是创造真、善、美,而是造成假、丑、恶。在异化的干扰下,人类本性、类的特性,只能在曲折中发展,自由自觉的活动不能顺利展开。当人类刚从自然界提升出来之时,原始人还无大的分工,个人的活动"显得比较全面",人的个性还具有"原始的丰富"。但这是一种狭隘范围内的原始丰富性,"在这里,无论个人还是社会,都不能想象会有自由而充分的发展。"①分工的发展,特别是精神劳动和物质劳动相分离,使得人有了更多的自由自觉。但在"人的依赖关系"中,受血缘、地缘、族缘的束缚,人的个性只能"在狭窄的范围内与孤立的地点上发展着"。当商品经济发展起来,人从"人的依赖关系"中解放出来,个性获得独立。但这是一种"以物的依赖性为基础的独立性",人的个性受物的支配,甚至沦为物的奴隶。只有"建立在个人全面发展和他们共同的社会生产能力成为他们的社会财富这一基础上"②,自由个性才能获得全面而自由的发展,自由自觉的活动才能充分展开。现在,我们还处在社会主义初级阶段,还在竭尽全力发展商品经济,还只能"以物的依赖性为基础"。但是我们要奔的是社会主义现代化,如何及早防止物的片面发展,更多关注人的现代化,未雨绸缪,在促进社会发展的全面进步中,更加重视人自身的生产,关注人的全面发展。物质生产和精神生产都应按照美的规律来进行,人自身的生产(我把这简称为"人本生产")就更应如此了。马克思呼唤人性复归,在更高阶段上提升人类本性,发挥人的自由自觉的潜能,这正是新审美精神需包含的应有之义。

三是超越性。

审美是个体的一种自由自觉的生命活动,是自由个性的一种存

---

① 《马克思恩格斯全集》,第46卷(上),人民出版社,1986年版,第109页。
② 同上,第104页。

在方式。审美和艺术都根源于生活，但又是对日常生活的超越。马尔库塞说得好："艺术只是在它使自己与我们可能有的日常现实相区别和相分离的这个意义上来说是超越性的。"① 在审美活动中，个体是审美活动的主体，在审美的主客融为一体的过程中，主体体验到了自我实现的愉悦，感受到了自我的价值。但是，审美的根本目的乃在人格自我的提升。怎样才能实现这一目的，那就必须超越自我，以人类本性、类的特性（亦即类本质）作为价值尺度来衡量自我，发展自我意识，对自我作审美反思。这就需要如马克思所说：就像"在意识中所发生的那样在精神上把自己划分为二"。这种划分为二，不仅是要区分对象意识和自我意识，而且在自我意识中区别出"客我"和"主我"。当自我在审美中沉醉在自我体验中时，心灵"入乎其内"，随对象喜怒哀乐，不能自拔，贪官的贪婪，商人的奸诈，市民的鄙俗，都要体验。但体验种种丑恶心理，并不意味着心灵的自我也要跟着沉沦下去。因此自我又要"出乎其外"，从自我体验中跳出，把那种体验作为客体来加以审视、观照，而以主我的视界来评价客我，从而采取什么态度。主我的价值观念的不同，对客我的审美评价、审美态度就不一样，这正表现了自我（审美主体）的审美人格的品位。有的对丑恶引不起审美的反感，有的则对美好引不起审美的快感，这种审美态度恰好表现出了自我的审美趣味的低劣、恶俗。这就需要以人类本性、类的特性（类本质）作为衡量客我的尺度，使主我向人类本性、类的特性方向提升，提高审美品位，完善人格自我。

然而，超越自我不仅是对客我意识和主我意识所作的调整，而

---

① [美]马尔库塞：《作为现实形式的艺术》，伍蠡甫、胡经之主编《西方文艺理论名著选编》（下卷），北京大学出版社，1988年版，第724页。

且还是对自我意识和对象意识的融合和超越。审美意识超越了对象意识和自我意识，上升为关系意识，运用的是间性思维。但它又以对象意识为前提，对象意识是自我意识的基础。审美意识是自我意识和对象意识的交融，审美活动产生的审美体验中，主客统一、物我同一，已分不清对象和自我。但在进入审美活动之初，在人和世界的审美关系中，仍然存在着审美主体和审美客体的区别。审美关系在实践关系中生发出来，实践中和世界达致动态平衡，为人类建立了实在的家园。而人和世界建立了审美关系，通过审美活动和世界建立了自由的精神关系，在精神上和世界达致动态平衡，为人类建立精神家园。人和世界是对象性的关系，主体和客体相依相动，在实践中相互对象化，主体于对象既受动又能动，主体客体化，客体主体化。审美活动则是一种体验活动，包含了审美主体对审美客体的价值评价，更有审美主体对审美的价值态度，这都蕴含在感情体验中。在审美关系中，审美主体和审美客体是相依互动，审美主体必须具有审美的本质力量（素养和能力），但也必须有相应的审美对象。"对象如何对他说来成为他的对象，这取决于对象的性质以及与其相适应的本质力量的性质；因为正是这种关系的规定性造成了一种特殊的、现实的肯定方式。"①马克思所说，忧心忡忡的穷人对"最美丽的景色"却无动于衷，那是因为主体缺乏审美的心情，进不了审美关系之中，但那"最美丽的景色"还是客体那里的客观存在。只懂购买矿物的商人只重矿物的商业价值，而看不到矿物的"美和特性"，那是因为那商人缺乏审美能力，看不到矿物的审美价值，但那矿物这一客体所具有的审美价值，仍是客观存在。②

---

① 马克思：《1844年经济学—哲学手稿》，人民出版社，1979年版，第78页。
② 同上，第80页。

在走向新世纪的时代,我们更需要美学,而不是要消解美学。不过,这是一种把握时代脉搏、密切关注人生、面向而又超越现实的新美学。

我们的美学,过去曾离开了人这个主体而只在对象中找美的本质,后来,又只从人的主体本身来寻美的本质。但是人的本质又并非就是美的本质,这里存在着辩证关系。美不是主体情感投射或人性外化,却也不是客体的自在物性,而是对象只对人这个主体才显示的一种价值属性,是一种对人类特性具有肯定意义的价值。客体对象的审美价值,美、丑、悲、喜、滑稽、荒诞等,虽然是对人所具有的肯定或否定的意义,只在审美关系中才显现出来,在审美活动中才能被把握;但是,审美价值仍是处在关系中的关系客体的客观存在,不是主体的主观体验。审美活动所产生的审美体验,乃是对审美价值所作的审美反应,所以是审美主体的心灵和审美对象自身价值的融合。审美活动的结果,主体自身的心灵世界和对象世界的精神交流和融合,在心灵世界中实现物我同一,已分不清主客。但审美关系,还是主体和客体的关系,不过这是一种特殊的主客体关系,是那种类似主体间的那种亲和关系,无怪有人想把审美关系说成主体间关系。但我还是把审美关系看作是类似主体间关系的特殊主客关系,主客间的一种亲和关系。

不过,审美对象并非即是实践对象,而是人的精神世界中的对象。人所面对的整个世界,自然环境、人文环境只有进入审美主体的精神世界,才是审美对象,而且,精神世界中出现的各种意象本身也可成为审美对象。在审美关系中,审美对象的美呈现出对人的亲和力,展示出自己的诗意光辉,而审美对象的丑却表现出对人类本性的否定意义,审美主体则对它作出诗意的裁判。在审美活动中,主客体互动交融,对象意识和自我意识相互激发,能动和受动相互交融，顺应和同化相互作用，审美主体在心灵自我中形成动态平衡，从而在人和世界之间建立起精神上的动态平衡。随着人类实践领域的扩大，人不仅需要通过人文审美，深化和人文环境的审美关系，而且也应重视自然审美，拓展人和自然环境的审美关系，寻求和人文环境、自然环境建立精神上的动态平衡。马克思渴求的未来的理想社会，应是自然主义和人道主义的统一。依我看来，在人和世界的关系问题上，不应是人类中心论，也不应是自然中心论，而应是动态平衡论，在改造世界的动态过程中，以人为本，寻求动态平衡。当今时代的新审美，亦应是自然审美和人文审美的统一，并在文化创造中首先实现和人文、自然的审美关系的这种统一。因此，探寻自然主义和人道主义在审美中的统一，这正是新审美精神的不懈追求。

二〇〇二年春，深圳湾望海书斋

原载《马克思主义美学研究》2002年第6辑，后收入《美的追寻——胡经之学术生涯》，北京大学出版社2003年版。2015年收入海天出版社出版的《胡经之文集》第四卷。

美学伴我悟人生

我对美学发生兴趣乃在年少时,但美学真正融入我的人生,却是在我自己投入美学研究之后。

我这人生,历经江南稚子、北大学子、南海游子三阶段。在北大的岁月最长,历三十多年,到深圳亦已二十五年了,在老家太湖之滨反而不到二十年。但江南水乡,风光无限,引人入胜,少年时常沉醉于审美状态之中而不自觉,实际上已开始了我的审美人生。只是,那时我还没有意识到自己在审美,更不懂什么叫美学。

我年少时最早接触到的美学是朱光潜的《给青年的十二封信》和《谈美——给青年的第十三封信》,引导我入美学之门。到我十九岁考入北大,有缘直接聆听到朱光潜、宗白华、蔡仪、王朝闻、杨晦等师长的教诲,方才进入美学的思考,开始了美学人生。在我美学生涯中,前期着重研究文艺美学,中间走向文化美学,后来,我又更多投向自然美学。

我对美学产生兴趣乃出于我自己内心的需要,要回答我在自己的审美活动中遇到的内心困惑:自然中不存在美吗?艺术怎样才能美?什么样才是美好的生活?我要对人生作美学思考。越到后来,美学越融入了我的生命,伴我感悟人生,给我精神愉悦,优化我的人生,鼓舞我追求美好人生。

美学怎样融入了我的生命从而由审美人生走向美学人生?

缘起美的困惑

我从小生活于江南水乡、太湖之滨,受东吴文化的哺育。

1933年我出生在被称为"江南第一古镇"的梅村。这古镇地处苏州与无锡之间,现今归属无锡市,成为文化旅游胜地。一条从大运河分出来而东流入苏州河的伯渎江穿过小镇,把苏州和无锡连接起来,鲁迅笔下的乌篷船,在这里来往穿梭。这条江之所以古来就名为"伯渎",乃因三千多年前来到这荆蛮之地的周太王之长子泰伯,就常在此洗濯,乃泰伯洗渎之江。这里是吴文化的发源地,留下了有关泰伯的许多古迹,伯渎江之外,还有宏大的泰伯庙、巍伟泰伯墓、鸿山等等。每年正月初九,乃泰伯生日,定为纪念泰伯的盛大节日,万人空巷都来瞻仰泰伯塑像。

我虽出生梅村,但从小就常在苏州、无锡间行走。我祖籍苏州,祖父在苏州丝织厂里做技师。我父亲胡定一当小学校长,时而在无锡,时而在苏州,在苏州有一套十居室的住宅,一家过着小康生活。我小时常跟着父亲到好几所小学读过书,去过国学大师钱穆家乡鸿声里,读了半年。我读过私塾,在苏州城里,我还读过教会学校,礼拜日还去唱诗班唱赞歌。如果在无锡读书,一到寒暑假,父亲也总要租上一条乌篷船,带着全家,妈妈、弟弟、妹妹,带上无锡的土特产,到苏州城里住上一二个月。所以,我对苏州比对无锡要更熟悉些,体验也更多些。苏州作家陆文夫请我在苏州酒家吃饭时,我半开玩笑说:我是苏州人,却无福在苏州享受;你不是苏州人(他老家在苏北),却能真正享受苏州,我太亏了!他回说:谁叫你不回来。后来,我也常和鲁枢元这样半开玩笑,无非是对故乡苏州的一种怀念，忘不了。在苏州的美好岁月。在阔别了二十多年之后，改革开放的第一年，我回到苏州，不乘任何车，一个人踏着石子路，遍访我少年时曾住过的好几个地方，重新体验少时曾有过的审美体验，思绪万千，感慨系之。

在东吴文化的熏陶下，年少时逐渐培育了自己的审美爱好。引起我的审美兴趣的主要有三类现象。首先是自然风光。太湖、西湖、阳澄湖、惠山、鸿山、白丹山，东南胜景，四时常有，湖光山色，山水宜人。其次是风土人情。江南胜地，人文荟萃，吴侬软语，温柔敦厚。更有那些民间习俗、乡土风情，多姿多彩，丰富生动。苏州玄妙观，无锡崇安寺，普陀禅院，灵隐寺，梅村泰伯庙等等，儒道佛文化都在这里各放异彩。还有，便是那吴中艺文。富有地方色彩的苏崑越剧，常锡文戏，评弹说唱，丝竹歌舞，琴棋书画，都在散发出江南艺术的特有韵味。但在这些审美爱好中，最先发生和最感兴趣的还是那自然风光。这，我和古人甚有同感。

白居易在《忆江南》中的第一阕就这样说："江南好，风景旧曾谙。日出江花红胜火，春来江水绿如蓝。能不忆江南？"最早唤起他的记忆的，还是那自然风光。可见，这不是我一个人的感受。我对自然审美的兴趣，早于艺术的审美，而且，引发我艺术审美兴趣的，最初也是和自然审美密切相关。我对苏州的园林艺术最为赞赏，因为在这里，艺术美和自然美融为一体。拙政园、狮子林、网师园都是我少时的挚爱。我最喜爱的画，也是山水画。这自然情结，可能在那时逐渐形成了。

就在我进入初中之后，我开始接触到朱光潜美学了。在1946到1948年间，我先是读到了《给青年的十二封信》，那是我父亲在苏州给我买来的，后来，我的语文老师何阡陌给我看了《谈美——给青年的第十三封信》。我的高中时的语文老师陈友梅则让我读了他新买的《诗论》。这，我才知道，世界上还有这样一门研究美和艺术的学问。其中谈到艺术之美的地方，我大开眼界，读起来饶有兴味。但在谈到自然之美时，我就大惑不解，使我感到困惑。按照书中的说法，自然本身无所谓美不美，只有艺术美，没有自然美，自然所以美，那是已经把自然加以艺术化了。自然没有美不美的问题吗？这，从此就贮存在我的脑海中，开始引发我的美学思考。

但是，现实的残酷扼杀了美学的思考，在炮火隆隆声中，我参加了三年学生运动。

致志文艺美学

真正使我进行美学思考的，那是在我跨入北大之后。

1952年我考入北京大学中文系。我一进校门，就被燕园的美景所吸引，那湖光塔影，亭台楼阁，未名湖畔散发着古典园林之美。但是，我那时美学思考的重心已转向艺术美。在进北大之前，我教过半年小学，半年中学，教三门课：语文、音乐、历史。我对历史，缺乏钻研的兴趣，但对音乐、文学，有一种出自内心需要的爱好。在弹唱乐曲之后，脑海中常闪现这样的问题：为什么有的乐曲悠扬悦耳，令人赏心悦目，而有的乐曲却枯燥无味，甚至刺耳烦心，令人讨厌？在讲读语文的过程中，也常出现类似的问题：为什么有的作品动人心魄，扣动人心，而有的作品却索然无味，催人昏睡？带着这些困惑我跨进了北大，我的目的很明确，我要攻读文艺理论，探索文学艺术的奥秘。

那时，北大和全国所有大学一样，没有开任何美学课程，只有一门文学概论在中文系开设，授课教授是系主任杨晦。我入学后上的第一堂课就是文学概论，而且，我是这门课的课代表，从此开始了我和晦师的三十多年交往。

杨晦谈文学，向来不从现成的抽象理论出发，而是从他自己对文学现象的分析理解出发。那时，苏式理论还没有在讲堂上出现，文学概论既没有教材，又无统一的教学大纲，全凭杨晦说自己的文学体会。他从文学现象本身的事实出发，分析文学和文章的异同，区分以语言塑形象的艺术以及使用语言本身的艺术，文学创作的不同方法现实主义和浪漫主义有什么特点。特别是，他后来说到文学和社会的关系时，又提到了他在《文艺与社会》（1947年）中所用的比喻：文艺好比地球，社会好比太阳，地球围绕太阳旋转，又有自身的旋转，文艺也就既有公转律，又有自转律，文艺就要把他律和自律统一起来。这一比喻给我极大启发，为我以后从美学上研究文学艺术提供了一个重要视角。他考察文学，先从分析现象入手，经过理论分析，最后又要回到事实上来，这种方法也吸引了我，得益匪浅。后来我听苏联专家毕达可夫讲《文艺学引论》，到中国人民大学马列主义研究班听哲学课，一个共同特点，都是从既定概念出发，推演出抽象理论，生产力—生产关系，基础—上层建筑，再推演出各种意识形态：科学、道德、艺术、宗教等等，这里只有公转律，却无自转律，可文学艺术究竟为何物，还是不知所云。所以，当了半年马列主义研究生，在1956年杨晦开始首次招收文艺学副博士研究生时，我还是赶快回到杨晦门下，有四年时光专心致志地研究文艺学。

文学艺术是社会的一种复杂现象，应该而且可以从不同的视角来加以审视，哲学的、社会学的、心理学的研究方法都可以运用。我读过朱光潜的《诗论》，从美学角度解读古典诗词，很吸引人。听说朱光潜在北大，尽管他并不开课，我在进北大那年冬天——1953年初，就到他家里拜访，后来在燕东园又成了多年邻居，请教的机缘更多。1953年初春，我又在未名湖认识了常来散步的宗白华，这位从常熟出来的吴中老乡，因院系调整从南京大学调入北大哲学系作中国思想史研究，虽然不教美学了，但一交谈就又谈到美学上去，由此我读了他过去所写的美学、文艺学著作。结果，我对宗白华的美学发生了浓厚兴趣，觉得他对美的阐释，较符合实际，我的审美体验和他比较接近。1957年春，学界争论美究竟是主观的还是客观的，高尔泰《论美》力主美是主观的，乃人的主观判断。宗白华提出质疑，并阐明自己的看法："当我们欣赏一个美的对象的时候，此乃我们说'这朵花是美的'，这话的含义，是肯定了这朵花具有美的特性、价值。"后来，他在《美从何处寻？》一文中又指出，美有艺术的美，自然的美。从美的客观存在来说，是不以意志为转移的。美的对象（人生的、社会的、自然的），这"美"对于你是客观的存在。专在心内搜寻是达不到美的踪迹的。美的踪迹要到自然、人生、社会的具体形象里去找。我很赞同他的见解，说得投机，话语自然也多了起来。我们之间，常可以作自由的、随意的、放松的交谈。

在北大期间，我还和另两位美学家蔡仪、王朝闻有了学术交往。蔡仪是我导师杨晦的好友，沉钟社时就交往密切。北大文学研究所在1952年成立时，所长郑振铎、何其芳把蔡仪从中央美术学院调来创建理论组，就住在燕东园，和杨晦邻居，我也就得以认识了，并读了他的《新美学》《新艺术论》。他也是从美学观点来阐释文学艺术，突出了文学艺术要创造典型，很有道理。但他把美归结为物种的典型，尚缺乏足够的说服力。王朝闻原在中央美术学院，后到中国艺术研究院，是新中国第一本《美学概论》的主编。在《美学概论》编写期间，我们几乎天天见面，晚饭后就常去颐和园漫步聊天。王朝闻谈笑风生，诙谐幽默，有说不完的话，面对什么人、物、事，他都能作出美学的评析。他的审美感、艺术感之敏锐，实在惊人，使我敬佩得五体投地。但他对于五十年代那场关于美究竟是主观的还是客观的争论，坦言兴趣不大，因为这解决不了文学艺术创作中的复杂现象。这话说到我的心坎上了，使我永远不忘。后来，我主编《文艺美学论丛》（每年一辑），就请了王朝闻、宗白华两位师长当顾问，王朝闻主编《艺术美学丛书》，他邀我为编委。我和这两位美学老人的交往，可以推心置腹，无所不谈。我到深圳大学之后，第一位请来讲学的，就是王朝闻。深圳市成立美学学会，选我当会长，我立即聘请王朝闻为名誉会长。

为了从美学上探索文学艺术的奥秘，我在五十年代中期开始尽量阅读德、法、意等国的音乐美学、绘画美学、电影美学等的论著。继而，苏联在斯大林时代之后，美学有了新的发展，我对艺术学的审美学派发生了浓烈兴趣，读了卡冈、斯托洛维奇、波斯彼洛夫、洛特曼等多家美学。我数次建议精通俄语的朱光潜研究生凌继尧把苏联当代美学能系统地译介过来。我自己从苏联当代美学中吸收了营养，持美是价值、艺术自成系统诸说，但我决不轻信一家之说，而是从自己的审美经验出发进行考量。特别是到了改革开放之初，为了扩大学术视野，我和李衍柱等一起，为国家教育委员会编出了国内第一部西方文艺理论教科书《西方文艺理论名著教程》，特地编选了三本教学参考书作为辅助资料。后来，我和张首映又出版了《西方二十世纪文论史》，四卷参考书同时出来，目的是要了解西方。但在了解西方的同时，又必须掌握传统。所以，我在1981年招收的首届文艺美学研究生一入学，就组织大家编选《中国古典美学丛编》三卷，王一川、陈伟、丁涛和后来的王岳川都参加了。在此基础上，我的博士生李健又参加了编选成一百多万言的《中国古典文艺学丛编》三卷。最后，我和李健出版了《中国古典文艺学》一书，目的都在接续传统。

但是，中国古典也好，西方现代也好，在我心目中，这些都只是构思文艺美学的思想资料。我想从美学上来对文学艺术的全过程作系统的考察，从作家、艺术家对人生的审美体验开始，进入审美活动，从而对自己的审美体验作再体验和反思，建构意象、意境，生成意蕴，予以物化，形成艺象。读者、受众和艺象相遇，引发感受，作出新的解读，产生新的体验。文艺美学本身就内含着体验美学、创作美学、接受美学。而前人对文学艺术的思考，对我说来都是可以引发我自己思考的思想资料。

我在1980年初开始准备文艺美学的课程，春天，我在中华全国美学学会成立大会上，倡导在大学中文系和艺术院校应开辟文艺美学课程，促进艺术创作应按美的规律进行。回北大后，关于文艺美学的构想，我曾先后写过《文艺美学是什么》《文艺美学及其他》《文艺美学：对文学艺术的系统研究》三文。1981年我第一次开始招研究生，首次在北大设立了文艺美学这一新的专业方向，以区别于传统的文艺理论。我在1980年秋开始讲授文艺美学课程，最后成书《文艺美学》，于1989年在北京大学出版社出版。

我把文学艺术放在整个审美文化系统中来考察，发现文学艺术现象有三个层次的规律：一是文学艺术和其他所有审美文化共有的特性和规律，二是文学艺术共有而与其他审美文化不同的特性和规律，三是艺术系统内不同艺术部类又各具自身的特性和规律。我在《文艺美学》中，主要探讨了文学艺术共具的特性和规律，如何按美的规律来创造，也兼及了不同艺术部类各自的特性和规律，如何按美的规律创造了不同的艺术。但是，对文学艺术和其他审美文化同具的特性和规律却探讨不多，因为，当时的哲学美学就是在探索人类整个审美活动的特性和规律，我这里就少说了。

走向文化美学

致志于文艺美学廿年,来到新世纪初,我觉得文艺美学要发展,必须拓展视野,进而走向文化美学。

这不是一时的心血来潮,而是我到深圳以后较早接触到了许多新的文化现象,有感而发。

一所新的大学正在诞生,清华大学副校长张维院士受命创建深圳大学。1984年元旦,他在清华寓所约见我和汤一介,邀我和汤一介、乐黛云去深圳大学参与创办中文系,不需脱离北大,可以常在北京与深圳之间行走。这样,我在1984年春就来到了深圳这个改革开放的前沿阵地,而且可以自由出入于香港,每年还能经由香港到海外作文化交流。从封闭到开放,许多新的文化现象一下就纷纷涌现在我面前。继金庸武侠小说之后,琼瑶的言情小说,亦舒的激情小说,梁凤仪的财经小说,纷至沓来,应接不暇,我惊异爱情还能这样写!邓丽君、梅艳芳、蔡琴等那种别开生面的歌唱,给我的也是另一种新的审美体验。香港大学、中文大学的学友告诉我:大众文化已成香港文化的主流,精英文化只在边缘,这使我大吃一惊,怎么会?等我在钱穆创建的新亚书院住过一阵之后,我才相信,在香港这世俗社会中,大众文化确成主流。但我立即发现,在高等学府里,精英文化绝对主宰讲台,而文化精英不仅待遇极好,而且社会地位很高,如饶宗颐、刘以鬯、金耀基等,都极受人尊敬。而香港的作家、艺术家的社会地位比起学者、教授来相差甚远,真可说是望尘莫及。获得成功的那些娱乐明星,会有许多痴迷崇拜者,但在学者、教授面前也不敢趾高气扬、自我炫耀。

深圳受港台的大众文化影响最早,那时兴起的歌舞厅,从香港过来表演的艺人最多。更重要的，那时深圳的电视，竟是香港的传播占主位，一开就是香港节目。香港当时已有四个电视台，其中有一个台，每天晚上都要连续播放两场奥斯卡金像奖得奖电影，还有一个台则常放香港的搞笑表演和香港歌舞。一洋一土，使我的文化视野一下扩展。不久，港台之风也吹到内地，我们的大众文化随之亦风起云涌，蔚为奇观。在这里，生活的审美化也开始得早。深圳本是个边陲小镇，才两万多人，沿袭的是岭南文化习俗。我来时，移民潮刚开始，外来人不断拥入。但在八十年代末大家不知道深圳的前途如何，一下又纷纷回到老家去，一到年底，这里几乎又成空城，街上见不到行人。等到小平二次视察，深圳方缓过气来，外来人又蜂拥而来，城市建设飞速发展，高楼大厦遍地而起。住在这现代化的居所，生活怎么才能现代啊？大约在九十年代中期，生活审美化的追求在深圳悄然兴起，蔚为潮流，这，我是亲身感受到了。

新出现的种种文化现象，向美学提出了新的问题，超出了美学的视域，美学应如何面对？香港中文大学的美学教授王建元博士，坦率对我说，迪士尼乐园已马上在香港兴建，他要转向，以后就要研究这种新文化现象了。这位在台湾以研究"雄浑""崇高"著名的美学家，实际上要转向文化研究了。但另一位朋友刘昌元教授却不以为然，不想转向，仍要继续他的美学深思，研究哲学美学。我则以为，美学要面向现实，仍可有所作为，应及时提出：走向文化美学。我鼓动文学院长郁龙余教授，深圳大学应及早组织一套《文化美学丛书》，推进文化美学的建设。就在新世纪初，我为《文化美学丛书》写了一篇总序，就叫《走向文化美学》。广州的《学术研究》后来发表了我这篇总序。此时，中国艺术研究院的《文艺研究》正在回顾文艺美学廿年的历程，探索今后如何发展。我写了《发展文艺美学》《超越古典：文艺美学新方向》等文，其中也都表达了我的这种意向：走向文化美学。

　　那么，文化美学研究些什么呢？这就要面向我们当前现实，考察我们的文化世界，出现了哪些重要的文化现象，出现了一些什么问题。2002年，我应《马克思主义美学研究》主编刘纲纪之约，写了一篇长文——《焕发新审美精神》。我在这里从宏观上审视了新时期以来的文化新格局，大众文化、主流文化、高雅文化已成三足鼎立之势，相互补充而又相互影响。当时大众文化正在蓬勃发展，方兴未艾，但我以为还未成为国内的主流文化，高扬主旋律的文化还是主流，而高雅文化还多为"古雅"，急需跟上时代步伐的"新雅"却最为微弱。文化美学正就可以从美学上来研究大众文化、高雅文化、主流文化之各自之所长，又如何促进相互之间的取长补短，相互提升，各得优化，共同繁荣。当务之急，不管大众文化、高雅文化、主流文化，都急需提高水平，焕发新审美精神，从时代感、人性化、超越性三方面提升，按美的规律来创造。这篇论文的主体部分，曾在2002年被《辽宁日报》转载，发生了一定的社会影响。

　　但文化美学不能只停留在对当前文化作宏观透视，还需要对具体文化现象作微观剖析。生活审美化，审美生活化，既然已在我们生活中发生，文化美学就要给予研究。我以为，出现这种文化现象乃是好事，不能简单否定，但不能因此而否定文学艺术在社会生活中的重要作用。我在《文艺报》上发表过一篇《生活审美化，艺术应何为》，中心意思是在说：生活审美化，使审美进入平常百姓的生活中，那么，文学艺术的使命不是减轻了，而是应在生活审美化的基础上，提高审美水平，而审美水平提升了的文学艺术，反过来又进入平常人的生活里。艺术审美和生活审美相互促进，逐步提升，这才是良性循环。而文化美学正就可以研究艺术审美和生活审美的互动关系，促进这种良性循环。所以，走向文化美学，绝非要消解文艺美学，而是要让文艺美学超越古典，面向现实，使文艺美学更深入发展。

无论是文化美学，还是文艺美学，都不能离开价值论。我们的审美活动是一种感性活动，审美体验也是感性体验，这已成了美学共识。但我们常忽视，审美活动中含有审美判断、反思判断，审美体验中含反思性体验，价值体验。艺术创造，更是一种创造价值的实践活动。因此，文化美学、文艺美学不能没有价值视角，更不能缺少价值目的。在这世上存在的文化艺术并不都是美的。正如人类的劳动，既创造了美，也制造了丑（异化劳动），艺术既有美的，又有丑的。上个世纪六十年代末，我完成的副博士论文《古典作品为何至今还有艺术魅力》，是说经典作品中体现了真、善、美，最高的价值追求应是三者统一，但有的以"善"见长，有的则突出了"真"，有的则以"美"取胜，具体作品要作具体分析。所以，若要细析历史上留下来的，有"真"的文学，有"善"的文学，当然也有"美"的文学。但我如今见识越多，就愈加明白：在这世上，还有那么多的"假"的文学，"恶"的文学，"丑"的文学。这里的关键之处，就是：文化艺术是否按美的规律来创造。文化美学的价值目的，就是要促进文化艺术能按美的规律来创造。如今，文化事业正在欣欣向荣，文化产业也在蒸蒸日上，但我却不时担心：究竟生产出来的是什么产品？如果对人类无益，再多生产，又有何用！但愿我这是杞人忧天，庸人自扰。

倾情自然美学

过了古稀之年，我招收的文艺美学博士生逐渐少了，可以不必都围绕着文化艺术来言说。此时，我国的生态危机日渐凸显，对自然美的呼唤，在我内心里也就突出浮现出来。

我自小就对自然之美情有独钟，到了北京，也是对大自然心向往之，念念不忘，一有机会，就去游访名山大川，欣赏自然风光。当初到深圳，和校长说好，来去自由，只要中文系办起来，就可以回北大。但我初到深圳，就为这个还未被人污染的大地所深深吸引。虽然当时还只是一个像我在二十世纪五十年代初到北大时见到的海淀那样，只是个小镇，但自然风光迷人，蓝天、白云、碧海、青山、绿水，令人豁然开朗，心旷神怡，这样的地方在国内已是稀有。我喜欢这样的自然环境，只是当时还未下定决心要来定居。这里的人文环境也好，单纯、宽松、自由。学校初创，清规戒律的束缚不多，办了三年中文系，我竟可以自由决定把它扩建成国际文化系，只需校长认同，不需再惊动更多上层。这在当时国内，实属首创，尚无先例（北大还只有国际政治系），要到九十年代，国内才有其他院校设立国际文化专业。为此，《光明日报》还在1988年作了头版介绍，这为中文系的发展开拓了新路。正是有了这样的自然环境和人文环境，我作了这样的重大人生选择：不回北大了，就在这里潜沉下来。我为自己写了四句，记下当时的心态："漂泊京都数十年，半生尽染书卷气；南来放眼看世界，方知尚有新天地。"

廿年的飞跃发展，使这里的自然环境和人文环境都发生了急速变化，有使我欢欣鼓舞的，也有令人沮丧的，令人最伤心的是不少原生态的自然之美被毁灭了。无数青山被削平，许多河水被污染，天空常被阴霾所遮蔽，阳光、空气和水，这些大自然赐给人类的最基本的礼物，都在丧失其自然本色，自然被人化了，但这种人化不是都在优化，很多是在劣化。深圳大学本靠海湾，我初来时，住在紧靠海边湿地的"海涛楼"，晚上真的能卧听海涛声。海边湿地长着碧绿的红树林，生机勃发，给人美感。1986年深圳市成立美学学会，我特聘王朝闻为名誉会长，接来深圳大学住了几天，天天陪他夫妇来红树林散步，流连忘返。回去之后，王朝闻还写了一封信来，谈他此行的感受，盛赞那红树林之美。可惜，数年之后，那后海湾的一角已被填平，美景不再，红树林消失了，我恋恋不舍地搬离了这海边湿地，怅然若失。

自然环境的急速变化和我的生活息息相关，不断触发我对自然的思索：现代化就一定要破坏自然环境，难道这就是人类的命运？人的发展和自然的开发之间能否找到动态平衡？海天出版社要出一套《人与自然丛书》，邀我主编。这设想正合我意，欣然同意，有感而发，我很快在1999年春写就了丛书的总序：《珍重自然》。在这篇总序中，我发挥了在上年所写的《按美的规律创造》一文中的观点：人不能只在想象中求得"诗意地栖居"，而要在实践中真正实现，创造出真正美好的环境，这，只有如马克思所说："按美的规律创造。"人类的创造，既要运用"人"的尺度，又要顾及"物"的尺度。人和自然的关系，应是"以人为本，动态平衡"，既不是人类中心论，也不是自然中心论，而是以人为本的动态平衡论。为了求得动态平衡，人类要充分发挥自己的智慧和潜能，珍重自然，善待自然。人类不能只把自然看作我们物质生活的资源，而且还是我们精神生活的精神食粮，我们人类得以存在的环境。自然之美，乃"大美"，可以把我们引入"天地境界"——人类的最高境界。

生态危机日益凸显，我对自然美学的思索也就越来越多。进入新世纪以来，我阅读了大量生态学著作，拓展了美学视野。但我又感到，若要从美学的视野来考察世界生态，还是要和自己的审美经验联系起来。如果没有对自然的审美体验，就很难理解生态美的真谛。2005年8月，我应山东大学之邀，赴青岛参加生态文明的国际研讨会，我结合自己对自然的审美体验，宣读了一篇《生态之美何在》，不谈人文生态和精神生态，专说自然生态。依我看来，自然之美还是存在，不只存在于朱光潜所说的"意象"中，而且也存在于人的"生活"中。这自然之美，并非蔡仪所说的物种典型，也不是李泽厚所说的自然的人化，而是自然进入了人类生活而显出来的对人生的价值。自然之美只有在自然和人类发生了联系，在和人的关系中才生成和显呈出来，但这不是人的创造，而是自然本身向人的生成。天工造物，鬼斧神工，有的要亿万年才能生成，进入人类生活之后，人对自然发生了审美关系，天然之物也成了人的审美对象。人从大自然中来，最后又要回到大自然中去。人在活着的时候，在社会中生活，也在自然中生活，无时无刻不在和自然接触，我们的生活能离开空气、阳光和水吗？在自然生态正在被加速破坏的时候，我们应比过去任何时代更要彰显自然之美，通过自然审美来唤醒更多人来珍惜自然，爱护自然。为此，我在文中着重分析自然之美的独特魅力，不同于人文之美、艺术之美的不同特色。中国古来就有特别重视自然审美的传统美学，我们应把这传统发扬光大，关注自然美学。

我好从自己的审美经验出发来谈美，但我也尊重别人的审美经验，想从别人的审美经验中获益。廿年前，我写《文艺美学》时，还未去过郑板桥故居，但对他所谈论的园中之竹极感兴趣。2001年我去扬州开会，姚文放和高建平特别为我和钱中文、童庆炳等与会者安排，去访察郑板桥、刘熙载的故居。我在板桥门前小小庭园的数枝竹前徘徊良久，思绪万千。郑板桥自叙"晨起看竹"，看的就是园中的这几枝竹，这"园中之竹"是物质存在，人不去看它，也就无所谓意向对象。但板桥去看了，和"园中之竹"相遇，映入眼中，成了"眼中之竹"，这就可说是意向对象。但这"眼中之竹"在不同的人的"眼"里并不一样，要视看的人"意向"如何，既可成实用对象，又可成科学对象，也可成审美对象。到了郑板桥眼里，这眼中之竹成了审美对象，引发了他的情趣，对这"眼中之竹"放在胸中玩味，就在胸中产生了"意象"，这意象和情趣一契合就如朱光潜所说，生出了美感。这和情趣相契合的意象，存在于心中，也就是板桥所说的"胸中之竹"。这"胸中之竹"在板桥心胸里流动，"胸中勃勃，遂有画意"，就是想把这"胸中之竹"画出来。于是，板桥付诸实践，挥笔作画，"倏作变相"，成了"手中之竹"，最后作画完成停笔，这"手中之竹"转化成"画中之竹"。如今美学上争辩不休的，其实是把什么样的"竹"指称为美。叶朗发挥了朱光潜物甲、物乙的理论，毫不含糊地称：美在意象，只有"胸中之竹"才美，那"眼中之竹"说不上美，更何谈"园中之竹"了。而更多的人则以为美在画上，"画中之竹"才美。当代现象学中，对"现象"究何所指，也是众说纷纭，知觉之象？联想之象？想象之象？存在论的所说"现象"，也并不和这些一样，那么对美是什么现象，理解就更不同了。

诚然，和情趣相契合的意象确可成为审美对象，即使那黄山、太湖已不在我眼前，但我心中有黄山、太湖的意象，我自己在心中对这意象玩赏，也能得到审美享受，产生美感，这时，那意象本身就是我的审美对象。但是，若我亲去黄山、太湖，那真山真水直接在场，通过现象学所说的"本质直观"，迅速捉住了这真山真水的意象，这心中的意象引发了我的美感，那么，我也可以把那真山真水说成是我的审美对象。这是因为那真山真水直接在场，本象直接转化为意象，由此发生了审美活动——纯粹的精神活动。在我看来，审美活动不是认识活动，更不是实践活动，而是内心体验的意象活动，但那审美的对象，既可以是我以外的物象、人象、事象等等，这是本象，也可以是我自己心中的意象。而从我个人的审美情趣出发,更喜爱亲临真山真水,直接和大自然亲密接触,对直接在场的审美对象进行自然审美。我不愿只看画中自然,影视中的自然(这也能产生美感),而宁愿长途跋涉,每年尽量要寻觅一个远离尘嚣的海岛安静一阵,从南海的文莱、沙巴,一直到印度洋的马尔代夫,在海天一色中体验大自然之美,领悟人生价值。

感谢命运的恩赐,我感到最大欣慰的是,在跨入古稀之年的我,在这已经显得喧嚣的现代都市里,终于找到了一个可以亲近自然的家,在靠近深圳河的地方安居了下来。这里面向香港的流浮山和后海湾,从高处可以远眺山和海,前无遮拦,视野开阔,每天都可以体验到自我在天地之间,我与大自然有着亲密接触。天一亮起身就直奔泳池,身水交融,还可仰卧水上,仰看悠悠天空,浮想联翩。早餐后自由阅读,看报、读书、撰文,读自己感兴趣的书:从小的为什么美,到大国如何酿成悲剧,从美国梦、欧洲梦到中国梦,从社会为何成败兴衰,到我们的地球究竟怎么了,都在我的视野之中。休歇间,放眼室外,远眺近邻香港,欣赏海湾、红树林,和自然融成一片,我把书房叫作望海书斋。

我深深体验到,这里一年中最好的时光,乃是在冬天的下午。每天冬泳归来,回坐客厅,正好夕阳西下,和煦阳光照在海面之上,把整个海湾都染成琥珀色。那晚霞在变化多端的云层中透射下来,蔚成在平地很难见到的绝色美景。在这美妙的时光,忍不住写了《冬泳》:

> 冬泳归来仍从容,遥看香江多青峰;
> 落日余晖染港湾,最美海上夕阳红。

越到后来,我越是感悟到,人类的文化艺术,也应向顺应自然这个方向发展,"师法造化,中得心源"这是文化艺术的根本法则。自我反思,我发现自己最喜欢的艺术还是音乐。我年少时是会弹风琴,如今却弹起钢琴来了。越弹越有兴致,在少年时听到的许多乐曲,竟然陆续都流淌到琴键上来了。记不起来的,才让我的一位研究音乐美学的博士黄汉华教授去找乐谱。如今,我能背下百首乐谱,每天弹奏三次,夜间最佳,此时已无从自然审美,那就从弹奏中自得其乐。最爱弹的乐曲是《春江花月夜》《二泉映月》《茉莉花》等能引起对大自然联想的乐曲。高兴之余,曾写下《琴乐》四句:

老来好弹少时曲,日奏三旋久自熟;
胸存百首指间流,怡然自得心常乐。

随着岁月的流逝,我越来越领悟到,顺应自然的生活应是简朴的生活,暴饮豪食,暴殄天物,不仅伤害自然,亦乃自我戕害。人应以最少的时间和精力来满足自己的基本需求后,要多花时间和精力去读书、思索、漫步、游泳、赏乐。过简朴的生活,为的是追寻更丰富的精神生活。人活在这世上,一要生存,二要发展,三要完善。适者生存,善者优存,美者乐存。心有真善美的追求,才有完美的人生。我在反思了这人生之后,写下了感悟:

人生苦短波折多,不如意事常八九;
尚幸留得平常心,犹持真善美追求。

美学伴随了我的一生,融入了我的生命;而我研究美学,也融入了我的生命体验,人生领悟。面对气象万千、丰富多彩的外在世界，无论是自然性的存在，社会性的存在，还是精神性的存在，天、地、人、心、符都拥入我的心灵，引发我的审美体验。日积月累，久而久之，在我内心也生成了一个精神世界，当外在世界不在场时，在内在世界里也会因联想、回忆、想象而引发内在的审美体验。但内在审美是和外在审美是相通的，共同提升了我的审美水平，促进我始终向往真善美。所以，对我来说，美学首先是为己之学，助我如何完善自我，走向完美人格的培育。但美学更要探索人类如何按美的规律来创造，使我们这个世界更美好，所以美学不仅是为己之学，而且是为人之学。每当我坐在藤椅里仰望天空，面向蓝天白云，心中不由得会时发感慨：如果世上已没有了真善美，那这个世界还值得留恋吗？

二〇〇九年初夏，深圳湾望海书斋

原载《美与时代》杂志2010年第2期，2015年收入海天出版社出版的《胡经之文集》第四卷。

人文之美靠创造

爱美之心，人皆有之。追求美，乃是人类的社会本性。

人来到这世界上，不仅仅只是为了活着，而且要活得好，活得有意义。我常说，人，要生存，发展，完善。寻求美好人生应是人类的共同理想。

我们生活中本来就有美，需要我们去发现，也需要我们去创造新的美。近代启蒙思想家梁启超说得好："美是人类生活一要素——或者还是各种要素中最要者，倘若在生活内容中把'美'的成分抽出，恐怕便活得不自在甚至活不成。"蔡元培在1912年任教育总长，倡导美育，后当北京大学校长，亲自讲授美学，为国内首创。他在1927年专门写了一篇《真善美》，研究"人类探求真善美的状态"。美国马斯洛论证了，一个追求自我实现的人，就要不断超越基本生活需要，谋求新的发展，在社会实现自我价值，而人类发展的最高价值，就是对真、善、美的追求。人性的最高品性应是真善美，正如王国维在《论教育之宗旨》中所说："完全之人物不可不备真善美之三德。"艺术的最佳功能也是弘扬真善美，正如鲁迅在《摩罗诗力说》中所云："美善吾人之性情，崇大吾人之思理。"

美好的人生，要靠人自己去创造。关键是如何去创造？马克思告诉我们：要按"美的规律"去创造。人类有三大生产领域：物质生产，精神生产，人自身的生产（简称为人本生产）。无论哪一种生产，都需要按"美的规律"去创造，才能使人的活动和结果都具有审美价值。

如果说，以主要满足实用为目的生产，其审美功能已在日益上升，那么，以主要满足审美需要的生产，其审美的功能就显得更为突出和重要了。如今要发展美丽的经济，当然要以创造美丽为直接目的，那就更需要按照"美的规律"来创造了。

大自然自身就具有天然之美，鬼斧神工，天造地设，并非人工所致。但如何利用自然之美来为人服务，却也必须懂得如何按照"美的规律"来安排。

我们生活在这个世界上，每个人都在和周围世界进行着物质、能量和信息的相互交换。但人和周围环境的交流，并不都能让我们感受得到，我们能直接感受得到的只是显"现"在我们面前的"象"。清末文史名家章学诚说得好："万事万物，当其静而动，形迹未彰而象见矣。故道不可见，人求道而恍若有见者，皆其象也。"但我们周围的环境，既有自然环境，又有人文环境，不同环境显现于人类面前，也就构成不同的象。章学诚就精辟地区分出了，在我们面前，既有"天地自然之象"，又有"人心营构之象"。依我看来，自然美就显现在"天地自然之象"中，而艺术中的意象美、意蕴美、意境美都是"人心营构之象"，是作家、艺术家通过头脑中的"虚践"（而不是"实践"）营构出来的，又通过建构符号，即符号（语言的和形象的）实践，使"虚践"转化为"实践"才创造出艺术作品。所以，我们把艺术创造称为精神实践，以区别于物质实践。

我想在"天地自然之象"和"人心营构之象"之外，增添一种"人文创造之象"，人文之美就在"人文创造之象"中。人文之美不同于天然之美，需要人来创造。这创造是"实践"，而不是"虚践"。人文之美源自两个方面,一是物的"人"化,人对物进行人工改造,有可能造成物之美;二是人的"文"化,人自身用"文"来改造,使人的身心都趋于优化。但无论是物的"人"化,还是人的"文"化,都需要按照美的规律进行,"人"化,"文"化的结果才能是美的,动态的化,化成静态的美。但人对物的"人"化和人对人的"文"化都是由"活动"造成,而无论是人和物的相互作用,人和人的相互作用,并非都在遵循"美的规律"。我们若要发展审美文化,使物不断"人"化,使人不断"文"化,就需要遵循"美的规律",才能使活动和产品都成为美的。

艺术之美,当属人文之美,是人的创造。但艺术之美却非一般的人文之美,而是一种特殊形态。艺术创造出一种艺术符号,乃是传达一种特殊的信息:人类的审美体验。作家、艺术家从生活中获得丰富的人生体验,从而把人生体验提升为审美体验,用艺术符号表达出来。我们的日常生活正在日益审美化,但并不能代替艺术创造,文学艺术并不因此而就要消失。艺术审美,并不能由生活审美来替代或消解。

自然审美、艺术审美、人文审美,一直到日常生活的审美,都需要发展,因此,对审美活动的研究如何走向深入,美学仍大有可为,其前景阳光灿烂。随着社会的发展,人类审美活动的范围在不断扩展,不仅审美对象日益多样而丰富,而且审美方式也更灵活多变。我们可以暂时从各种实践活动中抽身而出,对审美对象作静观默察,专心致志,目无旁骛,这是静态审美;我们也可以不脱离实践活动,在交往实践、生产实践、精神实践中直接审美,这是动态审美;甚至,我们还可以在外在对象不在场时,经由回忆、联想、想象等,对内在意象作内观、内游、内省而获得审美享受,这是内在的精神审美。

对审美活动的研究，可称为审美学，应是美学的基础。但美学不能只停留在对审美活动的研究，而应进而再研究创美活动和育美活动。美学应把审美、创美、育美作为一个整体来研究。审美活动只是一种精神活动，只发生在人的内心世界，使心灵发生变化，提高了审美能力，塑造了心理结构，但并未对外在世界产生什么影响。人类在现实生活中获得了美的享受，但不满足于此，而想进而从精神活动转向实践活动，按照自己的求美需要而去作新的创造，由审美提升为创美，从而使外在世界得到了改造。创美活动是在审美活动基础上发展出来的实践活动，不仅物质生产要按美的规律来进行，生成物质文化，而精神生产则就更要重视美的规律，生成精神文化。文化的每次进步，都是人向自由迈进了一步。文化的发展，都是为了人类自身的发展和提升，成为真善美品性的完整的人、自由个性，育美活动就是为了人的完善而进行的一种教育实践活动。审美、创美、育美这三大求美活动相互促进，美学应在三者的统一中，探索美的规律。在我心目中，美学应是探究人类求美活动（含审美、创美、育美）的规律的科学，重心在美的规律的探索，以便人类能按美的规律来掌握世界。

在深圳市美学学会"人文精神"座谈会上的发言
二〇〇一年秋，深大新村

原载《胡经之文集》第四卷，海天出版社2015年版。

美的规律各异同

一

　　文学艺术的创造，是为了满足人类的精神需要。作家、艺术家生产作品，是供人欣赏的，如果没有人欣赏，作品虽存犹死，白费工夫。如果作品发表出来，有人欣赏，而且，在鉴赏之后又有些评论，那就证明这作品有了社会反应，受人注意了。这对作者和读者都是好事。不久前，香港举办了一年一度的书展，上海作家王安忆在和读者见面时特别提到，改革开放之初，她的创作获益于文艺批评良多。她和文艺批评家结为朋友，相互切磋，从而，逐步地提升创作水平。那个时候，"批评家很诚恳地告诉你，你的写作局限性在哪里，然后，批评家和作家一起设想未来的蓝图。"

　　文艺批评的对象当然是文艺作品本身。既然要评价作品的优劣、好坏、高下，就必然要有评价的标准，若无标准，评价就会自说自话，各说各话，莫衷一是，说了白说。因此，王安忆十多年前就在《重建象牙塔》中呼吁：希望能够有一个标准，至少能够认定，这是文学，那不是文学；这是好东西，那不是好东西。我绝对不相信这个标准是没有的，否则的话，这个世界简直太虚无了。

真的，文艺批评确实需要有标准，半个多世纪前，我正好遇上了高扬文艺批评的时代，也曾参与到文艺批评的行列，深感文艺批评标准的重要。二十世纪五十年代后期，文坛上涌现出不少优秀的文艺作品，如《青春之歌》《红旗谱》《林海雪原》等，茅盾、周扬、邵荃麟等在文艺创作会议上先后倡导发展文艺评论，以推进新的文艺创作。周扬还亲自带着邵荃麟、林默然、何其芳、张光年到北大开设文艺理论讲座，倡导建设中国自己的马克思主义美学。张光年、侯金镜为在《文艺报》推动文艺批评，约请了报社之外的李希凡、李泽厚等担任特约评论员。当时，我和严家炎、王世德正在杨晦门下攻读文艺学副博士学位，亦都在特聘之列。国内开展"读书辅导"运动，上海文艺出版社专门出版了《读书辅导丛书》，约我写了一本评论李英儒《野火春风斗古城》的小书，一下就印了10万册。后来，我又陆续写了多篇评论王愿坚短篇小说的文章，其中一篇分析《七根火柴》的文章，还由中央人民广播电台向全国播放。在那个时代，我亲自体验了文艺批评所具有的力量。当时，我所依据的批评标准就是政治标准第一，艺术标准第二。这是革命高潮时代社会公认的价值标准，我真诚地信奉，自觉地遵循。只是，当时我还是个涉世不深的年轻学人，虽然参加过学生运动，却没有亲身经历过战火纷飞的艰难生活，缺乏真切的生活体验，无从切入那历史意蕴的深处，只能笼统地谈论作品的认识价值和思想价值，不懂得要从美学分析着手去揭示审美价值，更不懂得要从马克思所说的"历史科学"即历史唯物主义高度来评价作品的社会价值。

随着认识的与时俱进，文艺批评的标准也在逐渐演进，政治批评之外，又拓展为历史批评、社会批评、文化批评等等，而艺术标准的演进也逐渐转向美学批评。恩格斯自己谈他所作的文艺批评，乃是从美学观点和历史观点来衡量作品的价值的，而且还说，这是他作文艺批评的"最高标准"。马克思、恩格斯在评价希腊史诗、莎士比亚、歌德、巴尔扎克等作家作品时，都把美学观点和历史观点结合起来，揭示出了历史价值、社会价值和审美价值。列宁在评价托尔斯泰、冈察洛夫、赫尔岑等作家的作品时，也都既运用了美学批评，又运用了历史批评，揭示了历史内容和审美意义，旗帜鲜明地提出："应该把美作为社会主义社会中艺术的标准。"从马克思、恩格斯、列宁、普列汉诺夫一直到毛泽东，尽管对历史批评、社会批评、政治批评的关注重心略有不同，但都一致地重视美学批评。可见，美学批评乃文艺批评的题中应有之义，必不可少。可什么是美学批评，美学批评如何和历史批评结合得好？为解我自己的困惑，我对文艺学的关注，逐渐转向美学的思索。

二

我迈入美学之门有一个过程，大致经历了三个阶段。

一是我在北大就读之时，最初接触的是中国现代早期初创的美学。在入北大之前，年少时读过朱光潜的《给青年的十二封信》和《给青年的第十三封信——谈美》等，引导我进入了艺术美的境界，陶醉于艺术之美。《诗论》在崇尚艺术美的同时，却否定了自然之美：在艺术之美以外，自然中不存在美。朱先生的自然无美之说，一直使我困惑不解。从我自己的审美体验出发，大自然中明明存在着美，而且艺术中也映照出了自然之美，怎么能说只有艺术中才有美，而自然中无美呢？我带着这困惑上了北大中文系。那是在1952年秋，我很想在北大学习美学，以解心头的困惑。但是，那时北大不开任何美学课程，只开了一门课程"文学概论"，由中文系主任杨晦开讲。朱光潜、宗白华、蔡仪、马采等美学家都齐集在北大，但都不开美学。我在听文学概论的同时，特向杨晦请教，我想自学美学，该从何着手？杨晦要我先读蔡元培、梁启超的美学，再读蔡仪的美学。1953年初，我又去朱光潜家里请教，他却教我先读王国维、吕澂的美学，然后，再读宗白华的美学和他的《文艺心理学》。我综合了他俩的建议，先从蔡元培、梁启超读起，再读王国维、蔡仪。从1953年初到1954年夏的一年多里，我先后读了中国二十世纪前半个世纪的中国现代美学著作30部左右。所以，我最早接触的，不是苏联美学，而是中国现代美学。

浏览群书之后给我整体的印象，中国现代美学乃是探讨人生价值的美学，着重探讨的是人生如何能美好。尽管美学必谈文学艺术，但又不限于谈文学艺术，而是广及人类的物质生活、社会生活、精神生活。并不是只有艺术才美，生活中也有美。人类所以要创造出艺术美为了什么？中国现代美学的主流虽然首肯艺术是为了人生而创，但人生是什么，却有不同的理解。因而，艺术为人生也就有了不同的路径。王国维在《人间词话》中曾区分了两种不同的诗人，一种是"忧生"的诗人，还有一种是"忧世"的诗人。"忧生"者，立足于个体生命之生，感叹人生艰难，苦多乐少，为个人遭遇而忧。"忧世"者则放眼世道人心，感慨世事难料，人心险恶，为周围环境艰险而忧。在近代向现代转折的启蒙时代，梁启超最重视文学艺术的启蒙作用，特别推崇和倡导"忧世"之作，鼓吹"诗界革命""文界革命"和"小说界革命"，要在新小说里"熔铸新理想""创造新意境""运用新语句"，开启民智，启蒙新民，培育"新人心""新人格"。梁启超希冀通过文学的革命，启蒙新民，唤起民心，从而投身社会变革。由梁启超开启的这一美学传统，在五四新文化运动以后得到了继承和发扬。鲁迅、郭沫若、胡适、茅盾、曹靖华等在回忆中都说到了受梁启超的影响，连毛泽东、周恩来也受过启示。

王国维的美学和梁启超的美学有所不同。他的美学虽也关注"忧世",但更重视"忧生",而且,他的"忧世"不仅没有像梁启超那样激起变革社会的决心,反而为他的"忧生"增添了更多的烦恼。在他看来,生活的本质正如叔本华所说,充满了欲望,欲望不能满足就痛苦;而欲望满足之后,又感到倦厌。"故人生者,如钟表之摆,实往复于苦痛与倦厌之间者也。"那么,人有没有办法从痛苦和倦厌中解脱出来呢?王国维说有,那就是,"唯美之为物,不与吾人之利害相关可,而吾人观美时,亦不知有一己之利害。"王国维把审美看作是从生活之欲中跳出来的解脱之道,他研究文学艺术也就是探索如何进入艺术之境,以求得解脱。但最终,王国维自己也没有从艺术之境获得彻底的解脱。当北伐革命即将冲击到北京时,都在清华园当国学导师的梁启超、王国维采取了不同的行动。梁启超暂时出走,离开北京一躲,视事态发展再作打算;王国维却在内外交困的"忧生"和"忧世"的双重重压下,解脱不开,觉得生活在这世上已毫无意义,竟投昆明湖自尽了,终年才五十岁。

朱光潜的美学自成特色,对文艺创作过程中的意象运动作了较深入的探索,他称自己的美学为文艺心理学。他早期受王国维美学的影响甚多,所以劝我研究美学也从王国维入手。他比王国维更关注"忧世",深感到这世道人心缺少美。1932年他在《谈美》中深深叹息:"现世只是一个密密无缝的利害网,一般人不能跳脱这个圈套,所以转来转去,仍是被利害两个大字系住。"怎样才能跳出这世上的利害网?朱光潜劝青年要进入艺术的境界,艺术美化了人生,超越了人生,这是因为,"美感的世界纯粹是意象世界,超乎利害关系而独立,在创造或是欣赏艺术时,人都是从有利害关系的实用世界搬到绝无利害关系的理想世界里去。"王国维要从生活之欲中解脱，朱光潜则劝人从实用世界中跳出，都到艺术的意象世界中得到慰藉。朱光潜美学特别推崇艺术之美，所以再三阐明，美在物乙，美在意象，美只能是意识形态。到了后期，朱光潜美学有所变化，认识到美不只是意识形态，也还有非意识形态的，但始终认定，艺术美要高于其他美。

中国现代美学中最吸引我的，还是蔡元培的美学。蔡元培的美学没有像梁启超的美学那样，慷慨激昂，催人奋起，去激励人们立即投身社会改革；也不像王国维美学那样研究精深，引导人们潜入古典诗词的艺术意境，而是综合吸收了两家之长，平和全面而又自成特色。他把自己的美学建立在价值论基石之上，把美看作是一种价值。当时西方美学中的"移情说"影响甚大，认为自然之所以美，就是因为人类把感情移入了自然。蔡元培在那时就清醒地觉察到："感情移入的理论，在美的享受上，有一部分可以用，但不能说明全部。"大自然还是有自己独特的美，不能由其他的美来代替，"自然上诚有一种超过艺术之美"，但自然美也不能代替艺术美，因为，艺术之美，在"与自然相关以外，还有艺术家的精神寄托在里面"，所以，艺术美"有一种在自然美以外独立的价值"。在他看来，艺术的价值，主要取决于作品"激刺之情感的价值"，这就和道德教化、科学研究大不一样。道德教化在求善，科学研究在求真，而艺术审美在求美，获得美的享受，唤起美的精神。"美学的主观与客观，是不能偏废的。在客观方面，必须具有可以引起美感的条件；在主观方面，又必须具有感受美的对象的能力。与求真的偏于客观，求善的偏于主观，不能一样。"这样看来，审美活动这一精神活动，就是要使人的主观和客观达到动态平衡，从而获得审美的愉悦。在蔡元培看来，艺术的功能，不仅在于给人以审美享受，而且还潜移默化，陶冶人的情性，培养美的人格，进而，再可以去改造社会。依他之见,"爱美是人类性能中固有的要求",我们的教育,"知其能够持这种爱美之心因势而利导之,小之可以怡性悦情,进德养身,大之可以治国平天下。"蔡元培早年虽已晋升皇家翰林院,但眼看梁启超参与的百日维新惨败,深感清王朝已无药可救,随即抛弃官位,全心投入兴办新学。他觉察到,中国亟须新的教育,培养新人,才能救国。梁启超等的百日维新,"由于不先培养革新之人才,而欲以少数人代取政权,不能不情见势绌",所以失败。从此,蔡元培全力投入于"教育救国"事业。孙中山请他当首任教育总长,他立即把美育列入国家教育方针之中,成为中华文明史上的创举。蔡元培在1917年开始担任北京大学校长,在北大推行美育。就在那年,杨晦考进了北大的哲学门,亲身聆听过蔡元培的教诲,所以,他首先向我推荐,研究中国现代美学,要从蔡元培入手。杨晦所说的确有道理。二十世纪八十年代初期,我和叶朗、江溶等编《北京大学文艺美学丛书》,请杨晦、朱光潜、宗白华三人当顾问,我们优先推出了《蔡元培美学文选》。初步涉足中国现代美学,使我领会到了美的形态的多样性。我们这个世界上,不仅存在艺术美,而且存在现实美。艺术美精彩纷呈,文学、音乐、戏剧、电影等各有其美;现实生活中的美更为丰富多彩,自然美、人文美、精神美各放异彩。生活和艺术中,有美和崇高,还有丑、卑下、悲、喜、滑稽、荒诞等等各种形态,真、善、美激起人的审美快感,假、丑、恶则引发人的审美反感。阅读这些美学书籍,引起了我的美学思索,我想写一篇《美学初始半世纪》,作为我大学结业时的毕业论文。但还未及深思,历史就进入了一个新的阶段。1954年夏,北京大学来了苏联专家毕达可夫,开办了全国高校的文艺理论研究班,讲授《文艺学引论》,文艺理论要学苏联了。那时,我只是三年级学生,还无资格当苏联专家的研究生,中文系主任杨晦批准我去听课,并按规定写结业论文。我在大学毕业前的一年多里,主要就是听苏联专家的"文艺学引论"和写结业论文《论文学的人民性——兼论现实主义和浪漫主义》,已无精力再来钻研中国现代美学了。

等我重拾美学,那是1958年了。

我第二次涉足美学,是周扬在北大开设"文艺理论"讲座,呼唤"建设中国的马克思主义美学"之后。作为马寅初、江隆基特邀的兼职教授,周扬带领了邵荃麟、张光年、林默涵、何其芳主动到北大来开设这个讲座。当时,我和严家炎、王世德正在跟随杨晦攻读文艺学副博士研究生。经杨晦提议,受学校之命,我担任了这个讲座的助教,因而有缘出入周扬家,亲受教诲,从而,决定了我今后的学术方向,由古典文艺学转向马克思主义美学。

这次重拾美学已和大学时代自学美学不一样。那时还没有"马克思主义美学"这一概念,只是出于个人志趣,漫无边际,浏览群书,只求博通,尚无专攻。这次却是目标明确,朝着"建设中国的马克思主义美学"方向发展,而且,关注点把文学艺术放在中心,专攻文学艺术中的美学问题。周扬在演讲一开始,就开门见山地说:生活和艺术都要美,但毛主席说,艺术可以而且应该比生活更美。他没有说艺术美就一定必然比生活更美,而是说可以而且应该,这就要看作家、艺术家有没有这个本事了。马克思主义美学应当从这里开始,来研究如何创造艺术美,艺术美怎样才能比生活更美。于是,我的学术志趣也就逐渐转向艺术美的探讨。

此时,我已经注意到,二十世纪五十年代后期的苏联文艺学已从美学角度对艺术的审美特性作了较为深入的研究。斯大林时代过去之后,苏联文艺学早已兴起了审美学派、文化学派,开始探索文学艺术的审美价值。当时的苏联哲学,已从马克思的价值学说出发,尝试建立自己的价值论,区分出了劳动价值、使用价值、交换价值、剩余价值、物质价值和精神价值等不同价值。苏联文艺学中的审美学派和文化学派更进而对精神价值作了深层的区分,揭示了审美价值和认识价值、道德价值的异同。那么,文学艺术具有什么样的精神价值呢?文化学派的代表卡冈认为,文学艺术不仅具有审美价值,而且具有认识价值和道德价值;优秀的文学艺术,应是真、善、美这些正面的精神价值的统一。而审美学派的斯托洛维奇则认为,文学艺术虽然也包含认识价值和道德价值,但主要的还是审美价值,优秀的文学艺术,在作品中都要使善、真转化为美。当时我就觉得,历史上的文学艺术形象错综复杂,必须根据其具体情况作具体分析。历史上出现过大量的假、丑、恶的文艺现象,也创造出了众多真、善、美的文学艺术。最伟大的文学艺术能达致真、善、美的统一,这是文学艺术的最高境界。但也有许多优秀作品,或以真见长,或以善见长,或以美见长,不一定都能做到真、善、美统一,具体作品要作具体分析。但真、善、美应是文学艺术的永恒追求。

其实,正是因为复杂多样的文学艺术具有各不相同的价值内涵,或具真、善、美,或具假、丑、恶,所以才需要有文艺批评来加以审辨,而文艺批评也需要有自己的真、善、美的价值理念。鲁迅说得好,每个文艺批评家也都有自己的批评圈子,"或者是美的圈子,或者是真的圈子,或者是前进的圈子。"

基于这样的思考,我就把我的文艺学副博士论文定为《古典作品为何至今还有艺术魅力》。这篇论文在1960年完成,发表在《北京大学学报》(1961年6月),后被收入北京大学出版社的《美的追寻——胡经之学术生涯》一书中(2003年)。马克思在论及希腊艺术和史诗时曾谈到,最大的困难在于了解"它们还继续供给我们以艺术的享受"。我想接着马克思所说,尝试解释中国古典文学为什么至今还对我们具有艺术魅力。我从主体和客体两方面分析:从主体方面说，今人的需要和能力是否具备；而从客体方面说，古典作品要具真、善、美的价值内涵，具体作品要作具体分析。优秀的作品，有的偏重于真，有的偏重于善，有的则偏重美，因而，有真的文学、善的文学、美的文学，价值内涵的重心有别。那时，我想从价值内涵真、善、美三个维度来评价好艺术、好文学，具体作品如何把真、善、美三个维度结合起来成为一个有机整体，优秀作品如何按照美的规律来创造。但是，美的规律如何落实到作品的言、象、意这一艺术结构中，还有待于作进一步的探索。我当时还未能进入这个深层结构，那要等到改革开放初倡导"文艺美学"之后，才开始对艺术美的内在结构尝试作些研究。但我相信，优秀古典作品之所以不朽，乃由于其中具有真、善、美的精神价值。

"文化大革命"期间，不能再去研究美学了，但我抓住了机会，钻研了一下《红楼梦》，还攻读了一下《资本论》，目的是想弄清楚马克思的价值学说。《剩余价值理论》是在二十世纪七十年代才翻译过来的，但在人民出版社一出版，我就赶紧找来读了，想进而弄清楚使用价值和审美价值、艺术价值的联系和区别。

改革开放之初掀起的那场新启蒙运动，激发了我重新投入美学研究的热情，这是我第三次把目光转向美学。

1980年初春，我和朱光潜、杨辛三人代表北大去昆明参加了全国第一次美学会议。在全国高校美学学会成立大会上，我积极倡导文艺美学，提出在艺术院校和文学系科应该开设和哲学美学不同的文艺美学。我这一倡议事先是和朱光潜先生商讨过的，他最看重文学艺术了，当然赞成。艺术院校和文学系科的代表热烈响应，我深受鼓舞。回到了北大后，我就陆续办了三件事：一是在当年就为研究生和高年级开了一门课，就叫"文艺美学"；二是在文艺学研究生招收方案中，新辟了文艺美学这一专业方向，并在1981年首次招收了文艺美学硕士生；三是我和叶朗、江溶一起在北京大学出版社主持了《文艺美学丛书》的编组。《美学向导》是推出的第一本，首印就有12万册，一销而空。朱光潜、宗白华、蔡仪、王朝闻、李泽厚等均有文章，我则写了《文艺美学及其他》，倡导文艺美学。我在北大的讲稿，后整理成《文艺美学》一书，1989年出了初版，北大百年校庆时又收入《北京大学文艺美学精选丛书》。我作了较大的修改和增补，成为第二版。

我在《文艺美学》中想阐明这样的基本思想：尽管文学艺术不必然就一定是美的，但应该而且可以是美的，这是人类的价值追求所使然，我们渴望生活要美好，也希望艺术更美好。而艺术要能美，就必须像马克思所说的，按照美的规律来创造。文艺美学就是要研究文学艺术是怎样按照美的规律来创造。美的规律不是抽象的，而是具体的，渗透在物质实践和精神实践的多种多样活动中，互有异同。艺术创造，作为人类掌握世界的一种独特方式，和其他实践方式互有异同，具有自己的美的规律。在艺术创造的整个过程中，从作家、艺术家的审美活动开始到构建艺术作品，再到作品走向社会为人接受，每个环节中都有美的规律发生作用，但美的规律在作者—作品—读者的不同环节中却各有异同。再进一层，不同的艺术品种，文学、音乐、雕塑、绘画、建筑、舞蹈等等，美的规律又互有异同，不能一律。作家、艺术家在生活中所感受到的审美体验，更是千差万别。发现自然美，构建人文美，欣赏精神美，都存在各自不同的美的规律。就是在已经完成了的艺术作品的结构中，怎样把符、象、意多层次因素构建成一个有机整体，也就有艺术创造的美的规律的存在。这些，文艺美学都应加以研究。在这里，最大的困难还在于怎样才能阐明深入生活对于艺术创造的深刻意义和价值。作家、艺术家对生活要有广泛和深刻的审美体验，深入领悟到生活的意义和价值，才能成功地把现实生活转化为意象、境界，按美的规律创造一个意象世界，从而物化为符号。直接经验对于作家、艺术家来说特别重要，要以直接经验为基础，不断汲取间接经验，才能创作出优秀的艺术作品。深入生活，直接参与实践活动，"读万卷书，行万里路"，对生活有了深切的体验，才能对生活作出诗意的反映，诗意的裁判，揭示出人生的意义和价值，寻求诗意的人生。所以，在探讨艺术创作过程之前，我专辟了一章，阐明作家、艺术家在实践生活中直接面对活生生的现实，亲身参与审美活动，以身体之，以心验之，从生活中获得丰富而深刻的感受。回想起来，我对文学艺术的关注，还是局限在作者—作品—读者这三个环节，没有把艺术创作进程放在时代历史、社会生活更广阔视野中来考察，重视了美的自律，相对忽视了历史的规律。其实文学艺术的发展，既要遵循自律而自我运转，又要围绕整个的历史的他律而公转，就如马克思所说，行星既在自转，又在围绕太阳公转。反顾一下普列汉诺夫对法国文学艺术的研究，颇能给我们很好的启发。他善于把美学的分析和历史的分析结合起来，把法国十八世纪的戏剧放在整个社会的历史发展中来考察，揭示出了当时的戏剧，从"闹剧"发展为"悲剧"，再发展为"流泪喜剧"，反映了不同历史阶段的审美趣味的变化。这审美趣味的变化恰好表现出了社会的变化。他对文学艺术所作的历史分析和美学分析，令人信服。我国自改革开放以来的文学艺术发生了激烈的变化，现代的、前现代的、后现代的文化特征，几乎是同时显现，审美时尚不时变换，使人眼花缭乱，目不暇接。我们迫切需要像普列汉诺夫那样，用历史唯物主义的眼光，对当下的文学艺术巨变作历史的和美学的分析。我们急切需要别林斯基所称道的运动的美学。

由此想到，我觉得对文学艺术的美学探讨，当前更急需和文艺批评相结合，更好地发扬李长之所倡导的这种传统。

文艺美学这一学科的冠名不是我想出来的。我在二十世纪七十年代看过台湾学者王梦鸥一本论文学的美学问题的小册子《文艺美学》，觉得这书名简洁醒目，我在后来用了。当时我孤陋寡闻，没有看到李长之的著作，要到我在二十世纪九十年代看过他的《苦雾集》之后，方才知道，他早已提出过"文艺美学"这一概念。1935年，李长之在《论文艺批评家所需要之学识》一文中提倡，文艺批评家要有多种学识，而"文艺美学是文艺批评家的专门知识"。1942年在《释文艺批评》一文中，又再提倡文艺批评需要文艺美学。李长之自己就付诸实践，积极运用文艺美学原理来从事文艺批评，所以，他的文艺批评就富有美学色彩，他的理论文章也密切联系文艺创作实践。我以为，文艺美学在今后的发展，应该继承和发扬文艺美学和文艺批评相结合的这种传统。

三

文学艺术的社会意义和价值，只有置于社会生活之中才能见出。如果把文学艺术放在整个结构中考察，那么，文学艺术乃是属于社会的上层建筑领域的那种"悬浮于空中"的意识形态。

马克思说得好："在不同的所有制形式上，在生存的社会条件上，耸立着由各种不同情感、幻想、思想方式和世界观构成的整个上层建筑。"文学艺术的内容，就是由各种不同的情感、幻想、思想按不同的方式熔铸而成，它由社会产生，反过来，又对社会发生反作用。说它"悬浮于空中"，那是因为它离社会的物质基础较远，中间隔着政治、法律、道德等许多"中介"环节，不是直接发生作用和反作用。但是，文学艺术还是社会生活的反映，问题在于如何理解这个"反映"。

对此，我有我自己的理解。二十世纪六十年代初，蔡仪主编教科书《文学概论》，我参编，受命撰写第一章《文学是社会生活的特殊的意识形态》。在这一章中，要简明扼要地体现出主编蔡仪的最基本的文学观念。两年里，我先后写了五六稿，中间和蔡仪有多次交谈，反复琢磨，最后由蔡仪改定。此章的第一节开宗明义就先说"文学是社会生活的反映"。照我当时的理解，这"社会生活"应是作家参与其中的现实的社会生活，应涵盖物质生活、政治生活、交往生活、精神生活等多层次。那么，这第一章是否要从作家参与社会实践谈起，从社会实践的展开，深入多层次的社会生活。作家之所以能在文学作品中构想出丰富多彩的意象世界，就因为反映了社会生活。"问渠那得清如许，为有源头活水来。"但蔡仪觉得，不要一开始就从现实的社会生活谈起，还是要从已被反映在文学作品中的生活现象说起，然后才追溯到创作的源泉——现实的社会生活。

听从主编的旨意，我改变了思路。从阅读文学作品着手，我把文学作品中所描写的生活现象归纳为三类：一是人文现象（《红楼梦》《子夜》里所写的），二是自然现象（广义的社会生活包括了人类接触到的自然现象，如山水诗里所写的），三是精神现象（感情生活、幻想生活都在内，如《西游记》所写的）。蔡仪基本同意这种说法，但他把描写幻想生活的这一类特别分出来，像古代的神话、现代的寓言以及《西游记》《聊斋志异》这一类，描写的是超现实的事物，是对社会生活的幻想的反映。说到文学艺术中所写的自然现象时，蔡仪是要我这样写的："无论哪种作品中所描写的自然事物，总是人们生活中所接触的，为人们所关心的事物，总是和人们的生活有关系，而不是无关系的事物。因此描写自然景物的作品，实质上也仍然是社会生活的反映。"至于说到文学中描写人的精神生活现象，蔡仪则特地加上了一句，说这是"整个社会生活的一个方面"。

文学在反映社会生活时，必然表现了作家的思想倾向性。蔡仪当然很重视文学的思想倾向性，主张作家要有先进的世界观，但他几次对我说，文学的真实性是第一位的，文学的根本是要反映生活的真实。文学的最高成就是反映生活的本质，这只有创造出的典型形象才能做到，最优秀之作就是要创造出典型环境中的典型性格。《文学概论》的第一章，基本上就是按照这个思路展开的。

对生活现象的典型化，确实是使艺术创造能高于生活现象的重要手段。马克思主义创始人对艺术创造中的典型环境中的典型性恪极为推崇。要能创造出典型环境中的典型性格，不是普通文学艺术所能达到的，这是艺术创造的极高境地。艺术创造的美的规律多种多样，容许有不同的新的探索。普列汉诺夫对车尔尼雪夫斯基的美学多有肯定，指出文学艺术不仅仅只是再现生活，而且还说明生活和评判生活。在一些文学作品中，甚至把说明生活和评判生活放在首要地位。而作家、艺术家要去说明生活和评判生活，心目中就要有自己的价值理念：什么才是美好的生活，应当如此生活。在普列汉诺夫看来，关于美好生活，应当如此生活，还是现实中尚未实现的理想。作家、艺术家要能真实地再现生活、说明生活、评判生活，就要有美好的生活理念。所以，普列汉诺夫在1897年就说："艺术家如果同时不能告诉我们，他是怎样了解社会生活现象的，就是说，不能以自己的方式向我们说明生活现象，他就不能对于生活现象作出自己的判断。"因此，他提出，文学艺术的创造应该由现实主义和理想主义相混合。

在恩格斯的心目中，优秀的剧作应该具有较大的思想深度、意识到的历史内容、情节生动而丰富，应是三者的"完美的融合"。这当然是很高的要求，需要作家、艺术家有丰富的生活经验、广阔的视野，更重要的是，要能对生活作出"诗意的裁判"。1883年，恩格斯在给拉法格的信中，特别称颂巴尔扎克的《人间喜剧》真实地反映出了1815年到1848年的法国历史，对这一重大的历史转折时期的社会生活，作出了"诗意的裁判"。恩格斯高度赞扬了巴尔扎克的作品："在他富有诗意的裁判中有多么了不起的革命辩证法。"裁判，就是作家对所描写的生活现象作出价值判断，对那些生活现象的意义和价值给予评价。而这种裁判，在文学艺术中不是理论的评析，而是诗意的裁判。俄国的文艺批评家沃洛夫斯基早在近百年前就把文学艺术称作是对生活的诗意的反映，是"审美的意识形态"，以区别于"政治的意识形态"。在他看来，"人类创作的这个领域，其实质是对生活作出诗意的反映"。依我看，文学艺术对生活的"诗意的反映"，其核心则是"诗意的裁判"，其实也就是康德所说的审美判断，这是一种价值判断。只是这种价值判断蕴含在人生体验中，融入艺术创造的意象世界中。"诗意的裁判"当然涵盖对真、善、美的肯定，但不限于此，也还有对假、丑、恶的否定。巴尔扎克所写的《人间喜剧》，既展示了贵族的可悲，也写出了商人的可笑，对社会生活中的丑恶作了讽刺。对此，当代已有不少作家、艺术家有了自己切身的领会。一向重视电影中的诗意的导演贾樟柯，在谈及最近的新作已接触到社会中的罪恶、暴力、丑陋时说道："一个导演站在这样一个社会里，你要对人的命运有基于历史、社会和美学纬度上作个人的判断，真实地呈现你的判断和感受。"只有对人生有了真实的判断和感受，才能有诗意，从而"观众才能感同身受，才能有一种美感"。从他导演的电影来看，确实比较接近普通百姓的感受，颇具一种新的人民性。

关于文学艺术，马克思主义创始人不同的场合有过不同的论说。有时说，文学艺术是人类掌握世界的一种方式；有时说，文学艺术是社会意识形态之一;有时说,文学艺术是生产劳动的一种方式及其产物。这些论说,其实是互补的,而非矛盾的。对文学艺术,确可以从不同的视角来揭示其不同方面的特性和规律。而我最为关注的还是文学艺术要怎样才能按照美的规律来创造。马克思说,人类懂得按照任何物种的尺度来进行生产,并且随时随地都能用内在固有的尺度来衡量对象,所以,人也按照美的规律来创造。这里所说的生产,乃是物质生产,那么,作为精神生产的一种,艺术生产就更应按照美的规律来生产了。并不是所有的文学艺术就必然一定遵循美的规律,但应该而且可以遵循美的规律,以求创造出为人所喜闻乐见的优秀作品来。

我们的文艺美学当然不能只停留在对马列经典的阐释上,而应在正确阐释的基础上,接着马列经典继续向前言说。更重要的是要从马克思主义的根本精神出发,和中国的文艺实践相结合,回答和解决我们中国自己的问题。这就需要运用马克思主义来对新的文艺现实作新的探索。大众文化的兴起、日常生活审美化、文化产业的发展,使文学艺术本身也发生了变化,都需要面对。肆意抬高和简单否定都不符合辩证法,需运用马克思主义来解决发展中出现的问题。

自改革开放以来,中国的文化面貌发生了前所未有的变化,前现代文化、现代文化和后现代文化几乎是同时性呈现,使人眼花缭乱,无所适从。我个人经历的反差之大,实在惊人。1984年初,正在负责创办深圳大学的清华大学副校长张维院士盛情邀请汤一介、乐黛云和我三人去参与创办中文系和国学研究所、比较文学研究所。5月,我独闯深圳亲身考察。当时季羡林、杨周翰都赞成我们去深圳,在香港边上开拓一个国际文化交流的平台,和北大南北呼应,以促进中外文化的国际交流。那时,深圳是个只有3万多人的边陲小镇,虽不能称文化沙漠(这里有历史久远的粤文化),但确实现代文化气息稀薄。我第一次到深圳,只要用半天时间就可以在镇上转一圈,这印象就似在1952年我从苏州到北大旁边的海淀一样。这里只有一个文化宫、一座戏院、一所新华书店。深大离小镇很远,离蛇口倒很近,蛇口更少文化设施,只有黄宗英从上海来这里新开了一家电影院。深圳的电视台是办起来了,只是播放新闻或转播,虽从上海请来了祝希娟,正在筹设文艺栏目,可远水救不了近火。于是,深圳市民和新来的拓荒者,都把目光转向香港的四个电视台节目。这里离香港近,看香港的节目,清清楚楚。那时,懂粤语的市民就看那以"搞笑"见长的两个粤语台,而我们这些不懂粤语的外来人,就看那两个打了中文字幕的英语台。

正是这个时光,风起云涌的港台大众文化最初就拥入深圳。我在深圳最先接触到的就正是这种大众文化。从1984年开始的那三年,我差不多每天晚上都可看到香港播放的电视、电影,所放的所有奥斯卡金像奖得奖影片都看了(每晚放两集),还有便是台湾、香港的影片、大众文化。那时,深圳书摊上到处是台湾、香港的通俗小说,内陆还没有,我也开始看一些通俗的小说,从琼瑶的古典式爱情小说、亦舒的现代式爱情小说,到后来梁凤仪的财经小说,这使我惊奇,小说还能这么写。当时,深圳的歌舞厅文化极为发达,流行歌舞在这里更加兴盛了。内陆人通过二线关入深圳,都想到歌舞厅去亲身体验一下。来深圳的最初几年,我在这里亲身体验到了大众文化的兴起。

改革开放之初,北大开始和香港学界有了学术交流,在港任教的叶维廉、李达三、袁鹤翔曾先后来访。香港中文大学也开始邀北大学人访港。新亚书院最早请了朱光潜去讲学,和钱穆会面,继而又请了王瑶去访问。我接着王瑶,在1986年初春也去了新亚书院,在香港中文大学山顶住了一个多月,和饶宗颐、黄继持、袁鹤翔、也斯等多有交往。他们直率地告诉我:香港虽也有精英文化,但只在校园,社会上还是大众文化占绝对主导。在大学校园里受推崇的还是高雅文化。那时,香港还只有两所大学:香港大学、香港中文大学。正在筹建第三所大学——香港科技大学,岭南、浸会等等还只是学院。校园文化还是以高雅文化为主,文化精英受到尊敬。金庸、倪匡、亦舒的书无论怎样畅销,但这些通俗作家却不可能进入大学讲堂。金庸有自知之明,到了晚年,还是到剑桥去攻读了博士学位,他是真想做学问。我最先是和香港学者饶宗颐等打交道,后来,我又以深圳市作家协会主席身份常和香港作家交往,和刘以鬯、曾敏之、犁青、张诗剑、梅子等都熟悉起来了。我才逐渐知道,香港虽然大众文化兴旺,但文化极为多元,确有许多作家出于对文学的真诚爱好,以一种严肃的态度在写作,甚至自掏腰包,贴钱出书。

对于大众文化,我并不全盘接受,我就不喜欢金庸的武侠小说。尽管我在小学时代也曾一度迷醉在武侠小说之中,但等我长大以后就再也不爱看了,那太虚无缥缈远离现实了。大众文化中确有不少优秀之作能吸引人,这里也应有其"美的规律"在,只是我当时尚未作进一步的探索。

大众文化兴起之后,不久就有日常生活审美化现象出现。日常生活的审美化,这也是我在深圳最先感受到的。1984年小平南方视察之后,深圳就日益兴旺起来,只有3万多人口的边陲小镇,到我去时,已膨胀到数十万。可到九十年代初,这座新城跌入低谷,那年春节,我到市里一看,人去楼空,已几乎见不到人,都回老家去了。如今,人口猛增,已接近2000万。小平1992年南方视察之后,随着经济的飞跃,日常生活亦在审美化了。日常生活的审美化,先从衣食住行开始。最早是流行时装,不时举办时装模特比赛,甚至标上"国际""世界"称号。其次是推广美食。"食在广东",本就出名,深圳兴旺之后,更广采中外饮食之长,茶肆酒楼林立。居住条件在这里更在日趋优化,深圳是新城,住宅大多是新建的,装修力求舒适、美观。城市绿化在国内亦属一流,道路两旁绿树红花相间。我最满意的是,打出租车极方便,沿路口招一招手就有车停,比上海、杭州更便捷,更不要说比北京了。这里的出行极为方便,要去海外,只需乘上快艇直奔香港国际机场,而不必再去绕北京。我的体验,深圳是一个最适合小康之家和中间阶层居住的城市。在二十世纪九十年代,日常生活审美化在深圳的发展还比较健康,不像后来,出现了一些暴殄天物、摆阔铺张、炫耀浪费、奢靡成风的不健康现象。日常生活审美化如何防止畸形化,我们的美学应予关注,但日常生活审美化还将继续存在。我们的生活丰富多彩,美也有多样性。

无论是大众文化的兴起,还是日常生活趋向审美化,都是改革开放以后出现的新的社会现象,不能一概否定。人要生存、发展、完善,希望生活不断提升。改善生活,当然先从物质生活开始,然后再向人际交往、精神生活发展。马克思说到人的感觉的丰富时,除了说五官感觉的发展外,特别说到人类还发展了精神感觉和实践感觉,正是这样,人类才有更高的精神追求。日常生活审美化的发展,应及早转化为过简朴生活,向充实精神内涵提升。一个城市理想的文化格局,应是大众文化、高雅文化相互促进,发展出雅俗共赏的主流文化,高扬主旋律,三者形成良性循环,从而使这个城市的文化不断提升。

我是这样想的,而且还在我力所能及的场域,力求付诸实践。我到深圳不久,市里就动员我去当文联主席。我婉言谢绝,坚持在深大教书。但文艺界还是推举我当了兼职的作家协会主席、文联副主席。后来，我和文联主席又领头成立了文艺评论家协会。我积极参与了深圳的文艺评论，中心议题一直是鼓吹深圳文艺要坚定地走自己的道路，形成自己的特色，不要照搬香港。若要避免像香港那样，大众文化成了主宰其他的主流，深圳就要：一、普及高雅文化；二、提升大众文化；三、高扬主旋律，扶持雅俗共赏的主流文化。主流文化既要吸收大众文化之长，又要借鉴古往今来的高雅文化，只有雅俗共赏，才能成为文化主流。自深圳经济特区建立10年始，共出了3本深圳市的文艺评论集，每一本上我都撰文阐明我的思想。特区成立20年，我为《深圳文艺二十年》一书写了长篇序言《深圳艺术之路》，《文艺报》作了转载，阐明在市场经济条件下，文化发展如何进行自我调控，文学艺术既要多样化，又要高扬主旋律，发展雅俗共赏的主流文化。2008年，为迎接深圳经济特区成立30年，我和当时的文联主席董小明主编了一套《深圳文艺理论批评丛书》，收入深圳市文艺评论家的理论批评书籍10种。我在所撰写的总序《文艺评论求创新》中呼吁，文艺评论要面对当下现实，探讨文艺创作中的新问题。

在我的学术生涯中，我的学术关注有基本不变的，也有因时而变的。我爱从美学上来看世界，这基本不变，但关注的重心会发生变化。自到深圳之后，我对新的文化艺术现象的关注多了起来。一是文艺美学应从过去的关注古典转为面向现实。在二十世纪九十年代，我连续写过《面向当下》《向往超越》《反思文艺美学》《发展文艺美学》等文章。二是文艺美学应该拓展新的领域，把文学艺术置于整个文化系统中来研究，吸取文化研究之长，走向文化美学。三是面向新的现实，文化艺术应发扬新的美学精神。在2002年，我应《马克思主义美学研究》之约，写了一篇长文《焕发新审美精神》，对此作了阐发。

日常生活的审美化，审美的日常生活化并不是一回事。日常生活的审美化乃是把日常生活予以审美化了，主要是对物质生活的审美，把物质享受提升为审美享受。审美的日常生活化乃是把审美活动经常化，这里的审美活动就不限于物质生活的审美，也应包括精神生活的审美，琴棋诗书画进入日常生活。这两者应有所区别，但我觉得都应该予以肯定。"旧时王谢堂前燕，飞入寻常百姓家"，这有什么不好？问题在于，我们的审美不能只停留在物质生活层面，我们的生活世界不只有日常生活，还有超日常生活。文学艺术在日常生活审美化之后，不是消退，而是应超越日常生活，达到更高的境界。我为《文艺报》写过一篇文章，题名"生活审美化，艺术当何为"，意思是说，文学艺术不能只反映日常生活的审美化，停留在低水平层次，而应该超越日常生活审美化。高尔基说，文学艺术是人类组织经验的最好方式，人类不只有日常生活经验，还有丰富而广阔的社会生活经验、精神生活经验。文学就应该把那些比日常生活经验更丰富、更宽广的经验组织在作品中，创作出比普通生活更高的作品。文学艺术的价值追求还是真、善、美，最高的艺术境界应是真、善、美的完美结合。

弘扬主旋律，提倡多样化，这是文学艺术发展的正确方向。主旋律、多样化都要发挥正能量，关键还是价值理念要以人民为本位。所谓主旋律不能只仅仅看作是题材的选择，更是价值导向的正确。大众文化、高雅文化、主流文化的区分，只是为了适应不同文化层次人群的审美需要，但都应有正确的价值导向，输送正能量。如今的文学艺术产品的数量已达空前规模，关键是如何提高质量。我希望今后的发展，应以"精"为要、以"民"为本、以"特"为贵。

文学艺术的功能不能只归结为审美。优秀的文学艺术蕴含着真、善、美的追求，美只是一个维度。仅就审美这个维度而论，审美既可使人放松，也能使人振奋。席勒在他的《审美教育书简》中就区分了"溶解性的美"和"振奋性的美"两种，崇高就属于振奋性的美。席勒说他倡导审美教育，就是"要在紧张的人身上检验溶解性的美的作用，在松弛的人身上检验振奋性的美的作用，从而使美的两种对立的种类变成理想美的一体性"。我们的文学艺术，应该发挥这样的作用：让那些急功近利、暴躁激进的人能沉静下来，而使那些意志消失、无所作为的人能够振奋起来，共同为实现中国梦而奋斗。国家富强，民族复兴，人民幸福，这正是中国人的共同目标。我们的文化艺术要为实现中国梦作出新的贡献。

说到这里，我又想起了蔡元培、梁启超，在中国由近代向现代迈步的早期启蒙时代，他们那一辈也都有中国梦。他们梦想以美启人，培养新民，变革社会。这在军阀混战不止、内忧外患不断的时代很难实现。但这种博大的美学精神，值得我们今天继承和发扬。

跨入新世纪后，我国的美学就更多关注了日常生活的审美，生活美学受到了重视，这是历史发展的必然，不能妄加否定。但是我们的美学也不能仅止于此，而应有更为广深的拓展。美学应该面向当下现实，深入城市化进程和生态文明的建设中，探索怎样才能按美的规律来行进。美学发展的道路宽广得很，我们足可自主创新。我们的美学视野应更多关注我们的精神生态、人文生态和自然生态，对艺术审美、人文审美和自然审美仍需作深入的研究。美学当然得首先研究人类的审美活动，但若作进一步追问：审美的意义何在？那就不能不和人类的创美活动和育美活动联系起来作统一的研究。我们之所以需要审美，其直接的作用当然是为了满足精神需要，给人以精神享受，直接丰富了精神生活。但审美对人还起间接作用，至少有三：一是提升人的审美判断的精神能力，懂得审辨鉴别美丑；二是培养人的审美创造的实践能力，把审美转化为创美的实践，在物质生产、精神生产和人自身的生产中，都能按美的规律来创造；三是促进人类自身的审美教育，培育人向德、智、体、劳、美的全面发展。审美向创美、育美延伸，需统一起来考察。

美学何用？学以致用。在我心目中，美学是探索人生意义的价值之学，引导人走向美好的追求。人生何为？人生的意义，在马克思的人生信条里，就是为了"人类的幸福和我们自身的完善"。为了达致这个人生的最高目的，人就必须和周围世界建立起自由和谐的美好关系，"从心所欲不逾矩"，个人自由不能违背仁义、人情和天理，而必须合情、合义、合理。所以，美学于我，既是人生价值哲学，又是我的信仰所在：美学伴我悟人生，心向至美人生幸；从心所欲不逾矩，自由和谐美方真。

二〇一三年秋，深圳湾望海书斋

应《艺苑名家》之邀，写成此稿。2015年收入海天出版社出版的《胡经之文集》第一卷。

中华文明重和美

当今世界最大的发展中国家——中国，正在走向现代化。

现代化不是要抛弃历史传统从零开始，而是要在人类传统文明的基础上，汲取精华，加以创新。美国现代化研究专家英格尔斯在《人的现代化》一书中说得好："现代化倾向本身就是人类传统文明的健康的继续和延伸，它一方面全力吸收着人类历史所创造的一切物质和精神财富，一方面又以传统所从来未曾有的创造能力和改造能力，把人类文明推向一个新的高峰。"

人来到这世界上，要在世上生存、发展和完善，成为独特的存在，确实可以称为此在。人生在世，此在怎样才能和世上的其他存在相处？相处之道，多种多样，变化无穷，但在中国古人看来，根本之道就在于"和"。作为此在的人，面对人的世界、物的世界、心的世界，都以"和"相待，才能建构美好的世界。中华文明以和为善，以和为贵，以和为美。和谐、和合、和平、和气、和好、和美等等，都是"和"的具体表现。"和"是中国历史传统中一以贯之的根本精神，贯穿于自然哲学、社会哲学、精神哲学之中，当属中华文明的精华，应该发扬光大。如今，我们可以站在现代文明的高度，运用当代系统哲学的方法，对此作新的阐发，予以创新，发展成为我们处理人和世界各种关系（包括文化冲突）的基本精神。

什么是"和"?"和",就是各有差异、矛盾的多种要素整合为一个动态平衡的和谐的整体。"和"既不是"异"又不是"同","和"整合了"异"和"同"而又超越了"异"和"同"。早在我国春秋时代,古人就把"和"与"同"作了区分,阐明了"和而不同"的道理。在《国语》中,史伯(公元前八世纪)对郑桓公讲说,周朝之所以走向衰落,正在于"去和而取同"。只有容纳"不同",使之相"和",才能促进万物生长,繁荣昌盛,这叫"和实生物,同则不继"。和而不同,才是万物得以兴旺生长之道。公元前六世纪,齐国大夫晏婴在回答昭公所问"和与同异"时,旗帜鲜明地说:"异!"在《左传》中记下了晏子对"和"的精彩见解。他先以所食之羹为例,阐明味之美,乃是由好几种不同的味道调适而成。正如后来葛洪在《抱朴子》中所说:"虽云味甘,匪和弗美。"和羹之美,在于合异。接着,晏子又进一步以音乐为例,说明了音乐要动听,一定要多音相和,声音的各种因素,清浊、大小、短长、疾徐、哀乐、刚柔、迟速、高下等,相济相成,经由"和"而构成一个整体。如果只有一种声音,"若琴瑟之专一,谁能听之?"经过他的一番阐发,晏子最后作出结论:治国之道在于和而不同,"同之不可也"。

中国的文人雅士,好谈论琴瑟之美,晏婴已把琴瑟之美归结为和,确有道理。宋代大文学家苏轼写了一首《琴诗》,内中问道:"若言弦上有琴声,放在匣中何不鸣?若言声在指头上,何不于君指上听?"只有琴,那琴弦是不会自动发出声音来的;可是,只有指,也不能奏出音乐。这也是一种"和":手指和琴弦的协和动作。但琴曲的关键处,还在于那弹奏出来的声美本身:多音相和,抑扬顿挫,旋律韵调,如行云流水,一气流通,按一定的调式建构一个完整的机体。所以,后人常说:"琴所首重者,和也。"当然,我们还可以进一步追问,那优美的乐曲又是怎样创造出来的?《乐记》中说:"乐之务在于和心。"作曲家为了创造出美妙的音乐,必先调动内心世界的多种精神因素,感情、联想、想象等等,相济相和,构成还只在内心世界存在的心曲,然后进一步精心营构,把心曲符号化,谱写成乐谱。从构思到谱曲,都渗透着"和"。乐曲演奏,把乐谱转化成音声,心曲流向了声曲,又通过声曲流向了赏乐者的心灵。声美扣动了赏乐者的心弦,引发了美感,得到了美的享受。而演奏者在演奏乐曲时所得到的美感,不像赏乐者那样,只来自精神感觉,而且,也来自实践感觉,在得心应手、琴手相和的实际操作中,直接获得了美的享受。"和"贯穿了音乐创作—演奏—欣赏的各个环节和乐曲的整体之中。

以和为美,不仅体现在饮食、音乐领域,而且还扩及更广阔的领域,"和"成为更高的境界。春秋时代,楚灵王大兴土木,建造了奢华的"章华之台",自鸣得意,叫大夫伍举一起登台欣赏,兴高采烈地问道:"台美夫?"不料伍举大泼冷水,向楚灵王反问:"若于目观则美,缩于财用则匮,是聚民利以自封而瘠民也。胡美之为?"他不是把亭台楼阁孤立起来评价,而是把它放在整个国家这个大系统里考察,那建造亭台经楼阁的意义就发生了变化:"若敛民利以成其私欲,使民蒿焉忘其安乐,而有远心,其为恶也甚矣,安用目观?"劳民伤财,奢华浪费,大兴土木,满足私欲,这只能招来民怨沸腾、离心离德。伍举坦言:"臣不知其美也!"伍举向灵王正面阐明了他对美的见解:"夫美也者,上下、内外、大小、远近皆无害焉,故曰美。"他这里所说的美,乃是作为整体的国家之美。作为整体的系统内部关系(上下、大小)和内外关系(远近、内外)都应协和,而无害于国家的整体。如果系统内的各种要素有害于整体,那这个要素就不能称为美。对国家、百姓无害是底线,而国家内部关系和内外关系的协和,就跨入和美的境地。

在中国传统文化中，人和自然（天、地）相和，人和天、地三位一体，臻于和美，乃是人能达到的最高境界：天地境界。

在人还未产生之前，大自然混沌一片，天地未分，就如老子所云"原始混沌"，是个混沌世界。道生一，一生二，二生三，在混沌中生成了天和地，从而又生成了人。大自然在不断地运动，自我生成，人就是在自然中生成的，由此形成了天—地—人的三位一体。

中国古人也早自春秋时代以来，就意识到了，整个宇宙乃由天—地—人所结构而成。天—地—人之间，既各自独立而又相济相成，构成一个整体，正如陆象山所说："人与天地并立而为三极。"上为天，下为地，人立于天地之间，顶天立地。在这整体结构中，人以天地为体。天地浩荡，无边无际，作为其中一体的人，本十分渺小，犹如苍海中之一根芦苇、天空中的一粒尘埃、宇宙中的一点琐屑。但是，"人者，天地之心也"（《礼记》），天地自身本没有心，人的生成，就产生了天地之心。所谓心，正如王阳明所说，"心无体，以天地万物感应之是非为体。"人的心能去感应天地万物，从而使人和天地相和。心，"只是一个灵明"，是脑的反映功能，但正是因有了这点"灵明"，才能去感应这个世界。王阳明说得好，"天，没有我的灵明，谁去仰他高？地，没有我的灵明，谁去俯他深？"人若没有这点"灵明"，在这个世界上根本就无从生存，更何谈发展和完善。

正是因为人乃天地之心，所以能懂得天—地—人三位的一体性，能自觉地调整人和天地之间的关系，寻求天—地—人之间的"和"，调控天—地—人之间的矛盾冲突，使之协调发展，趋向和美。中国人从事任何活动，办任何事，都要把这事放在天—地—人这个总架构中来衡量，从而见机行事，随机应变，掌握到了"天时、地利、人和"，方敢付诸实践。这正如荀子所说："上不失天时，下不失地利，中得人和，而百事不废。"

中国传统文化把天—地—人作为一个有机整体来看待，符合自然的辩证法。美国学者尤利称道中国古代的朴素辩证法，"完整地理解宇宙有机体的统一性、自然性、有序性、和谐性和相关性，是中国自然哲学和科学千年来探索的目标。"在此，我需要补充的是：探索天—地—人的和美，这不仅是中国的自然哲学，而且也是社会哲学和精神哲学的目标。中国古典哲学突出的是和合哲学。

中华文明，百家争鸣，百花齐放，各有千秋，和而不同。道家更重天人合一，物我一体；禅宗则重内心体验，心气平和；而儒家则突出了人人相处，以和为贵。天、地、人各有其道，人道、天道、地道三者之中，占中国传统文化主导地位的儒家，更重视人道，在天时、地利、人和三要素中，人和更为重要。这是因为人有那点灵明，可以主动顺应天地，"顺天之时，因地之宜，存乎其人"（《农书》），所以孟子干脆说："天时不如地利，地利不如人和。"天道远而人道迩，靠天靠地更要靠人自己。为了突出"人和"这一环节，儒家还把天—地—人这个系统加以延伸，君—亲—师也被纳入了"人"这个小系统，变成天—地—君—亲—师。但中国历史上仍不断出现突出天地之美，乃万物之本的言论，如董仲舒在《春秋繁露》中说"和者，天地之所以生成也""天地之化精，而万物之美起"。世上万事万物之所以美，正在于"举天地之道而美于和"。从历史发展看，中华文明内部，儒、道、佛诸家，都在相互补足，趋向和合。

如今我们生活于其中的这个世界，已经极其复杂。人的世界、物的世界和心的世界，相互作用而又相互制约。人的世界本身的失衡、心的世界本身的失衡、物的世界本身的失衡，已随处可见，人和世界（自然、社会、精神）如何能取得动态平衡，寻求相互间的协和发展，已变得越来越困难。但人类别无出路，只有继续向前探索，寻求走向和谐世界之路，使人的生存状态能和自然生态、人文生态、精神生态都得到和谐一致。最关键处，还是要充分发挥人的那点"灵明"，依靠人的智慧，全方位地解决人与自然、社会、精神的失衡现象，取得人和世界的动态平衡。"人与天调，然后天地之美生"（管子），天与人相和，才有天地之美。但"天地有大美而不言"（庄子），因为天地本身并无灵明，而人有灵明，就可"原天地之美而达万物之理"。领悟了天地之美的人，就跨入了天地境界，"得至美而游乎至乐，谓之至人。"庄子的最高理想就是要做"至人"，这在如今自然生态日益恶化的世界里，已难以达到，但我们仍然不该放弃这种为"得至美而游乎至乐"的理想追求。

大千世界，文明各异。人类在长期历史发展过程中形成了各种不同的文明，中华文明是其中之一。西方文明、印度文明、阿拉伯文明、俄罗斯文明等等，自成传统，各有特色。比如，西方文明一开始就以人、神、物三位一体；后来又深入人、神、物的内部精细解剖，分门别类，发展为各门科学；如今，有识之士又在力求把天、地、神、人作为一个整体统一起来。但海德格尔还是为神争到崇高地位，我则不以为然，还是以天地人为一体。但在中华文明中，科学思维长期薄弱，中华文明应吸取其他文明之长，使中华文明充实、提高。不同文明之间的差异，会引发种种矛盾，甚至发展为冲突，这并不使人奇怪。但我们生活在同一个地球上，应该让不同的文明和平共处，无须夸大和助长不同文明的矛盾和冲突。"和而不同"的中华精神对解决文明冲突应有启发作用。按照"和而不同"的精神，不同文明应该通过文明对话、相互交流，促进不同文明的互补与和合，但又让不同文明保持和发扬各自的特色。和合不是同一，而是包容了特异在内的更高层次上的和美。一个和美的世界，既保存了不同文明的多样性，又使不同文明的"世界性"和"民族性"都得以彰显。

我们生长在同一个地球上，同样生活于一片天底下，我们应该共同努力，构筑人类共同命运体，创建一个和谐的世界，共享天地之大美。当然，这是一个漫长的过程，按我的江南前辈费孝通的想法，先要从"各美其美"开始，通过国际交流，进入"美人之美"，也能欣赏别人家的美了，然后才能"美美与共"，最后进入"天下大同"。费老说得好，但我犹觉意有未尽，想接着他再续四句，那就是："世界之美，同中有异，异中有同，和而不同。""和"融合了同和异，统一了"世界性"和"民族性"，有更大的包容性。和而不同，世界多彩，各有其美；万邦协和，互通精粹，共享和美。

为太湖国际文化论坛首届国际研讨会而作
二〇一〇年九月，深圳湾望海书斋

原载《世界和谐的通途》，新华出版社2013年版，后收入海天出版社2015年版的《胡经之文集》第一卷。

和而不同共谈美

人从大自然中来,最后还是要回到大自然中去。大自然优先于人类,即使人类不存在了,大自然依然存在着。人来到这世界上,当然不能脱离社会而生活。人在社会中生活,当然要依靠人,人与人结成社会关系,每个人都生活在一定的社会关系中。但人也离不开物,没有物,人无法生存。物有两大类,一是自然之物,天然而成;二是人为之物,劳动而成。但即使是人为之物,最终也来自天然。马克思在《资本论》中说得很透辟:"人在生产中只能像自然本身那样发挥作用,就是说,只能改变物质的形态。不仅如此,他在这种改变形态的劳动中还要经常依靠自然力的帮助。"[1]当人类的需要日益发展,大自然不能满足人时,人类就要靠自己的劳动实践,创造新生活,但正如马克思、恩格斯在《德意志意识形态》中所说,"在这种情况下,外部自然界的优先地位仍然会保持着。"[2]所以,人类社会要发展,仍然需要以自然为基石,不能违背自然规律。人和大自然必然要结成生命共同体。

然而,对人类来说,大自然有着多重层次。大自然至少有三重

---

[1]《马克思恩格斯全集》第2卷,人民出版社,1995年版,第121页。
[2]《马克思恩格斯全集》第1卷,人民出版社,1995年版,第77页。

层次，一是人化自然，已被人类的实践活动所人化了，打上了人的烙印；二是还未人化，还未被人类的实践活动所改造，但已和人类发生了联系，进入人类生活；三是既未人化又未和人类发生关系的宇宙，广大无限。宇宙也有多重，尚不可测。

尽管人类之外的宇宙有多重，但我们只能生活在地球上，我们只有一个地球。人类若要在这个地球上生存、发展和完善，就需要构筑好人类命运共同体，同舟共济，相互扶持。

这当然需要脚踏实地，付诸实践。我国倡导的"一带一路"发展战略，说干就干，立即行动，遇水搭桥，逢山开路，已初见成效。这是构筑人类命运共同体的硬件建设，奠定共同富裕的物质基础。但紧接而上的，应是重视文化这一维度，重视软件建设，为共同发展奠定思想基础，以先进的价值理念，引导未来。

文化，在人类命运的变更中发挥着伟大作用。习近平说得好："一个国家、一个民族的强盛，总是以文化兴盛为支撑的，中华民族伟大复兴需要以中华文化发展繁荣为条件。"中华文化源远流长，中华民族的伟大精神终始没有中断，延续至今，这在世界历史上甚为罕见，这正是中华民族伟大复兴的精神根基，又是中华民族继续发展的精神动力。文化，按费孝通的看法，"文化本来就是人群的生活方式"，涉及广泛的领域。但是，精神文化乃是整体文化的内核，而精神文化的核心，正是价值理性。价值理性最关切的是：人类的发展究竟要达到什么目的，要创造出一个什么样的世界。而要达到此目的，人类必须掌握什么样的手段和工具，选取什么样的路径，这是工具理性。作为人类灵魂的精神文化，既具价值理性，又具工具理性。价值理性为人类指明方向，但只有发展工具理性才能实现意向，所以，我们既要发展人文文化，又要发展科技文化。价值理性和工具理性在实践理性中得到统一，推动社会前进。"文化的每一

个进步都是迈向自由的一步。"（恩格斯）

我到深圳即将有三十五年，在这改革开放前沿阵地，我深切感受到了深圳的成功，既发扬了科学精神，又发扬了人文精神，工具理性和价值理性相互促进，良性互动。当初，深圳经济建设刚起步，市长就下了决心，贷款一亿多，要创建一所新的大学。开始，市府还只想到要培养急需的建筑、电子、财会等人才，但请来的首位校长张维院士就向市长力呈己见，畅谈深圳大学一开始就要重视人文学科。这位以科技专家闻名于世的清华大学副校长，在粤海门荒滩上建起校舍后，就立即宣布成立了中文系和国学研究所。从张维校长开始，深圳大学的发展，既重视科学技术学科，又不偏废社会科学和人文学科，学科得到了全面发展。深圳四十年的发展，既抓硬件，又抓软件，既抓高科技，又抓文化建设。在第一次创业时期，就有超前意识，文化先行，就已建起了八大文化设施。到第二次创业，又建起了新八大设施，分布在市民中心周围，构成新的文化中心。如今，与时与进，又在掀起第三次文化建设高潮，建设新的十大文化设施，努力建成图书之城、钢琴之城、艺术之都，积极引进国内外的著名高校，加速培养高层次人才。深圳正在逐渐形成自己的文化特色。

构筑人类命运共同体并非是要使丰富多彩的文化趋于单一化。不同的文化，千姿百态，这就需要通过国际交流，相互理解，方能获得共识，从而统一行动，共创未来。费孝通从他毕生的经历出发，道出了文化交流的大致过程："各美其美，美人之美，美美与共，天下大同。"不同文化区域的人，开始只是"各美其美"，欣赏自己的文化；但通过文化交流，也就逐渐欣赏别人的文化之美；进而，天下之人，大家都能欣赏到了天下之美，天下就成了大同世界。他说得很好，我只是觉得意犹未尽，想接着费老的话，作一点补充，在这"大同"中，还是同而有异，异中有同，最好的说法，还是古人所说的"和而不同"。所以我在2011年应太湖世界文化论坛之邀去苏州出席首届国际年会时，在发言时就集中说了"中华文明重和美"。我接着费老的话，又补充了四句："世界之美，同中有异，异中有同，和而不同。"最后还是落脚在"和而不同"。

国际文化交流，"请进来"和"送出去"互动，开拓了我们的国际视野。"五四"以来，我们的前辈学者先行先施，像蔡元培、陈望道、朱光潜、梁实秋等更多地把西方文化请进来，而钱锺书、钱穆、饶宗颐、林语堂等则更致力于把中国文化送出去，各擅其长。而季羡林更是倡导要把"请进来"和"送出去"结合起来，相互促进。1981年他就带头在北大成立了比较文学研究会，开展国际交流，还积极鼓励汤一介、乐黛云和我一道到深圳来，开拓一个新的平台，和北大南北呼应，推进国际学术文化交流。我们一到深圳，饶宗颐就代表香港中文大学，和香港大学的罗忼烈，东亚大学的程祥徽三人同来祝贺中文系和国学研究所的成立。我们依靠毗邻香港的优势，在1985年就在深圳大学开展了国际学术文化交流。我在1988年把中文系扩建为国际文化系，饶宗颐就积极支持，出谋献策，助促国际交流。

国际文化交流的开展，确实能促使人们从"各美其美"上升到"美人之美"，审美视野扩展了，但若要进入"美美与共，天下大同"的境地，尚有漫长的道路要走。我们的美学，应该更多更深地领悟和阐发中华文明以和为美的传统和道理。

中国古典美学传统，一向突出以和为美的思想，从日常饮食起居一直到天地人和，追求的都是"和"。"和"包含了"同"，但并不等于"同"，还包含着"异"。对"和"的追求贯穿在整个人生之中，不仅要追求"人人之和"，人与人之间的相和，而且要追求"天人之和",和"天地之和",亦即天地人和。我们如今要建构人类命运共同体和生命共同体,就是这种"和"的精神的继承和发展。

中华文明重和美,不仅追求"天地之和""天人之和"以及"人人之和",而且特别重视"人心之和",亦即精神之和。人生活在世界上,不仅人的内在世界要和外在世界相和,而且人的内在世界亦要相和。精神世界内部的相和,即"人心之和",体现在文学艺术的创作中。特别是音乐,最讲究和而不同,要把各种相异的声音,刚柔、哀乐、短长、清浊等融合在一起,建构成一个和美的整体,目的在调整心态,达致心气和平。古人老早就懂得,"乐之务,在于和心",声乐如此,器乐亦如此。苏轼在《琴诗》一诗中问:"若言弦上有琴声,放在匣中何不鸣?若言声在指头上,何不于君指上听?"后人回答得好:"琴所首重者,和也。"明代徐上瀛在《溪山琴况》中说:古人乃是为了"理一身之性情,以理天下人之性情,于是制之为琴。其所首重者,和也"。最难能可贵的是此书还深入到奏琴过程中,具体分析了琴瑟之和:"吾复求其所以和者三,曰:弦与指合,指与音合,音与意合,而和至矣。"琴瑟之乐,正是通过弦与指和,指与音和,音与意和,达到了"性情中和","和"贯穿在整个过程之中。苏轼在《听僧昭素琴》一诗中说"散我不平气,洗我不和心",这正是听琴的效应。

每当我想起苏轼的琴诗,就会立即联想起席勒在《审美教育书简》中之所论,倡导美育,就是要调节人的精神世界,"要在紧张的人身上检验溶解性的美的作用,在松弛的人身上检验振奋性的美的作用,从而使美的两种对立的种类变成理想美的一体性。"说得好,我们的文学艺术,正应该发挥这样的作用:让那些急功近利、性情暴躁的人能沉静下来,而使那些意志消沉、无所作为的人能振奋起来,共同为中华民族的伟大复兴而作出自己的贡献。

在改革开放的鼓舞下，在八九十年代我通过香港从自我闭塞的书斋中走向了世界，直接体验和感受到了不同文化之间，同中有异，异中有同，但并非都能达到和而不同的境地，这需要人类自己来掌控。恩格斯谈到过，人类的发展，已经有过两次提升，先从物种关系中提升，超越了其他物种，又从社会关系中提升，掌握社会规律，从而从社会关系中获得自由。但恩格斯又进而说过，人类，不仅要成为自然的主人，还要成为社会的主人，更要成为自我的主人。我觉得，这说得好。但要成为自我的主人，就需要有第三次提升，那就是在文化关系、特别在精神关系上再作提升，从而才能把握住自我，使人类自己能和自然、社会和谐相处，达到动态平衡。人类通过自己的实践，既要掌握自然规律，又要掌握社会规律，更要掌握自己的人文规律，使三大规律为人类所掌控，协调一致，人类才能生存、发展和完善，从人依赖人，人依赖物质再向全面发展的自由个性生成。马克思在谈到人类的物质生产时说，人应该按美的规律来生产，我们应该按着马克思的话说下去，不仅物质生产，而且精神生产以及人自身的生产（可简称为人本生产）都应按美的规律进行。我们要构建人类命运共同体，不仅物质文明、精神文明、社会文明、政治文明、生态文明要协调发展，而且也应按美的规律来进行，才能为未来创造出一个美好的世界。

为中外文艺理论学会深圳年会（2018年）而作
二〇一八年十一月二十日，深圳湾望海书斋

时代呼唤文化美

一

"弘扬中华文化,促进国际交流",中华文化促进会的这个宗旨太吸引人了,正符合我们这个时代的迫切需要,洋溢着伟大的时代精神。我们要发展和建设社会主义文化,正需要在弘扬中华文化,促进中外文化的交流中,取长补短,相互吸收,向真善美的价值方向推进。

我个人在改革开放之后,也开始关注国际文化交流,曾把深圳大学中文系扩建成国际文化系,积极开展国内外学术文化的交流。新世纪之初,中华书局建立九十周年,我应邀到北京香山参加座谈,我就写了一篇长文《中华文化如何走向世界》,如今收在《胡经之文集》的第四卷《文化美学》一书中。

我高兴地看到,我国在新世纪初开始实施中华文化"走出国门"的战略,增强我们的软实力。经过十多年的奋斗,如今我国的文化产品的出口,已雄居世界各国之首,成为世界上最大的文化产品出口国。联合国在2016年发布了一个关于文化贸易全球化的统计数据,中国在2004到2013的十年间,文化产品的出口已由104亿左右美元,急增到601亿左右美元,在2010年就已超过了美国,至今仍在继续。我国文化产品的出超,意义重大,令人鼓舞。

但是,我们也要清醒地看到,我国出口的文化产品,结构失衡严重,和发达国家的文化出口相比,反差甚大。我们出口的大多为音像制品,复制视听互动类文化,甚少创意设计,原创性极为稀缺。中国的文化产业,利用了高科技,但还只是在外表、符号上多下功夫,而对创意、内容上下功夫钻研还很不够。我们的"中国功夫"在海外的影响甚广,给人留下的深刻印象是:中国人爱打斗,动不动就大打出手,武打功夫十分了得。娱乐至上的风气也在蔓延,今年春节热销的《美人鱼》《三打白骨精》《澳门风云3》等就糅合了武打和逗笑。所以,不少有识之士在肯定文化产业的成就的同时,又在竭力呼吁,大众文化亦应"内容为王"。

我一向看好大众文化。当大众文化方兴起之时,国内曾出现过一笔否定之声,我则不以为然,因为大众文化中有好有坏,需作价值分析。我小时听民歌《茉莉花》,就深深为之吸引。此曲不仅风靡江南,还漂洋过海,远播欧美。从周璇所唱的电影插曲《真善美》,感叹"真善美,真善美,他们的欣赏究有谁",一直到庄奴所作的《小城故事》,唱出"小城境界真善美",这都表现出了人类对真善美的追求。大众文化和高雅文化都应该而且可以求美,差别之在于大众文化求的是浅显之美,而高雅文化求的是深奥之美。浅显之美,明白易懂,直觉即得;而深奥之美,较为复杂,颇费思量,需有更多更高的美学修养。英国美学家鲍山葵在他的《美学三讲》里,曾从错杂性、紧张性、广阔性三个方面探索了"艰奥之美"。在他看来,"艰奥之美"区别于"浅易之美",乃是"只能有少数人欣赏的美"。"浅易之美"通俗易懂,为广大人群喜闻乐见,所以大众文化的兴起和发展,势在必行,不可阻挡。

我想进一步说明的是，大众文化在发展过程中并非都在按美的规律来创造，其中有真善美，也不乏假恶丑。有些大众影视作品，竭力渲染色情、暴力、权谋，不惜篇幅，津津乐道，就是不向真善美方向引导。大众文化中更多的是平庸之作的大量存在，急需提高质量，向雅俗共赏的方向提升。我年少时听闻陶行知谈教育，教育能浅入浅出，那是通俗；浅入深出，最为可恶；最佳的境界应是深入浅出。受此启发，我以为大众文化要提升水平，就应从浅入浅出着手，进而发展到深入浅出。理所当然，大众文化为了要扩展更广的接触面，当然要尽量发挥高科技的手段功能，让广大听众、观众能很快接受。但是，大众文化更应关注精神内涵的提升，精神意蕴要加深，更多关注真善美。

大众文化要提升，作为我国文化主旋律的主导文化，就越应踵事增华，更上一层楼。在我心目中，大众文化的接受对象虽然人数众多，但不应是我国的主流文化，而应由主旋律来主导。然而，我们的主旋律文化若要保持主流文化的地位，就应一手伸向高雅文化，一手伸向大众文化，吸取高雅文化和大众文化之长，面向现实，敢于创新，高扬时代精神。主流文化，应是为最广大人民喜闻乐见、雅俗共赏的深入浅出、寓教于乐的中国特色的社会主义文化。

我不是在空口胡说，而是对文化艺术发展规律的领悟，由亲身体验中引申出来，有感而发。我这一生看过的电影有数百部，最密集的观看是在到深圳的最初二三年，竟一连观摩了上百部外国影片。那时深圳初创，没多少文化活动，在深圳湾畔粤海门清静的校园里，每天晚上就只看香港的电视，那时经常播放美、英、法、德、意、西等国的电影，从卓别林主演的《淘金记》《摩登时代》到费雯丽主演的《乱世佳人》，一直到爱森斯坦导拍的《战舰波将金号》《十月》等等，应有尽有，甚至还有希特勒亲自定名指令拍摄的《意志的胜利》。这就使我对国际上的电影发展水平有了一个概括的了解。但从我自己切身体验出发，在我一生中，给我留下最深刻的影响的一部影片乃是《一江春水向东流》，那是我在抗日战争胜利后看到的第一部国产电影。我记得，那是在1947年，我十四岁，正在故乡梅村读初中，中华中学校长亲自带领我们，租了一艘小火轮船，开到无锡城里崇安寺附近的电影院看了这部电影。这里说的故事很引人入胜。一位江南乡村老师张忠良（陶金饰）在日本军国主义侵华之后被迫离井背乡，颠沛流离，和"原配夫人"（白杨饰）失散，遇到交际花王丽珍（舒绣文饰），成为他的"抗战夫人"，从而进入了重庆的上流社会，投机取巧，左右逢源，大发国难财。等到抗战一胜利，这位已成了权贵的乡村教师又成了接收大员，迅即到上海接收敌产，又收纳了一位"接收夫人"（上官云珠饰）。正当这位接收大员青云直上、志高气扬之时，当年的"原配夫人"出现在眼前。她已沦为富家的用人，受尽欺凌。当她知道丈夫早已成了忘恩负义、不忠不孝的负心汉时，自己的心也就死了，就纵身一跳，投江自尽。面对一江春水向东流，张忠良默默凝视江水，若有所思。但影片至此结束，留下不尽余味，让观众自己去思索。

这故事之所以吸引人，依我的体验和领悟，乃是因为故事把个人的命运和民族的兴亡结合在一起，富有时代气息。日军的入侵，奸淫烧杀，无所不为，中国广大人民处在水深火热之中，过着苦难生活，影片有所展示。但在重庆的上层，仍有少数权贵、豪富，还在乘机发国难财，"前方吃紧，后方紧吃"，老百姓恨之入骨，影片对此亦有揭示。而影片更多的关注是放在展现张忠良这个人物的人生道路的变异上，并对此作出了诗意的裁判，从而引发观众对人生、人性的思考。

当时我正年少，对抗日胜利以后的生活充满着憧憬，以为未来一片光明，无限美好。这影片触发我开始关注现实，思索今后的人生。当时，统治当局不顾人民死活，发动内战，收取苛捐杂税，抽壮丁强制入伍，贪污腐败等现象滋生，我也就在1948年投身于学生运动。

二

文化，在当今世界已在日益泛化，以致被嘲笑为"文化是个筐，什么都能装"。这就需要我们对文化的结构层次作些分析。

何谓文化？世上对文化的解释已有数百种，真是众说纷纭。最宽泛的理解，是把文化说成人化，凡不是自然天成的而是经人促成的世上万事万物，都是文化，物质文化、社会文化、精神文化均在内。改革开放以来，对文化的这种宽泛理解甚为风行，衣食住行等日常生活，都称为文化，于是有了饮食文化、衣饰文化、居住文化、汽车文化等等。这样，我们对文化的理解比以前大为扩展了，我们以前所理解的文化其实只是精神文化，经济、政治、文化三分，文化区别于经济和政治，突出了文化的意识形态性质，其核心是价值观。把文化作宽泛的理解，这符合历史发展的必然，标志着文化在社会发展中的作用正在扩大，经济也好，政治也好，文化都参与了其中，而且文明建设还要扩及社会文明和生态文明。但是，我们还是不能把精神文化和其他文化相混淆，文学艺术的创造属于精神生产的领域，不能等同于物质文化。

如今，精神文化也在扩展和分化。自改革开放以来，我国的文化现象发生了激烈的变化，给我印象最深的，一是大众文化的兴起，二是精神文化的产业化，三是日常生活的审美化。这三者相互联系而又相互促进。大众文化的兴起，促成了日常生活审美化，文化的产业化，促进了大众文化的蓬勃发展，进一步推动了日常生活的审美化。借助于大众文化的兴起，我国倡导的主旋律文化也在文化的产业化过程中得到了发展，但主旋律文化更多的是在向大众文化靠拢，而不是在向精美文化、高雅文化提升。我们的文化很繁荣，规模数量空前发展，但精美文化、高雅文化却在走向边缘，我所接触的知识阶层，就不时发出感叹。

我们的文化产业大规模生产的是大众文化产品，满足了广大人群的日常生活审美。但是，西方发达国家人数众多的是中产阶级，追求的是文化的多样性，大众文化之外，也要有精美文化、高雅文化。经历了数百年的现代化，对精美文化、高雅文化的需求，已作为传统继承下来。大众文化的兴起要另辟新路，以满足更多人的文化需求，但在发达国家，对精美文化、高雅文化的需求，已是根深蒂固，不仅上层社会，而且中间阶层都有人在追求。因此，中华文化要走出去，不仅要送出大众文化产品，更要着力于创制精美文化、高雅文化。

中国的现代化进程发展到如今，也正需要花更大的力气来发展精美文化、高雅文化。中国和西方不同，那是在向着现代化方向迈进之时，就迎来了大众文化的蓬勃兴起，改革开放之初的启蒙运动，呼唤"美的艺术"的建设，一下就被挤向边缘，不像西方发达国家，"美的艺术"已兴旺了数百年，大众文化统不了天下。如今，中国正在向全面小康迈进，全面小康之后，又要向中等富裕迈进，中国特色的社会主义建设正在高歌猛进，文化发展的多样性正要呼唤精美文化、高雅文化的培育。我们的文化发展格局，应是高雅文化—主流文化—大众文化的相互补充和促进，形成三者的良性循环，中国特色的社会主义文化才能蓬勃发展，中华文化的伟大复兴得以实现。

三

为了发展社会主义文化,在全球一体化中发展自己的特色,很有必要重温一下马克思关于精神生产的理论。

一个社会,物质生产是基础,马克思说得好:"物质生活的生产方式制约着整个社会生活、政治生活和精神生活的过程。"①

但物质生产并不是一个社会生产的全部,在物质生产的基础上,社会还发展了精神生产。无论是物质生产还是精神生产,却都是为了人自身的生产而产生、发展的。物质生产是为了满足人的物质需要,正如马克思所说"人吃喝就生产自己的身体"。精神生产是为了满足人的精神需要,人接受精神文化,就生产自己的灵魂。所以,物质生产和精神生产都是为了人自身的生产,以人为本。

人自身的生产比起物质生产和精神生产来更为根本,这不仅因为它涉及自己个人生命的生产,而且还涉及他人生命的生产,因而发展为社会关系的生产。马克思、恩格斯在《德意志意识形态》一书中对此有过阐发,在谈到人自身的生产时说过:一个社会,"每日都在更新生产自己的人们开始生产另外一些人。"而一旦开始了"他人"的生命生产,社会关系的生产也就发生了。"这样,生命的生产——无论是自己生命的生产(通过劳动)或他人生命的生产(通过生育)——立即表现为双重关系:一方面是自然关系,另一方面是社会关系。"②

可见,人自身的生产,发展出了人和人之间的社会关系,这里的社会关系,不仅仅是生产关系,而且还有政治关系、精神关系等多种关系,马克思主义创始人说得好:"这种联系是由需要和生产方

---

① 马克思:《政治经济学批判序言》,《马克思恩格斯选集》第2卷,人民出版社,1972年版,第82页。

② 《马克思恩格斯选集》第1卷,人民出版社,1972年版,第34页。

式决定的，它的历史和人的历史一样长久；这种联系不断采取新的形式，因而表现出'历史'。"①

物质生产、精神生产和人自身的生产，这三大社会实践活动，都各有自身的发展规律，但都应该而且能够"按美的规律"来进行。近二百年前，1844年马克思就在经济学哲学手稿中提及，物质生产要按"美的规律"建造。那么，精神生产和人自身的生产就更应如此了。

我们生产出来的文化产品应该美，具有审美价值。文化产品不仅在外表、形式上要求美，更重要的是要追求意蕴的美，具有美的内容。真、善、美应是人类共同的价值追求，文化艺术亦应有真、善、美的追求，所以才有永恒价值。此次获得安徒生奖的曹文轩，就一再地申明，他的一生创作都在追求美，即使描写童年的苦难，亦是为了彰显美的追求。大众文化在我国兴起时，我就提出，要以美的标准来审视，所以竭力提倡文化美学。无论是高雅文化、主流文化或大众文化，都应按马克思所说，按美的规律来创造。

中华文化，源远流长，博大精深，我们要发展和建设具有中国特色的社会主义文化，就要充分利用优秀传统文化这丰富的历史资源，开拓创新，按美的规律来创造新的文化产品。

二〇一六年夏，深圳湾望海书斋

中华文化促进会会长王石从北京来访，在深圳大学李凤亮副校长的安排下，作了一次对谈。为此，我在家写了这个论纲，发表在聂运伟主编的《中文论坛》2018年第1辑。

---

① 《马克思恩格斯选集》第1卷，人民出版社，1972年版，第34页。

第三编

自然美学

珍重天地自然美

都说"天塌不下来"。古人曾嘲笑"杞人忧天"是瞎操心，以后谁再要说"天"真的要塌下来，肯定要被人说是天方夜谭，贻笑大方。然而，英国科学家最近证实，就在近短短的30年中，地球上方的大气层顶部，距地面的高度已经降低了8公里多，而且会离地面越来越近。科学家惊呼：天正在从我们头顶上塌下来！

所以会这样，那是因为全球的环境正在恶化，大气污染增加，气候变暖，温度上升，而大气层上反而变冷，导致大气压减弱，天空顶端高度就降低。于是，人类的天空变得越来越小。

然而，全球的海洋却正在渐渐上升，使得我们的天地变得越来越窄。也是因为全球环境的恶化，气候变暖，高山冰川，融化入海，海洋本身也因增温而膨胀，彼此互动，促使海面上升。目前全球海平面已上升约18cm，预测未来将上升20cm。无怪威尼斯水城正在不断下沉，人们担心这座历史古城会沉没海底。

天塌、海涨，这都是自然现象，不能全怪人类，然而，其中确有人类活动的影响。人口的急遽膨胀，对大地、海洋的开发无序无限地增长，有害气体不断排放，气温连续上升，气压反而降低，冰川却日渐融化。于是，天空在缩小，海水在上升。

这就不能不引起我们的审视：人和自然的关系究竟怎么了？进

而引起我们的沉思：人和自然应该建立什么样的关系？

我们的长江，遭受百年不遇的洪水，这当然是天公不作美，不帮咱们人类。然而，咱们也要扪心自问：咱们究竟如何对待了长江？不说别的，就说长江上游，保护水土的森林地带，连年受到乱砍滥伐。过度的树木砍伐，使长江上游的森林覆盖率仅只有百分之十，致使水土大量流失。接着是连锁反应，滚滚泥沙，自上而下，流入中原，经过九曲十八弯，沉积下来，堆成滩地民垸。于是水涨堤高，不仅长江大堤不得不向上提升，洞庭湖底也在不断淤积，洪水一来，哪里还能正常泄导？

这不禁使我想起了一百多年前恩格斯的一番语重心长的话。他在《自然辩证法》一书中说到了这样的事例：美索不达米亚、希腊、小亚细亚以及其他各地的居民，为了想得到耕地，把森林都砍完了。但是他们却想不到，这些地方今天竟因此成为荒芜的不毛之地，因为他们使这些地方失去了森林，也失去了水分积聚和贮存的中心。阿尔卑斯山的意大利人，在山南砍光了松林。他们没有预料到这样一来，就把高山畜牧业的基础给摧毁了；他们更没有预料到，他们这样做，竟使山泉在一年中大部分时间内枯竭了，而在雨季又使更加凶猛的洪水倾泻到平原上。

这些砍伐森林的人，也许原意是要为本地居民谋福利，求发展，但其后果则是为大家带来了灾难，受到了大自然的惩罚。这是因为，这些人并不了解自然本身的规律，不知道物与物之间有着怎样的联系，更不知人与物之间有怎样的关联，相互有着什么样的制约和作用，只从眼前的直接利益出发去任意改变自然，以为征服了自然。然而，这却遭到了大自然的报复，人民自己倒了霉，害了自己。所以，恩格斯语重心长地告诫人类：

因此，我们必须时时记住：我们统治自然界，决不像站在自然界以外的人一样——相反地，我们连同我们的血、肉和头脑都是属于自然界，存在于自然界的；我们对自然界的统治，是在于我们比其他一切动物强，能够认识和正确运用自然规律。①

是的，人属于自然界，永远是自然这个大系统的一部分，离不开大自然。尽管，人由于劳动而从大自然中提升为万物之灵，而与其他的物有了区别，但仍然归属于这个世界。比起其他的物，人这个特殊的物极为复杂，人类活动已不是简单的物与物的相互关系，而是人与物相互作用，还有人与人的相互交往，因而人类活动还要遵循社会规律，但这并非取消了自然规律。随着人类活动的发展，不仅要重视社会规律，更要重视自然规律，在实践中达到人与自然的动态平衡，建立人和自然的和谐关系。恩格斯说得好，人类应该过着"同已被认识的自然规律和谐一致的生活"。只有人和自然和谐一致，才能"诗意地栖居"。

可惜，我们生活于自然界这个大系统中的人类，却常常遗忘了大自然的养育之恩，不是珍重自然，善待自然，反而把自然当作可以任人宰割的征服对象、随意杀伐的猎物。有时，为了一点微小的利益，竟然破坏了大片森林。有的地方，为了生产一次用完就丢弃的木筷，一年就要砍伐600多亩的森林。一亩森林可产的木筷也仅8箱左右，只值约2400元人民币；可是光一亩树林所"呼"出的氧气，加以利用，就值近8000元美金，即6万多人民币。这样的生产，不仅是得不偿失，而且是贻害无穷。精明的日本人绝不会在自己土

---

① 恩格斯：《自然辩证法》，人民出版社，1971年版，第159页。

地上干这种蠢事,好好地保护了自己的森林,却到中国的土地上来廉价购取,难道这不应引起我们自己的深刻反思?

珍重自然、善待自然,这不是要像古人那样俯伏在自然脚下,做自然的奴隶,顶礼膜拜,祈求恩赐。人类需要控制自然,不让自然加害于人,要避害趋利,求得适应自然。人在这世界上,一要生存,二要发展,三要完善。当世界不能满足人类的生存、发展和完善时,人类也需要改造世界。但是,这种改造,既要顾及自然的生态平衡,又要顾及人类自身的协调一致,使人类和自然达到动态平衡。人类的实践活动,是一种价值活动,人类和自然的价值关系,应该既有利于自然本身的优化,又符合人类的共同利益。马克思说得好,社会化的人,联合起来的生产者,应该:

> 合理地调节他们之间的物质变换,把它置于他们的共同控制之下,而不让它作为盲目的力量来统治自己;靠消耗最小的力量,在最无愧于和最适合于他们的人类本性的条件下来进行这种物质交换。①

改造自然,应该使自然更加优化,又使人类自身更加完善。但是无序的开发,盲目的生产,常常是竭泽而渔,杀鸡取蛋,暴殄天物,花了极高的成本,不仅破坏了自然本身,而且戕害了人的本性。淮河两岸,不少个体和集体,在几年中一拥而上,抢建了不少小型造纸厂,污水横流,裹着砒霜,直泻淮河,流进巢湖,不仅鱼虾遭殃,而且居民倒霉。国家为此不得不付出巨大代价,治理污染的支出,远远高于那些纸厂得来的蝇头小利。而更令人惋惜的是,

---

① 《马克思恩格斯全集》第25卷,人民出版社,1974年版,第927页。

要想淮河、巢湖再回到那水清湖秀的时代，难矣！

人改造自然，应是自觉的自由活动，从心所欲而又不逾矩。所谓"从心"，就是要依从马克思所说的"人类本性"或"人类应有的合乎人性的准则"来改造；而不逾矩，则是不能违背自然规律。人类的最伟大创造，也不能违背内在和外在的两个尺度，必须按照美的规律来进行。这正是人类实践活动的特点。动物也能生产，蜜蜂、海狸、蚂蚁也能为自己营造巢穴。但是，动物只能按本能生产，永远只能按自己的那个种的尺度，重复生产出那种巢穴。"而人却懂得按照任何一个尺度和需要来进行生产，并且懂得处处都把内在的尺度运用到对象上去；因此，人也按照美的规律建造。"①这最后一句，著名美学家朱光潜把它翻译成："人还按照美的规律来创造。"我觉得更为精当。

人类对自然的改造，也应按照美的规律进行。这就要把自然的外在尺度和人类的内在尺度两者统一起来，按照美的规律来改造自然，使自然和人类都得到优化，人和自然达到动态平衡，建立起人和自然的和谐关系。西方发达国家曾经走过了先污染、后治理的现代化道路，终于懂得了，还是要按美的规律来发展。我们是后进国家，应该避免走上先污染、后治理的现代化道路，一开始就注意按美的规律来发展。可惜，有些地方没有来得及早些具有这种自我意识，盲目、无序的开发，使太湖、滇池这样风景如画的湖泊遭受了不应有的污染。亡羊补牢，犹未为晚，期待这些地方能按美的规律及早得到治理，重现美丽的湖光山色。也希望像苍山洱海、青海湖、九寨沟、张家界这样的美景，永远不要遭受破坏。

不错，人类劳动可以而且应该创造出美。但是，可悲的是，劳

---

① 《马克思恩格斯全集》第42卷，人民出版社，1979年版，第97页。

动创造了美,却也产生了丑。人类在生产着各种各样的物品,当然大多是有益于人类的;但人们哪里知道,就是在不少有益于人类的产品中,可能也存在着有害的因素。比如,在我们生产出来的塑料制品、农用药物、食品添加剂、化妆用品、装饰材料中,就有一些扰乱人体的化学激素,被国际上称之为环境荷尔蒙。这些激素,可以通过空气、土地和水,直接影响人体;也可以通过动物、植物被人体摄入,间接影响人体。这种激素,不仅破坏生态平衡,使其他动植物受害,使青蛙多腿、海豚死亡、鱼类雌雄同体、鸟类发育畸形;而且威胁人类存亡,使人的机能异常、行为失控、神经紊乱、婴儿畸形。

由此而迫使我们不得不反省:我们平日孜孜以求的那些物品,究竟对我们人类自身有多大利,又有多少弊?被滥捕乱捉而送到餐桌上供人享用的奇珍异兽,究竟对人有益还是有害?那狂饮暴食、纵欲无度,不正是在摧残自我?

其实,并不是人类生产出来的物品都对人自身有益。即使对人有益,但盲目的、过度的物质享受,也会不利于人自身的健康发展。一些人的物欲可能是无限的,所谓欲壑难填,但物欲所得来的愉快不仅是短暂的,而且是有限的。人应该更多地注重精神的追求,精神享受带来的愉悦不仅是长久的,而且是无限的。人类应该更加注重对真、善、美的追求。

就是人类的精神追求,也离不开大自然。马克思说得好:

> 人(和动物一样)靠无机界生活,而人比动物越有普遍性,人赖以生活的无机界的范围越广阔。从理论领域来说,植物、动物、石头、空气、光等等,一方面作为自然科学的对象,一方面作为艺术的对象,都是人的意识的一部分,是人的

精神的无机界。是人必须事先进行加工以便享用和消化的精神食粮。①

马克思还紧接着从实践上作了论证:"人只有依靠这些自然物才能生活。"人类不仅直接从大自然中取得现成的自然物作生活资料,而且还从大自然选取自然物予以加工改造,甚至改造成为生产工具,为人类提供生产资料。但马克思所说的"人靠自然界来生活",这不仅只是物质生活,而且还是精神生活,这其中,就包含了大自然给人类提供了美的享受。所以,马克思最后作出结论:"人的物质生活和精神生活同自然界不可分离。"

这并不是要回到古代,首肯万物有灵论。天地自然本身并无灵魂,但人是万物之灵,宋代理学家张载说得好:"天无心,心都在人之心。"正是人有了灵明,所以才能"为天地立心"。人为天地自然立心,天地自然因人而具有了自我意识。王阳明说得好:"天没有我的灵明,谁去仰他高?地没有我的灵明,谁去俯他深?"天地自然之大美,还是靠了人的灵明,才得以领悟,获得丰富的审美体验。大自然的花朵,乃客观存在,但若没有人去观赏,"此花与汝心同归于寂,你来看此花时,则此花颜色一时明白起来。"花的潜在性能只在人去体验时才显现出来,不然,就只处在潜在状态。也正由于人的灵明,对天地自然的审美体验得以不断提升价值水平。就像康德所说,对自然的体验,如停留在感性水平,得到的是感官享受;上升到知性水平,得到的是道德感性的愉悦;而再升到理性层面,领悟到的是整个大自然的"合规律的一致",此时,"大自然好像含有较高的意义",引导人走向人生的"终极目的"。

---

① 《马克思恩格斯全集》第42卷,人民出版社,1979年版,第95页。

阳光、空气和水，是道道地地的天生自然，没有经过人工改造，不是"第二自然"，但却具有天然之美。这是因为阳光、空气和水已经进入人类生活之中，和人客观上存在着对象性关系，对于人类的发展、完善具有肯定意义，客观上存在着审美价值。因此，这天然之美，就成为人的审美对象和艺术对象，为人类提供精神粮食。自然景色的美，自然矿物的美，都是大自然中客观存在着的。只是，忧心忡忡的穷人对美丽的景色无动于衷；而贩卖矿物的商人只看到矿物的商业价值，看不到矿物的美。那是穷人和商人，或者缺乏审美兴趣，或者缺少审美能力，因而面对天然之美，无从审美，却不能因此而否定大自然中客观存在着天然之美：它是对人的一种价值，对人的本质力量的感性肯定。马克思曾对金银等天然物的"美学属性"作过精彩分析，甚至还谈到了珍珠、金刚石。依他之见，金银之所以能成为人类的财富，美的贮藏形式，乃是因为，"它们具有天然的美学属性"："表现为从地下世界发掘的天然的光芒，银反射出一切光线的自然混合，金则专门反射出最强的色彩红色。"金银的使用价值的性质，既不能用来直接消费，也不能成为生产工具。正是金银"所特有的自然属性，即它的使用价值的属性"，带着诗意的感性光辉对人的全身心发出微笑，光彩照人，令人赏心悦目，给人美感。马克思说："而色彩的感觉是一般美感中最大化的形式。"[①]他在《剩余价值理论》第三册中说道："珍珠或金刚石所以有价值，是因为它们是珍珠或金刚石，也就是由于它们的属性，由于它们对人有使用价值。"马克思对自然物的使用价值作了清晰的说明："使用价值虽然是社会需要的对象，因而处在社会联系之中，但是并不反映任何社会生产关系。"大自然只有在和人类发生关系，在

---

① 《马克思恩格斯全集》第13卷，人民出版社，1974年版，第145页。

人和自然的关系中显示出它的使用价值，使用价值既有实用的，也有虚用的，但只是"表示物和人之间的自然关系"，并非人和人的社会关系。

既然大自然中有着天然之美，那么，人类在改造自然时，应该尽量保持和发展这种天然之美，不要为了急功近利而牺牲自然之美。

欧美一些发达国家较早觉悟到，在发展经济的同时，应该保护自然之美，把环境美化也纳入开发的视野之中。城市建设尽量和原有环境相统一，尽可能保持原来的优美景色，充分发挥生态环境的优势，使城市依山傍海，绿地如茵，房屋掩映在树丛之中。就像华盛顿、波恩这样的首都之地，人口也控制在数十万，有着结合得很完美的人文环境和自然环境，从城市的整体中展示出它的美。像澳大利亚、新西兰这样较晚发展的国家，吸取了别国之长，后来居上，在优化自然环境上，做得更好，使人能更多地享受到自然之美。

经过一些周折之后，我们的许多城市也开始觉醒到经济发展不能牺牲自然环境。在海南、厦门、苏州、杭州、大连、青岛、烟台、威海等地，我都看到，那里都在关注着自然环境，研究如何使环境更优化。令人兴奋的是，深圳，在我生活的这块土地上，对于如何优化自然环境，终于有了高度自觉的自我意识，并且采取坚定有力的实际行动，尽力净化、绿化、美化这个城市。本来，深圳自有一些自然优势，东部有长长的海岸，西部有即将入海的珠江，北部有连绵的山林，南部还有和香港接连的深圳河。如何安排我们这一块乐土，使它更加美好，大家都在关注。如今，深圳有了一个令人满意的发展方略，对东西部都作了规划，要使深圳这地方，"天更蓝，水更清，地更绿，花更多，城更美，风更正，气更顺，命更长"，令人鼓舞。我期望，在实践过程中，这种发展能得到不断完善。比如，南部的深圳河如何得到更加完美的发展？能不能继续拓宽，并和后海湾打通，接连到沙头角、盐田港成为旅游一景？比如，西部田园风光地带，千万别忘了要在鱼塘周围多多植树。我常想起我故乡苏州靠近阳澄湖边的鱼池弄。那里，有连绵不断的鱼塘，塘边都种上了柳树，看过去葱茏一片，意境深远，唤起无穷的美感，使人永远不忘。如今是在岭南，常是烈日炎炎，如果没有树荫覆盖，要去观赏烈日下的鱼塘，恐怕就要令人扫兴了。不知然否？

  自从以关注人类前景为目标的罗马俱乐部成立以来，30年间，以研究人与自然关系为中心的自然生态学、社会生态学、文化生态学、生态哲学、生态心理学、生态伦理学、生态美学等新兴学科陆续崛起，人和自然的关系，已成为全球共同关注的重大问题。如何处理好人与自然的关系，不仅决定我们的经济能否得到持续的发展，而且直接关系到人类能否继续生存、发展和完善。依我之见，人和自然的关系，应是以人为本，动态平衡。既不是人类中心主义，又不走向自然中心主义，而是寻求有利于人类发展、完善的动态平衡。

  我们可以从中国传统的价值观念中受到启发。和西方的传统观念突出"天人相分"不同，中国的传统观念更重"天人合一"。什么是"天人合一"？历来也是众说纷纭，我倾向于宋代理学家张载的解释，"天"指的是天理，"人"所指乃人道，"天人合一"说的是人道和天理（天道）的统一和一致。天虽无心，但是有道，天有天道（天理），人有人道，天道和人道互为因果，人道应合天道，天道应合人道。理想的世道，应是"合内外之道"，人道和天道一致起来，"天人一理"。如何能将人文规律、社会规律和自然规律统一起来，这是当代哲学的最大难题，这只有依靠马克思主义的实践辩证法来解决。

我因研究美学的需要，一直在关注着人和周围环境的关系这一人类根本问题。人应和自然建立一种什么样的关系，我常从美学角度进行思考。人和大自然不仅只是实践关系，在实践关系的基础上还产生了认识关系，并且更应提升到审美关系。人和大自然在实践中达到和谐平衡，就会产生审美关系。因此，当海天出版社邀我一起参与"人与自然丛书"的编审工作时，我欣然允应。我希望通过这套丛书，能唤起更多人来关注人与自然的关系问题，珍重大自然，善待大自然。

为"人与自然丛书"所作总序
一九九九年初春，深大新村

原载《胡经之文丛》，作家出版社2001年版。2015年收入海天出版社出版的《胡经之文集》第四卷。

生态之美究何在

生态，既可作广义，又可作狭义来理解。生态，既可是物的生存状态，又可是人的生存状态。而人的生存状态，既有人文的、精神的，又有自然的维度。人文状态，精神状态和自然状态，都反映出人的生存状态。所谓人的生存危机，既有人文危机，精神危机和自然危机。我这里且不说人文的，精神的，而只说自然的生存状态。

当今，自然生态之美越来越受到了社会的关注，这是时代发展的必然。

物以稀为贵。当这个地球上的人口越来越多（到2005年年初，全球已达60多亿人，而中国就占了13亿多，预计20年后世界将有80亿），经济高速膨胀，自然环境日益恶化，人类生存空间越来越小的时候，我们生活于其中的生态还能美吗？

审美品味的转移。流行艺术的非美化趋势日益发展，大众文化中的反美学倾向大行其道，这使得过去主要从艺术欣赏中获得审美享受的人们只好弃此而去，转而移向大自然，从自然中获得美的享受。

审美的生活化和生活的审美化，促使自然审美更显重要。随着生活水平的提高，小康之家、中产阶层，在享受到衣食住行等日常生活的乐趣之后，已不满足于日常生活的审美，而想走出家居，远离尘嚣，面向自然，走向名山大川、汪洋大海，游山玩水，甚至走向渺无人烟的原始森林、荒山僻壤，去体验那和文化审美情趣各异的自然之美。

自然之美和文化之美、艺术之美相比，其独特之处究竟在哪里？

首先，自然生态之美，乃天造地设，自然生成，并非人力而致，不像文化之美、艺术之美都是人的创造，属人造之物。大自然广阔无垠，无边无际，无始无终，时空无限，所以自然生态之美乃是"大美"，古人所追求的"天地境界"，乃是在审美中体验到的最高境界。且不说中国古典美学早就把自然审美放在最高位置，就是那把自然美贬得很低的黑格尔，暂时忘却他那价值理念而置身现实，在大海面前，也不得不赞叹："大海给了我们茫茫无穷、浩浩无际和渺渺无限的观念；人类在大海的无限里感到他自己的有限的时候，他们就激起了勇气，要去超越有限的一切。"人，不过是大自然中浩渺万物中之一物，虽然是万绿丛中一点红，但有始有终，有生有灭，只占有限时空。人从大自然中来，最后还要回到大自然中去。由于人的活动，创造了一个人的世界——社会。在这里，人和人相互作用，结成错综复杂的社会关系，涌现出无数人间奇迹。但人的世界还是建立在物的世界的基础上，大自然是人的世界的根基、源泉。人是大自然之子，人和自然的关系，是最基本的本源性关系，应是最亲和的关系，和谐社会之本。所以，自然生态之美，应是人类最根本的审美对象，尽管在过度"人化"的社会中，常被遮蔽着。现在该是去蔽返魅的时候了。在社会的发展过程中，自然不断在被人化；虽然已有广阔的领域，已被人类觉察而成为已知自然，但还未来得及去人化；而大自然中还未为人类觉察到的领域，就更为广大。所以，自然生态之美随着人类实践的不断扩大和提升，必将不断更多地被人类所觉察和体验到。

其次，自然是个有机整体，每个人都生活在大自然之中，和自然密不可分。作为人的环境，大自然环绕着"人的周围"。空气、阳光和水，永远在养育着人，自然，如马克思所说是人的"无机的身体"。人以自己的劳动创造了人的世界，但无论是生活资料还是生产资料，都要依赖自然，直接或间接地来自大自然。马克思在《资本论》的开篇中就曾突出阐明了自然在人类劳动中的地位和作用，依他之见，人类创造的商品，"都是自然物质和劳动这两个要素的结合"，人在生产劳动中，"只能和自然一道来进行工作。"所以，"劳动不是它所生产的使用价值即物质财富的唯一源泉。"马克思称赞当时的一位经济学家说得好："劳动是它的父，土地是它的母。"马克思甚至还说到，天然物自身也可能对人类具有使用价值："一物可以是使用价值而不是价值。只要它对人类的效用不是由于劳动，情况就是这样。例如空气、处女地、自然草地、野生林木等等。"这些未曾经过人类劳动、未经人化的天然物，可以不具交换价值，但却有使用价值，不管是实用还是虚用，都对人类有用。

尽管我们可以在意识中把自然和人分开，区别为主体和客体，但在生活实践中，人和物融为一体，很难两分。人若要体验到自然的美，只有投向大自然的怀抱，亲眼看见，亲身感受。山水的独特之美，只有投身自然怀抱才能感受得到，黄山之奇、泰山之雄、峨眉之秀、华山之险、青城之幽，也只有身历其境，从真山水中获得真切的审美知觉。在大自然中，我们面对的是一个实在真切的世界，不是一个象征其他之物的符号，无论是艺术符号还是其他文化符号。自然之美就在自然之中，而不是在符号之中。自然审美，给人的是三维空间的全方位的享受。大自然动静交错，声色共在，形美、声美、色香味等相互交融，迎面扑来，调动着人的听觉、视觉、动觉、触觉、嗅觉等，多种感觉都被大自然激活，给人以全身心的审美享受。自然审美,既可成为一种世俗的享受,又可成为一种高雅的享受(达到天地境界),真可谓雅俗共赏,旅游已成为人类的世界性的行为就是明证。自然审美乃旅游的题中应有之义。因此,自然审美,决不能由文化审美、艺术审美所代替,艺术符号或其他文化符号,诚然也能再现自然,但相比之下,其中的自然映像,就要比真山真水相形见绌,正如前人早已指明的那样,最高明的画家,所用的色调要比自然色调狭窄得多:"无论他所用的色调多么幽暗或多么灿烂,但和辉煌夺目的阳光或柔和朦胧的月光相比都无可企及。"①没有去过雪山、天池、九寨沟、张家界的人,可以在摄像中见到那里的意象,也许也能获得一些美感。但这已不是直接的自然审美,这里的自然审美已是间接的,眼前见到的不是真山真水。只有亲临其境,才能真正体验到这些真山水之美,艺术符号不能替代。

再次,自然之美具有自在性,并无意向性。大自然自由自在,不是人造,又非符号,本身并不具有人工作品、文化符号的意向性。由人的劳动所创造出来的物品,或多或少都体现了制作者的意向,像艺术作品,创造出来的艺术符号,更是体现了艺术家对人生的体验,以至被现象学家称为纯粹的意向性对象。马克思主义更把艺术归属为审美的意识形态。艺术生产是以符号作手段、工具的精神生产。艺术生产用符号作工具、手段创造出来的是一个由心营构出来的意象世界,一个心构的天地,表现了艺术家的意向。所以,艺术之美和自然之美不同,自然之美并无人的意向性,只有自在性。朱光潜先生一再说美具有意识形态性,这只适用于艺术美。自

---

① [英]李斯特威尔:《近代美学史评述》,蒋孔阳译,上海译文出版社,1980版,第85页。

然美就并无意识性，所以他否认自然有美，对此，我一直心存困惑。在我看来，只要大自然和人发生了关系，自然现象一旦进入社会联系之中，人和自然就有可能发生审美关系。自然之美就会在审美关系中呈现出来。大自然在人的面前只是自在地呈现出自己的形象，在这形象中客观地存在着对人的意义、价值。人能否体会和如何理解自然的意义、价值，关键在人。"天地有大美而不言"，大自然本身并不评价，又无态度，不像在艺术作品中，艺术家不仅对审美对象作出了评价，而且还时常直接表现出艺术家自己的态度。"美不自美，因人而彰"，正因为大自然没有人的意向性，缺乏确定的含义而具有更大的普泛性，人类对大自然的审美，也就有了更大的自由。

如此突出生态之美的自在性、天然性、普泛性，意在阐明我们人类不要去随意破坏生态之美，不要破坏生态系统本身的动态平衡。要吸引更多的人去体验大自然的美，从而激发出珍惜大自然、生态环境的热忱。但是，由此不能引申出这样的结论：自然全美，生态必美。

现代化的实践已证明：自然的人化，可以创造美，却也可以毁灭美、制造丑。人类的实践活动，为社会创造了无数美好事物，却也制造出多少污秽、丑恶！人类的生命活动本身，既有美好的，也有丑恶的。所以，人化自然才美之说，已为人类的实践本身所否定。实践活动也好，生命活动也好，只有按美的规律进行的，才能是美好的，才能创造美。

大自然并非人的创造，没有经过人化，本身也能有美。但是，自然也并非全美、必美。大自然自有规律，生态系统在自我调节、自我组织、自我平衡，弱肉强食，适者生存，在世界上留下来的动物、植物、无机物都是生态系统中不可缺少的成分。天行有常，天晓不因钟鼓动,月明非为夜行人。大自然在走着自己的路,并不都符合人类发展的文化规律。大自然中也存在着对危害人类、对人类具有否定意义的客观现象:穷山恶水、洪水猛兽、火山爆发、海啸地震不时在侵袭着人类。所以人类不能不对自然做些改造,使得危害人类的那些自然现象得到控制,人和自然保持动态平衡,使自然向符合人类利益的这个方向发展,促使自然的发展,也能符合美的规律。正因为大自然不全美,也不必美,所以人类才能发挥主观能动性,使自然人化:这"人化"不是"劣化",而是"优化",促使大自然向人类优生,符合人类向真、善、美的方向发展。

如今,在对自然人化时碰到最大的问题是:对自然大加"人化"的同时,破坏了大自然向人而生的美,这"人化"变成了"劣化";而对那些危害人类的自然现象,却又不去经心"人化",或对此无能为力,大自然得不到"优化"。这为我们的生态美学提出了难题:既要马儿少吃草,又要马儿跑得快,我们的社会既然要现代化,自然生态究竟应如何发展?这世界怎样才能变得更美?

自七十年代以来,我一直把美丑看作是一种价值属性。苏联的审美学派斯托洛维奇受马克思的价值学说的启发,写出《审美价值的本质》。马克思的《剩余价值理论》三卷,要到七十年代才从苏联翻译到中国,使我最感兴趣的,还是其中对使用价值和交换价值两者关系的阐发。依他之见,人类通过劳动而生产出来的物品对人类具有价值,但价值有两种,"价值的第一个形式是使用价值,是反映个人对自然的关系。""价值的第二个形式是与使用价值并存的交换价值,是个人支配他人的使用价值的权力,是个人的社会关系。"但是,大自然不是劳动的产物,可以不具有交换价值,却具有使用价值,空气、处女地、天然草地、野生森林等等,都能满足人类的需要,供人使用。观赏大自然也是一种使用,不过这不是实用,而是虚用，满足人的精神需要。自然之美，存在于人和自然的关系之中，只在审美关系中才向人展示出来。但是，"使用价值表示物和人之间的自然关系"，并不反映人与人之间的社会关系。自然之美离不开大自然本身。马克思说得好："一物之所以是使用价值，因而对人说来是财富的要素，正是由于它本身的属性。如果去掉使葡萄成为葡萄的那些属性，那么，它作为葡萄对人使用的价值就消失了；它就不再（作为葡萄）是财富的要素了。作为与使用价值等同的东西的财富，它是人们所利用的并表现了对人的需要的关系的物的属性。"自然之美，正就是在人和自然的关系中表现出来的价值属性，它对人客观存在着。

生态之美，当然首先表现为自然之美，但并不仅限于自然之美。每当思考生态之美时，我时常会想起恩格斯在一百多年前所说的话：

> 当我们深思熟虑地考察自然界或人类历史或我们自己的精神活动的时候，首先呈现在我们面前的，是一幅由种种联系和相互作用无穷无尽地交织起来的画面。①

我们生活于其中的世界，是一个相互联系、彼此作用的有机整体，自然界，人类历史，我们自己的精神活动，乃是这个有机整体的组成部分。人类的生存状态，就决定于人和周围世界处于什么关系状态。人和世界有多重关系，首先是人和自然的关系，其次是人和社会的关系，然后还有人和自身的关系，身心的关系是关键。所以，人的生存状态，既包括自然生态，又笼括社会生态和精神生

---

① 《马克思恩格斯选集》第3卷，人民出版社，1972年版，第417页。

态。当今出现的生态危机,既有自然生态的,也有社会生态的,还有精神生态的,需要综合起来又分别处理。在我心目中,生态美学,既有自然维度,又有社会维度,还有精神维度,应作为一个有机体综合起来研究,所以生态美学应发展成为当今的哲学美学,研究人类存在状态的美学。当然,自然美学,社会美学,精神美学也仍可分别发展,但作为哲学美学,更需把自然生态、社会生态、精神生态作为一个整体来考察。

美学必须研究人类如何按美的规律来掌握世界,美的规律贯穿于物质生产、精神生产以及人自身的生产各种实践活动中。在自然生态中,美的规律不能归结为自然规律,而仍是人文规律,但不能违反自然规律。马克思一生,主要致力于探索社会规律,但绝不是要以社会规律替代自然规律。他在1868年给库格曼的信中,谈到他自己的学说时这样说道:"我对现实关系所作的分析仍然会包含对实在的价值关系的论证和说明。"他的《资本论》就是在研究资本的运动,探索价值规律,这都是社会规律。但马克思接着就说:"自然规律是根本不能取消的。在不同的历史条件下能够发生的,只是这些规律借以实现的形式。"[1]自然规律和社会规律相互发挥作用,自然规律发生了变化,但不是被取消。而人文规律更是联结了社会规律和自然规律,用来为人类自身的发展以协调和自然、社会的共同发展。

每个人作为个体,不过是世上一物,如同尘世的一粒灰尘,大海中的一滴水,岸边的一棵芦苇,微不足道。但是,人因劳动实践而由物变人,从万物中脱颖而出,成为万物之灵,有了灵明。正是人有了灵明,就能为天地立心,天地自然本身无灵,但因有了人的

---

[1]《马克思恩格斯全集》第4卷,第368页。

灵明，也就有了自我意识。人的灵明随着社会、自然、精神的不断发展而在不断提升，不仅发展了对象意识，而且发展了自我意识，更在联结对象意识和自我意识的基础上发展出了关系意识，直至系统意识。正是人类有了关系意识，运用间性思维，从而得以把天地自然到精神深处都为一个整体作反思，天、地、人、心、符，尽入眼底。我们的生态美学，正应该把自然生态、社会生态、精神生态作为一个有机整体，探索其中的美的规律。

为首届生态美学国际研讨会在青岛召开而作
二〇〇五年春，深圳湾望海书斋

原载《人与自然》一书，河南人民出版社2006年版。2015年收入海天出版社出版的《胡经之文集》第四卷。

天地大美而不言

人从大自然中来，最后又要回到大自然中去。人生在世，不过百年左右，虽生活在社会中，却也离不开自然。大千世界，包罗万象，人要在这世上生存和发展，就不仅要对人自身以及周围世界，而且要对人和世界的多重关系都能有所认识和体验，从而使人活得更有意义。

为了想弄清审美现象的究竟，我的阅读视野逐渐扩展到精神现象学、脑神经学、人类现象学乃至宇宙现象学。我终于明白：我们这个大千世界，乃是历史地生成的，并非历来如此。不仅人类现象，精神现象在一定的历史阶段的时空中生成，就是地球乃至宇宙都是在漫长的历史发展中才生成。大千世界，历史生成，确实如此，但究竟是如何生成的，还有待细细探明。大千世界已发展到如今，呈现在我们面前的种种现象，形形色色，错综复杂，使人眼花缭乱，这时就极需有人为我们理出一个头绪，告诉我们，这个大千世界是如何一步一步地生成的。

敬佩青年学者卢永利，他不辞艰难，花了十多年时间的心血，写出了一部大书《拨动宇宙的琴弦——跨越137亿年的审美之旅》，揭示了这个大千世界究竟是怎样历史地生成的。他在此书中，吸收了新近数十年来自然科学的先进成果，融入自己的独立研究，对宇宙现象、生物现象、人类现象、精神现象、审美现象等都作出了深入的阐释，一扫老生常谈，使人耳目一新。

"天地有大美而不言"。宇宙天地向我们人类"现"出它的"象"，呈现出它的"大美"，但是它不会言说，只是默默不语。只有人类，不仅会赏识而且还会言说这"大美"，那是因人类在与这世界的互动中萌生了意识，不仅有对象意识，而且有自我意识，更有把自我和对象连接起来，结成一体的关系意识乃至系统意识，从而能认识和体验到人和世界的多重关系。卢永利既深切体验而又清醒认识到了我们这个大千世界之美，进而在《拨动宇宙的琴弦》中向我们应该说了这"大美"。在这里，不仅"天—地—人"联结成一体，而且人的"心"（意识）以及心之"符"（符号都和"天—地—人"联系起来，被容纳在"天—地—人—心—符"这个更宏大的巨系统中，为我们更全面而立体地呈现出这个大千世界的"大美"。在这部书中，他巧妙地把整个宇宙世界比喻成能奏出美妙音乐的琴，这张琴乃由八根琴弦构成，拨动琴弦，交相奏鸣，生成美妙乐曲。

书中为我们理出的那几根琴弦，都是在历史中逐渐生成的。卢永利写此书的目的，就是要"原天地之美，而达万物之理"，揭示出这个大千世界历史地生成的奥秘。他在后记中这样写道："这部《拨动宇宙的琴弦》，就是一部宇宙物质的演化史。"

就连最原初的宇宙也是历史地生成的。在第一根弦"宇宙之法"中揭示了：宇宙原来混沌一片，万物不分，处在原始高密状态。等到宇宙发生了大爆炸（约二百亿年前），物质和能量向外膨胀，才生成为各种各样的银河星系。古人云"天地四方谓之宇，古往今来是为宙"，时间和空间既是无限的，又是永恒的。宇宙甚至还可能是多重的，德国学者写了《多重宇宙——一个世界太少了？》这样的书对此作了论证。虽然，如今的宇宙学还不可能完全穷尽地言说出宇宙万物之理，但当我们在地球上仰头星空之际，还是能体验到宇宙之大美。对宇宙的崇高之感，油然而生，连康德这样的思辨哲学家也为之赞叹不已。

地球在宇宙中的历史地生成，成为宇宙这张琴的第二根弦。约在五十亿年前的宇宙暴涨中，才生成了地球。在苍茫宇宙中，地球虽只是沧海中之一粟，但在卢永利看来，地球之美却要胜过其他星空，这在那些宇航员进入太空看地球后的感受中得到了证实。苏联宇航员加加林，1962年回忆了他从太空看地球的情景："从宇宙上看，我们的地球显得更加美丽和亲切，从内心感到它分外珍贵。"我国宇航员杨利伟，在2010年回忆他首次在太空看地球时不禁赞叹："地球真的太漂亮了，漂亮得无可比拟！"他进而描绘："在太空的黑幕上，地球就像站在宇宙舞台中那位最美的大明星，浑身散发出夺人心魄的、彩色的、明亮的光芒。"他们都是第一次从太空俯视，阐发了地球之美。但是，地球这一自然物质早已经人化了，人化创造了美，却也造成了丑。美国航天飞机的指挥长柯林斯，更靠近地球作近距离观察，就发现我们这个地球已被人类伤害得千疮百孔，伤痕累累。他在2005年回忆此情此景，在飞机上不时能见到"土地侵蚀现象，有时会看到乱砍滥伐造成的恶果，环境破坏在全球很多地方都相当普遍。"不过，不管宇航员看到了地球的美还是丑，他们却发出了共同的呼声：人类要保护好这个地球！尽管已有宇宙科学家发出了警告，要人类及早逃离开这个地球，但我们却应更加珍惜此球。这是因为地球是人类的家园，它与人类的关系最密切，人到目前为止，只能生于此，死于兹。我们只有一个地球，它生机勃发，生意盎然，地球之美胜过天堂。正是在这地球上，生成了宇宙的第三弦：生命之弦。

地球最初只是一团气体，并无生命，更不要说人类。在地球上生成了无机物和有机物,在生命有机物中才生成了植物和动物。约在三十五亿年前地球上才有微生物蓝藻的出现,才有了生命的出现。从生命的出现到人类的生成,还需要漫长的历史过程,约在三百万年之前,人类才从动物中进化而成。人类的生成,为大千世界开拓了一个崭新的时代,成为宇宙的第五根弦。人类的发展,把高等动物已具有的大脑神经系统提升到了更高的水平,从而生成了人类特有的精神世界。卢永利在书中用了两章的篇幅,分别阐释了"心理之弦"(第五根弦)和"意识之弦"(第六根弦)。书中告诉我们:精神乃由物质演化而来。人的精神,就是人的内物质(神经系统)和外物质(体外刺激物)相互作用的结果,是内物质对外物质所作出的应激反应。外界刺激在人的神经系统中留了痕迹,而内物质(神经系统)自身的各种元素相互作用,从而在脑海中构筑起了错综复杂的精神世界,于是,艺术、科学、宗教等等也由此生成。

书中最令我感兴趣的,当然是他在最后两章中所要阐释的第七弦("审美之弦")和第八弦("文艺之弦"),由此而通向了美学和文艺学。

人类在脑海中构筑起来的精神世界极为复杂。如果把人的精神世界本身比作一棵枝叶茂盛的花树,那么,人的审美世界和艺术创造就是这棵树上所开的花,它能给人带来无比的快乐。此书不是孤立地来谈论审美活动和艺术创造,而是把审美活动和艺术创造放在整个人类的历史发展中来考察如何生成,从而真正揭示出了审美活动和艺术创造成为推动人类追求更美好未来的精神动力,激励着人类向着更美好的世界迈进。

多年前,我读过法国古生物学家德日进所写的《人的现象》,给我留下了深刻印象。这位和丁文江、裴文中、赫胥黎同辈的学者,把人类放进整个宇宙世界中来考察,着重谈论了人类的进化。他把世界的历史发展区分为"前生圈""生物圈"和"精神圈"三个层次,逐层提升。第一卷《生命之前》专说宇宙和地球的生成,第二卷《生命》说的是生命如何生成,第三卷《思想》则论说了人类思想的如何生成,从而怎样改变了世界。这部半个世纪前所写的著作之所以给我留下深刻印象,乃是因为书中阐明了人文现象,包括精神现象都是历史地生成的。但是,作为神父的德日进却把未来世界的希望完全寄托在科学和宗教的结合上,最后在尾声《基督现象》中,更加突出了宗教在未来的作用,这使我感到十分失望。相比之下,《拨动宇宙的琴弦》一书,不仅站在更高的科学水平上对这个世界的历史生成作了更全面而深入的探索,而且更从美学的高度对这世界丰富多彩的美作了比较符合实际的阐发,鼓舞人类持续焕发审美精神,追求更加美好的未来。

爱美之心,人皆有之。在人类生活中,美不可或缺而又无所不有。人的身体和心灵、行动和表情都可能是美的,人的自然环境和人文环境也可能是美的。美,既可以在对象,也可以在体验过程和体验结果中,美的对象,美的体验,美的感情都是美的,是美的多样性的体现。我常喜以郑板桥的赏竹和画竹为例,来说明美的多样性。园中之竹乃物象之美,眼中之竹是形象之美,而胸中之竹乃意象之美,手中之竹则是艺象之美,在这不同的"象"中都呈现出来。张潮在《幽梦影》中以山水为例,阐明了同样的道理:"有地上之山水,有画中之山水,有梦中之山水,有胸中之山水。"不同的山水各有其美,妙处不同:"地上者,妙在丘壑深邃;画上者,妙在笔墨淋漓;梦中者,妙在景象变幻;胸中者,妙在位置自如。"美可以在意象,也可以在艺象,更多的还是存在于现实生活中的对象上。我固然也欣赏黄公望《富春山居图》中的山水,但我更喜爱那实实在在地存在着的富春江真山真水,必欲去亲身体验那山水之美而后快。正是这样，我也就特别重视卢永利对审美对象的探索。

在他看来，美并不神秘。美就存在于那些我们可以看得见、听得到、摸得着的万事万物中。不过，这大千世界中存在着的事物并不都美，必须是对人的生存和发展有用的，而且能使人愉快的对象才美。他对事物对人的是否有用作了较为深入的阐发：事物对人不仅具有直接功利性，而且也有间接功利性。美的事物对人可以有直接功利，也可以有间接功利，但必须对人有用。他坚决否定康德关于美无功利性的说法。他呼唤我们的美学必须回归实际生活，研究分析具体的审美现象，然后才能探究到美的本质、美的规律。大千世界中的万事万物都可能是美的，美景、美物、美事、美人、美居、美眼、美饰、美食等等，都是对人具有直接功利或间接功利的事物。鲁迅说得好："在一切人类所认为美的东西，就是于他有用——于为了生存而和自然以及别的社会人生的斗争上有意义的东西。"当然，什么叫有意义，什么叫间接功利，在美学上尚可作更深入的探索，美学研究尚有广阔的天地可以开拓。

马克思和恩格斯都重视社会发展规律的探索，但绝不忽视自然规律的探秘。他们在《德意志意识形态》一书中这样写道："历史可以从两个方面来考察，可以把它划分为自然史和人类史，但这两方面是不可分割的，只要有人存在，自然史和人类史就彼此相互制约。"马克思在1844年所写的经济学哲学手稿中就阐明了：整个所谓世界历史不外是人通过人的劳动而诞生的过程，是自然界对人来说的生成过程。世界的历史，乃是先有自然的存在，然后人才从自然中生成，有了人类的存在。但人类生成之后，也不是只存在于社会中，而且也仍然存在于自然中，更为自己生成了一个精神世界。所以，正如马克思所云，人类不仅过着物质生活，还过着社会生活（人间交往）、政治生活，又过着精神生活。作为一个个体的人，面对物的世界、人的世界、心的世界，可能会感到眼花缭乱，无所适从，我们就应学会把这错综复杂的世界从整体上去掌握，把人文规律和自然规律统一起来研究。中国传统向来重视"天人合一"，按我的理解，其实就是凸显人文规律和自然规律的统一。什么是"天人合一"？依宋代理学家张载的解释，天乃天理，人则指人道，天理和人道应一致起来。理想的世道，应是"合内外之道"，使人文之道和自然之道统一起来。人，就在和自然打交道的生产实践和人与人打交道的交往实践中不断生成。恩格斯曾精辟地说到过人的两次提升，一次是人通过劳动而在物种关系中提升出来，人的诞生；第二次是进而又在社会关系中得到提升。我时发遐想，希望我们人类还应有第三次提升，那就是在物种关系、社会关系的基础上，再在精神关系层次继续得到提升，让人类更加重视按美的规律来改造客观世界和主观世界，以及两者之间的关系，更加彰显人类对真善美的向往和追求。

为《拨动宇宙的琴弦》所作序
二○一一年初冬，深圳湾望海书斋

原为《拨动宇宙的琴弦》一书所作序，上海交通大学出版社2013年版。2015年收入海天出版社出版的《胡经之文集》第四卷。

最美海上夕阳红

时间：2017年12月10日
地点：深圳湾寓所

聂运伟：胡老师，您好！看见您白发鹤颜，精神矍铄，真是令人欣慰。上次来深圳拜访您，还是二十世纪九十年代，当时您住在深大新村，窗外到处是工地。现在您的公寓高居22层楼，从这客厅放眼望去，如同登高眺远，窗外美景一览无余、美不胜收。现在北方已是寒冬，深圳仍温暖如春、花团锦簇，今天在此与您谈美论艺，真是令人心旷神怡。

胡经之：运伟，谢谢你专门来深圳看望我。多年未见，你都年过六十了，时间过得真快。我这一生，历经江南稚子、北大学子、南海游子三阶段。在北京和深圳各呆了三十多年，在老家太湖之滨反而不到二十年。我在深圳也已历经三迁，在深大校园八年，深大新村十年，到了古稀之年，我在这已经显得喧嚣的现代都市里，终于找到了一个可以亲近自然的家，在靠近深圳河的红树林旁安居了下来。站在窗前，视野开阔，可以远眺香港的落马洲、流浮山、后海湾、红树林、跨海大桥，每天都可以体验到我处在天地之间，天、地、人联结为一体，真正进入了天地境界。天一亮起身就直奔泳池，身水交融，还可仰卧水上，看悠悠蓝天，浮想联翩。早餐后自由阅读，读自己感兴趣的书，从人生难得几回搏，到大国悲剧究何由，一直到天外宇宙有几重，兴之所至，无所不读。每当看书累时，我会随时移步窗前或晾台，直面真山真水，领悟大自然的无穷奥妙。我把书房叫作望海书斋，来访的客人常常赞叹不已。作为主人，朝夕在兹，喟叹更多。这是一块可以诗意地栖居之地，也是我最后的精神家园。这要感谢时代之所赐。我在1948年参加学生运动后，迎来了新时代，目睹了祖国从站起来到富起来再到强起来的历史巨变。大江涨水小河满，国家兴盛个人幸，我也享受到了改革开放的成果。

美学视界看人生

聂运伟：胡老师，今年我抽时间认真阅读了您赠送给我的五卷本的《胡经之文集》，感受颇多。江南水乡、北京大学、深圳，是您一生中最重要的三个坐标点，在时间的轴线上依次展开。十年前，您在《美学伴我悟人生》一文里，对自己一生的几个阶段赋予美学的命名：缘起美的困惑—致志文艺美学—走向文化美学—倾情自然美学。如此美学的命名，让我得以窥探到您的问学路径和中国当代美学史变迁的交错与互动，历史的语境在您美学研究的每一个阶段，都刻下了岁月的印迹；同时，您也为中国当代美学史的书写留下了浓墨重彩的一笔。五卷本的《胡经之文集》，便是后学了解、研究中国当代美学史的重要文献。看了许多研究您的美学思想的文章、访谈，我很认同大家一个共同的评价：在学术和人生的旅途中，您是不倦的前行者，也是执着的拓荒者。我从中体会到了一种学术探索的力量，但也在思考一个问题：从您年少之时的"美的困惑"，到如今怡然"倾情自然美学"，其中不乏历史、人生、精神、心理的诸多变动，但不变的是什么呢？

胡经之：我为《文集》写过一个比较长的序言《总序：学术志趣因时进》，开头一段话可以回答你的提问，"从文集中，可以看到我八十年所走的人生道路，反映出我这一生的学术志趣，因时代而生长，留下了时代的痕迹；也录下了我个人的思想演变及局限，折射了我和这个时代的关系，尤其是对深圳特区的挚爱。我的学术志趣，因时代的推移而多有变化，但多变中又有不变。不变的依然是我对真、善、美的向往和追求，尤爱从美学的视界来看文化、艺术和人生，直至自然。"①我这里稍微展开一下，作些阐释。一川、金英夫妇俩近日从北京来看我，聊天时自然而然涉及了美学。一川在多年前从北师大回到北京大学，一直在当艺术学院院长，去年出了一本专著《艺术公赏力》，今年则应高等教育出版社之约，正在主编一套"艺术美学丛书"。我在衷心赞誉之后，即兴发了一通议论。我说，在改革开放之初，我和王朝闻都热心于文艺美学或艺术美学的倡导，那是因为深感当时的美学还只停留在哲学的抽象层面，争论着美在客观，还是主观，或是主客观统一，解决不了艺术实践中的复杂问题。但我当时就说，美学并不局限于文艺美学，而有更为广阔的研究领域。只是因为当时教学的需要，我的美学研究乃从文艺美学入手，以后逐步扩大到人文领域，倡导文化美学，晚年又钟情于自然美学。随着我人生道路的展开，我的美学思索的重心也在转

---

① 胡经之：《总序：学术志趣因时进》，《胡经之文集》第一卷，海天出版社2015年版，第1页。

移，美学是伴随我人生的亲密伴侣，助我去体验和领悟人生的价值和意义，从而推动我去寻求更加美好的人生。存在并非都是美的，无论是自然的存在，社会的存在，还是精神的存在，都有可能美，也可能丑。人生也是这样，有美好的人生，也有丑陋的人生。美学就应该探讨什么样的人生是美好的。所以，我的美学，首先是人生美学，其次是价值美学，然后是体验美学。所谓审美活动，既区别于认识活动，又不同于意向活动，而是一种体验活动，确切地说，乃是对人生价值的体验。

　　人生、价值、体验这三个关键词，乃是我美学思索的最重要维度。无疑，审美活动作为人生中的生活方式之一类，当首先纳入美学的视野，审美心理学对审美活动的研究成果，值得重视。朱光潜的美学研究的重心就在艺术创作的心理分析，所以称之为"文艺心理学"。我的《文艺美学》，也由此入手，第一章就是专谈审美活动。但美学不能只研究审美活动，由此出发，还应进而研究创美活动和育美活动。精神力量通过实践可以转化为物质力量，脑海中的"意象经营"，经由生产实践可以创造出新物品，经由教育实践可以培育人的新品质。但是，劳动实践既可以创造出美，却也能制造出丑，这就决定于是否如马克思之所说，能不能按美的规律来建构。我们的美学争论，长期停留在抽象的哲学层面，追问美在自然，还是在社会、精神，美在生命还是在艺术、实践，美在意象，还是在本象、符象等等。我常常反思，自然、社会、精神、生命、艺术、实践、意象、本象、符象等等都美吗？这种种现象既可能是美的，又可能是丑的。美学不正应该进入这一层次，探索怎么会有美丑之别？当今的美学应该更关切对"美的规律"的探索，不论是物质生产，精神生产，还是人自身的生产，都应该而且能够按美的规律来创造。如今，我们已跨入追求美好生活的新时代，美学大有可为，只是我已八五高龄，深感岁月不饶人，想再搏而力不从心，更多关注的只能是自然审美了。其实，人的一生，生活丰富多彩，存在于三重世界中：物的世界，人的世界，心的世界。人生在世，既要和自然打交道，又要和社会打交道，还要和精神打交道，自我和世界的关系，错综复杂。自然界有自然规律，社会也有社会规律，马克思在1868年给库格曼的信中就说，他的《资本论》是探究社会规律，但绝不能替代自然规律："自然规律是根本不能取消的，在不同历史条件下能够发生的，只是这些规律借以实现的形式。"在自然规律和社会规律之外，还存在一大类规律，那就是人文规律，恩格斯在《反杜林论》一书中，就区分了两类规律：一是"外部自然界的规律"，二是"人身的肉体存在和精神存在的规律"。我看，这第二类规律，可称之为人文规律，美的规律应属人文规律，是联结自然规律和社会规律的中介，使自然规律和社会规律为人类创造美好生活而服务。

聂运伟：站在您命名为"望海书斋"的寓所里，倚窗眺望：深圳河历历在目，后海湾对面的香港也若隐若现，横跨新界、蛇口的跨海大桥宛如流动的曲谱，在寥廓的天地间演奏着天籁之曲。太美了。或许，回归自然，是生命的归宿，是美的真谛。此刻，已是夕阳西下，我与您站立在这天地之间，我们不得不感叹：自然美，好个大美无言。

胡经之：是啊，我毕生研究美学最深切的体验是：我对自然美，情有独钟，自然审美和艺术审美不同，自有一番独特的乐趣。对我而言，自然审美比起艺术审美来有更大的自由感。我不相信万物有灵，自然本身并无精神。但人有灵明，王阳明说"天地万物与人原为一体，其发窍之最精处，是人心一点灵明"，此言极是。人有灵明，方受自然之美的激发，经由联想、通感和想象等等，可以思接千载，视通万里，念天地之悠悠，也会引发思故之幽情。遥望对岸青山绿水，港深百年沧桑，一时浮上心头，更觉改革开放新时代之可贵。夕阳西下，那红艳艳、金灿灿的阳光照射在后海湾上，光彩夺目，一股热流从心底奔腾而出，不由得从内心发出赞叹：美哉大自然，最美还是夕阳红。

聂运伟：“夕阳无限好，只是近黄昏”"老夫喜作黄昏颂，满目青山夕照明"，诗家人生境况不同，自然会抒发不同的情感。您退休后坚持弹琴、游泳、写作、出游，所以，耄耋之年尤吟"夕阳红"，这是您晚年生活依然精彩的真实写照。自然是否有美，更严谨地说，自然是否应该成为美学研究的对象，众多学者们在思辨的层面上争来争去，了无结果。您不仅赞成自然美，而且以饱含诗情画意的言说解析自然美、讴歌自然美。我个人阅读您全部美学论述的体会是：自然美，是您切近美学的原初契机，也是您从概念化美学里脱身而出，大力呼唤文艺美学、文化美学的内驱力。

胡经之：可以这么说。我的学术志趣始于美学。从我自己的审美经验来说，最早引发我的审美兴趣的乃是自然之美，江南水乡的风光最先吸引了我，尔后才对文学艺术发生兴趣，也为家乡的风俗人情所吸引。我的最初的美学思索是为了自我解惑，解开我自少时就有的一个困惑：自然没有美吗？少时，读朱光潜给青年写的《给青年的第十三封信——谈美》一书，其中谈到只有艺术才有美，自然本身谈不上美，只有经人的心灵美化才美。这使我困惑不解，1952年进了北大，我就想自我解开这个困惑。那时朱光潜、蔡仪都在北大，但都不开美学课程，我就去登门求教。朱先生仍固执己见，以为自然并不具美，只有经过人的心灵予以情趣化了，成为意象，那意象才美。这不能解开我的困惑。蔡仪倒是自然美的肯定者，但用典型说来解释自然美，也不能令我信服。于是，我就开始自己去图书馆寻找美学书籍来看，以求自我解惑。1953年整整一年，我集中精力阅读了中国现代美学。从蔡元培、梁启超、王国维开始，陆续读了宗白华、吕澂、范寿康、张竞生、陈望道、丰子恺、方东美、徐庆誉、李安宅、金公亮等人的共二十多部美学论著。由此，我从自然究竟有没有美的自我解惑开始，跨入美学之门，进而从美学上来思考人生。我读后作了不少摘记，想以"美学初始五十年"作题，为写毕业论文作准备。但从1954年夏，我也卷入了学苏联的热潮，花了一年多的时间去听苏联专家毕达可夫的文艺学讲座，最后写的是一篇《论文学的人民性》，作为结业论文。所以，我最初接触的美学，不是苏联美学，而是朱光潜的美学，以后陆续接触的也是西方传过来的正在缓慢地中国化的现代美学。要到解放之初，才读到周扬主编的《马克思主义与文艺》一书，方知世上还有马克思主义的美学和文艺学。美学，作为一门学科，最初乃在西方兴起，然后才传入中国。二十世纪初期的中国现代美学，虽然大多还是在转述西方美学思想，但已开始引入中国的实例作为举证，然后又逐渐关注中国自己的精神传统，走向中西融合之路。蔡元培、梁启超、王国维、朱光潜、宗白华等都是中西兼通，为西方美学的中国化、中国美学的现代化分别作出了贡献。我们要建设马克思主义美学，这个现代传统不能丢。还有，中华美学传统。我们既要继承古典传统，又要继承现代传统。1958年，周扬到北大呼吁大家来"建设中国马克思主义"时，就已提出我国存在两个传统，不能只继承一个传统。我在那时已意识到这两个传统的重要。所以，当我在八十年代初期开始招收文艺美学研究生时，我立即带了王一川、陈伟、丁涛编选出版了《中国古典美学丛编》（中华书局），接着又编选了《中国现代美学丛编》（北京大学出版社），就是想鼓励后人要接续和发扬中华美学的古典传统和现代传统。

中国初始五十年的现代美学给我留下了深刻印象，最重要的有三：一是美学关注人生，我把这称之为人生美学；二是美是一种价值，我把这称之为价值美学；三是自然因移情而美，移情美学在那个时代影响甚广。那个时代的美学，都重视文学艺术的美学研究，追求艺术美，时常把文学艺术总称为美术，连周树人也不例外。但那时的美学就已开始关注整个人生，尝试探求人生的价值。清末已在皇家翰林院当了四年编修的蔡元培，眼看清王朝已经病入膏肓，不可救药，1907年他在已将四十岁之时，却毅然去了德国，钻研哲学、美学、艺术学。1911年辛亥革命成功，成立了中华民国临时政府，大总统孙中山立即任命蔡元培为教育总长，正是他，在中国历史上第一次把美育列入国家教育方略之中。也正是他，在1917年当上北京大学校长之后，在中国历史上第一次把美学推上大学讲堂，他亲自在北大开设了美学课程。蔡元培研究了康德、黑格尔的美学，但他的哲学、美学受了他同时代的德国哲学家文德尔班的人生哲学、价值哲学的影响最大。他在1915年出版的《哲学大纲》中就专设了价值论，旗帜鲜明地道出："价值论者，举世间一切价值而评其最后之总关系者也。"他把真善美列入了价值论中，展开了论述，后又写过专文《真善美》，阐明人生在世，最终还是要"以真善美为目的"。中国现代美学中最吸引我的，还是蔡元培的美学。蔡元培的美学不像梁启超的美学那样，慷慨激昂，催人奋起，去激励人们立即投身社会变革；也不像王国维美学那样研究精深，引导人们潜入古典诗词的艺术意境，而是综合吸收了两家之长，平和全面而又自成特色。他把自己的美学建立在人生论和价值论基石之上，他的美学既是人生美学，又是价值美学，这两点特别吸引了我，深受影响。还有第三点，蔡元培对"移情说"的评价，也令我信服。当时西方美学中的"移情说"对中国影响很大，朱光潜、吕澂、范寿康的美学均持"移情说"。蔡元培在那时就清醒地觉察到："感情移入的理论，在美的享受上，有一部分可以用，但不能说明全部。"依他之见，大自然还是有自己独特的美，不能由其他的美来替代。蔡元培区分了自然美和人工美的不同，艺术美只是人工美的一种。他批评黑格尔轻视自然美，认为自然美"有一种超过艺术的美"，而艺术亦有一种不同于自然之美。他甚至认为，"人造美随处可作"，而自然美却甚"难得"。中国的传统艺术特别重视自然美，美术作品的取材，"大半取诸自然"。依他之见，"若花鸟，若虫草，若山水，率以自然美为蓝本，而山水尤盛"。他的见解，和我的审美体验颇为相符，我觉得很有道理。我之所以进入美学堂奥，开始乃是为了自我解惑，要对我自己的审美体验作出阐释。美学对我而言，乃为己之学。后来接触了蔡元培、梁启超等美学，方知美学还是为人之学，人人需要。所以我就觉得，美学研究也更有意义了。

审美最需深体验

聂运伟：胡老师，在您这一辈学者里，您言说美学问题的方式是很有个性的。如钱中文先生说"经之先生对文艺美学的提出与投入的原因"，是因为"他从小就受到水乡风物、园林雅趣的熏陶：那里湖光山色，风帆点点，稻香鱼肥，渔舟唱晚。结合幼时叹唱的古诗、古文的教学、家学渊源，培植了他对艺文的兴趣，使他不断投向了文学艺术的海洋。以后在名师的指点下，将生命的审美体验汇入他学问的追求之中。"①我把钱先生的这个概括解读为：生命的审美体验是您学术追求的底色。钱先生1932年生人，比您年长一岁，他的学术经历与您大抵相同，又都是无锡人。钱先生把江南水乡的孕育出来的童年记忆和审美体验视为您学术个性的底色。对此，您怎么看？

胡经之：钱先生是我的老朋友，我们两人从小深受江南水乡风光的感染和吴文化的滋润，说我俩人生的审美体验与童年时代的生活环境有关联，肯定有道理。我八十岁的时候，友人吴俊忠为我出了一本影集《经之掠影》，我在扉页有一题诗："人过八十暮年迟，沧桑三度渐远逝。留得些许影像在，犹可追忆往昔时。"我祖籍苏州，出生在无锡古镇梅村，和钱穆老家相近。从小跟着父亲在太湖流域辗转求学，上过私塾，跟着塾师读《三字经》《百家姓》《千字文》、唐诗宋词，也学唱"三月三，清明到，去游山"的吴语乡音。在苏州城里上过几年美国的教会学校，参加过唱诗班、做礼拜，赞美诗给我留下优美的印象。在无锡城里，我亲见过盲人阿炳，拉着二胡，沿街蹒跚，那凄美的乐曲深深打动了我。当我后来听到柴可夫斯基的那首被托尔斯泰称为俄罗斯苦难心声的弦乐曲时，我马上联想到阿炳的《二泉映月》，这是中华民族的苦难心声。我为太湖的风光和苏州园林所陶醉，也特别喜爱钱松喦的山水画、范成大写石湖的抒情诗篇。我觉得，锡剧、越剧和评弹，还有江南丝竹乐和江南民歌，它们的音乐特别优美，直到今天，一听到那些优美的曲牌音乐，仍然为之销魂。我年少时曾受过美育的熏陶，加深了我对

---

① 胡经之：《汇入了生命体验的美学探索》，《胡经之文集》第五卷，海天出版社，2015年版，第261页。

家乡的亲身体验。蔡元培在北大十年，美育在校园里扎了根，随后的十年，他南下在江南把美育推向中小学和社会，我的父辈和师辈，深受其惠。我在学校和家里，受到了老师和父亲的美育熏陶，逐渐培育了我的审美情趣。所以说江南水乡和吴文化给了我个人审美体验的底色，我认同。但作为一个从事美学研究的学者，不能仅仅陶醉在纯粹自我的艺术体验之中，确实如此，言之有理。正是我童年、少年时代的审美体验积淀于心，激发我在青少年时代想上大学以求从理论上来阐释我亲历过的审美体验，因而对美学发生了兴趣。审美体验并不就是美学，但美学研究应以审美体验为基础，从分析审美体验着手，由具体上升为抽象，最后又要从抽象上升到具体。不以审美体验作基础，美学就会异化为从抽象到抽象的概念游戏，尽作空泛之论，既不接触更不解决美学中精微而复杂的问题。我对自然之美情有独钟，那正是因为大自然不同于人造美、艺术美的独特之美吸引着，经由我自己的审美体验，领受到自然之美，得到了美的享受。自然之美乃大自然的本象美，自然向人而生的价值特性，客观存在于人和自然的价值关系之中，但只有通过我自己的审美体验才能捕捉得到。由审美体验而在脑海中形成的审美意象，是艺术创作的基因，但审美意象来自作家、艺术家对人生价值的审美体验。人生在世，对现实生活的深切体验，才是创作的源泉。所以，我的美学十分看重审美体验，所以早有人把我的美学称作体验美学。

　　大自然中，泰山的雄伟，黄山的奇特，华山的险峻，庐山的秀丽，各以其独特之美打动我的心。我这一生，一共去了五次黄山，给我留下深刻印象的有三次，因而，尽管我已年迈，不能再登黄山去亲身体验，但我脑海里已存下了审美意象，黄山的意象不时在回忆中被重新唤起。我第一次登黄山已是五十岁时。1983年，我带了我的首届文艺美学研究生王一川、陈伟、丁涛三人,以"艺术美与自然美之比较研究"为题,去江南水乡作实地考察,亲身体验自然之美,重点就在黄山。那年秋天,我们先到了南京,住在南京大学,拜访了教美学的杨咏祁和凌继尧,体察了玄武湖、燕子矶、中山陵的景色。然后,我们去了芜湖,住在安徽师范大学,和我的老同学刘学锴、孙文光见面。第二天一早,我们就从黄山的北麓入口,一步步登山,经由最高处天都峰向南,从南出口下山,在山上转悠了一天。那天,天高气爽,风和日丽,我的兴致甚高,想起古人谢灵运穿着木屐爬富春山的雅事,我穿的竟是一双夹趾的塑胶拖鞋。一川他们还为我担心,脚趾会不会受伤。可我穿了这拖鞋走了一天,竟安然无损,轻松自如,连我自己也觉得奇怪。景色宜人,真能激发人的精神。又一次印象深刻的黄山之行是在我即将迎来六十岁的时候。1992年的又一个秋天,我应陆梅林、侯敏泽之邀赴庐山参加马克思主义美学建设的研讨会,散会之前,我灵机一动,从九江乘江轮去了安徽,直奔黄山。这次我是从南麓入口登黄山,没有再穿拖鞋,却穿了一双皮鞋,虽觉沉重,但还是精神焕发,下山到旅店,还跳进泳池,游了一个小时。那天也是天高气爽和第一次登黄山一样,明媚和煦的阳光照耀着群山,黄山的本象美尽显眼前,兴尽而归。尽管当时未曾摄像留影,但由审美体验得到的审美印象却长久留在脑海中。但我最后一次到黄山却就完全不一样了,我体验到的竟是一场恐怖。那是在1999年的初春,我去南京师范大学参加中外文艺理论学会举办的一次国际学术研讨会,会后,我和钱中文、陆贵山、程正民、黎湘萍一起登上了黄山。这次,我们是从南麓入口,乘了缆车直上山顶,此时已有细雨蒙蒙,但阳光还不时透过云端照射下来,黄山显露出了另一番景色,别有一番风味。但当我们爬到最高峰时,风云突变,狂风暴雨,倾盆而来,雷电交加,犹如天崩地裂,我等身临其境,几乎寸步难行,身体摇摇欲坠,若要倒下,底下就是万丈深渊,粉身碎骨。最难过去的就是要穿过那百步云梯一线天山崖,我已无法直着腰走过去,只能双手爬着阶梯,爬着上了崖顶,才能转身下了山。那天,我穿的是一双橡胶布鞋,经水泡摩擦,我的脚趾肿了起来,需立即就医。我当机立断,当晚即乘飞机回到深圳。次日去医院,医生立即把我的两个指甲拔掉,若不拔,整个脚就将烂掉。这是我最后一次黄山之行,留下的是一片惊恐的印象。黄山还是那个黄山,但笼罩着的是狂风暴雨、雷电交加,遮蔽了黄山的真面目,直接呈现的是一片恐怖的景象,差点把我置之于死地。这引发了我对审美的进一步思索,深感审美不能忘了"境遇"这一维度。审美场的形成,审美之发生不能只有主体和客体这两个维度,而且还要有"境遇"这个维度。美在一定的"境遇"下才呈现。审美场涉及了多重关系,自我和"境遇"的关系,对象和"境遇"的关系等等。所以,一些复杂的美,应是关系质或系统质。这些,我在《文艺美学》一书中有所表述,但这最后一次上黄山,体悟更深。

聂运伟:上个世纪八十年代,您倡导文艺美学以来,好评如潮,杜书瀛先生称您是文艺美学的"教父"。您把文艺美学从一个理论设想变成一个学科,二十多年的时间里,您为此撰写了大量的著作和文章,培养了一代又一代学生,大可说一度引领了中国当代美学的发展潮流。从中国当代美学史的角度看,文艺美学的提出,首要的意义是对曾经流行的教条主义的、高度意识形态化的美学体系的反叛,要求美学研究直面活生生的审美对象和丰富多彩的审美体验。自黑格尔以降,艺术作为美学研究的主要对象已蔚然成风,中国古代美学以艺术创造与欣赏为中心,更是不言而喻的事实。再者,您的研究历程表明,您并不喜欢把美学变成抽象的哲学概念的体系,大量分析古今中外生动的艺术体验,由此探寻艺术奥秘之所在,才是您审美言说的特色与个性,一句话,您言说美学的诗性方式,对生命的审美体验的重新激活,才是文艺美学之要义。这,才是您对中国当代美学史最大的贡献。我很赞成如下的评价:您首先是"对文学艺术有自己深切的体验,和那些只在书本上讨生活的学者不一样",因而才有"自己的真知灼见"。[①]

胡经之:我之所以积极倡导文艺美学,当然是因为我的学术志趣在美学,想接续蔡元培、朱光潜、宗白华、李长之等重视对文艺作美学研究的传统;更主要的是我赶上了改革开放的好时光。二十世纪八十年代,在我国既是一个文艺复兴时代,又是一个新启蒙时代。我迎来了有生以来的第二次思想解放(第一次是建国初期,我跨进了最高学府之门),得以自由走向我喜爱的学术之路,投身于文艺美学的学科建设。美学在当时的兴起,对文艺复兴和新启蒙都发挥了积极推动作用,激励着人们向着更美好的未来奋进。我在当时,正在北大中文系开设"文学概论"一课;受到了时代的感召,我在1980年就另开了一门新课,就叫"文艺美学",面向全校人文学科的高年级学生。之所以能开出这门课,那是因为此前已有了长期的酝酿,走了一段漫长的探索之路。我在1953年集中精力于中国现代美学的梳理,1954年又花了一年多的时间去听苏联专家所开的"文艺学引论"一课,写完《论文学的人民性》不久,就又去中国人民大学马列主义研究班攻读马克思主义哲学。1956年夏,我又回

[①] 吴予敏:《〈美的追寻〉编后记》,《胡经之文集》第五卷,海天出版社2015年版,第558页。

到北京大学当助教和副博士研究生，攻读文艺学。最初两年，我真个是关进小楼成一统，闭门只读圣贤书，跟随导师杨晦专心致志地钻研中国古代的文艺思想史。但是，到了1958年，早先被马寅初、江隆基聘为北大兼职教授的周扬，主动提出要来北大开设一门文艺学讲座，面向中、西、东、俄、哲的高年级学生，由他主讲，还让何其芳、邵荃麟、林默涵、张光年、袁水拍等也来参讲。我受杨晦、魏建功、季羡林、冯至等的信任，担任了这个讲座的助教，因而有一年的时间和周扬、张光年等交往。周扬来北大的第一讲，就定名为"建设马克思主义美学"，以他所编的《马克思主义与文艺》为依托，旗帜鲜明地提出，要在中国建设和发展马克思主义美学。受此启发和鼓舞，我才在那时确定了今后的学术方向。我的副博士研究生的毕业论文，就在那时锁定在《古典作品为何至今还有艺术魅力》的学术探索上，尝试以真善美的视界来评价中国古典文学的精粹，后来在北大学报上发表了。蔡仪参与过论文的评审，对我有所了解，半年后把我调入中央高级党校，参加他主编的《文学概论》的编写工作，我负责第一章。正是在编写此书的两年多（1961年春—1963年秋）里，我得以大量阅读欧洲和苏联的美学和文艺学著作，开阔了思路。编书不仅开阔了思路，而且还从不少学者那里学到了为学之道，从而逐渐形成了自己的学术思路，想融美学、文艺学为一炉。那几年，学术交流最多的是我的前辈王朝闻，我们常去颐和园散步，天南海北，无所不聊，真正是美学的散步。他对人生和艺术的审美感之敏锐，使我敬佩之至，受益匪浅。我也常和留苏回来的刘宁交流，他是我们同辈中最关注苏联审美学派的一位学者，我向他不时请教苏联美学动向。我也不时向柳鸣九讨教欧美文论，他当时已积极参与西方现代文艺理论的译介和编审。

1980年初春，中华全国美学学会在昆明成立，朱光潜、杨辛和我三人受邀代表北京大学与会。主持学术研讨会的李泽厚要我在大会上谈中国美学史的问题，我遵嘱在大会上宣读了《中国美学史方法论略论》一文，主要内容就是：希望中国美学史既不要写成抽象概念史，又不要变成文学艺术史，而要关注"形而中"，找到"形而上"和"形而下"之间的中轴线。也正是在这次会议上，我敞开心扉，倡议建立文艺美学学科，得到了朱光潜、伍蠡甫、洪毅然等老一辈美学家的支持，更获得了艺术院校一些教师的热烈响应。1981年，我接续杨晦先生开始招收文艺学硕士研究生。在杨晦先生的支持下，我说服了北大研究生部，在文艺学专业之下，新辟了一个文艺美学方向，和文艺理论分开。为什么要这么做？美学研究必须摆脱教条刻板的模式，这是八十年代学术界的普遍呼声，我尝试融美学和文艺学为一炉，实为时代之感召。那年，刚成立不久的北京大学出版社邀我去当总编辑，我没有去，但我答允为出版社张罗一套"北京大学文艺美学丛书"。我在1982年冬写成了《文艺美学及其他》一文，由《美学向导》一书发表了，阐释了我对文艺美学的学科定位和研究对象。童庆炳认为此文"从学科上对'文艺美学'进行了清晰定位，奠定了八九十年代文艺美学的学科基础"。1989年，我集十余年思考和书写的《文艺美学》终于出版，十年后又作了较多的增补和修改。如何评述我的这些工作，由后人去说吧。我自己感到欣慰的是《文艺美学》一书，不仅被一些高校列为文艺学研究生的参考用书，而且，其中一节还被选进了高中必读语文读本。人民教育出版社在2001年新编面向二十一世纪的语文教材，将《文艺美学》中的《中国古典诗词虚实相生的取境美》一节，编入了高中语文读本第五册，和宗白华等人的美文在一起，走进了高中课堂。我越来越觉得，美学在西方建立之初，还只停留在文化精英的圈子内，康德、黑格尔的美学只有少数人才能读，但在如今，广大人民的文化水平日益提高,美学就不能再停留在大学殿堂,应走向更为广阔的天地。

美的规律象中求

聂运伟:中西美学的发展历程都经历了从"自上而下"到"自下而上"的演化,你构建文艺美学的逻辑基点是在"形而上"与"形而下"之间寻找"形而中"。从方法上看,您似乎是叩其两端而执其中,但什么是"形而中",您没有多说。我阅读您的著作,发现您对言必两端的观念一直有着潜在的怀疑。事实上,人间万物,从自然到社会,并非两极,两极并非事物的常态,常态是两极之间的中间状态,没有中间状态就没有极点。徐复观由《周易·系辞上》"'形而上者谓之道,形而下者谓之器'"一语中推出"形而中者谓之心"。在他看来,"心"是一种具体的生命存在,不同于"与信仰或由思辨所建立的某种形而上的东西",是具体的生命活动,即工夫、体验、实践。正是通过这些具体的生命活动,文化的精神价值才落实到"形而中"的"心",并假借工夫、体验、实践得到现实的展现。所以,他认为"由工夫所呈现出的本心,是了解问题的关键""研究中国文化,应在工夫、体验、实践方面下手"。我没有考辨您的观点与徐复观观点之间的逻辑联系,但可以作一个推论:您所关注的"形而中"——以个体之"心"为归宿的审美价值,既不是抽象的思辨或信仰,也不是生物性的感官满足,而是具体的生命活动通过艺术的创造和欣赏得以展开或呈现出来的完美状态。由此,对艺术奥秘的解说,必须回归到艺术创造和欣赏本身去体会、去悟解,而不是趾高气扬地用某种理论去规训艺术的创造和欣赏。我这样说,不知是否接近您的思路。

胡经之：不错，学术研究不能只停留在"形而下"，确要通过"形而下"去探究"形而上"。但"道"是存在于"器"之中的，"道"不离"器"，不过，在"道"和"器"之间，还存在着中介"象"，这中介，我称之为"形而中"。我以为，美学不能只一味追求"形而上"，也不能只停留在"形而下"，而应更加重视"形而中"，正是"形而中"连接着"形而上"和"形而下"，更为丰富和具体。经历了半个多世纪的周折，我深切感到，若要对文艺学、美学作新的建构，不仅需要对过去的理论资料作全面概括，而且必须掌握实践材料，对实践中出现的错综复杂的艺术现象，分析归纳，从而作出新的综合。马克思为研究资本的运动规律，当然研究了前人无数理论资料，但他牢牢抓住资本在社会中的实际运动，从具体到抽象，又返回具体，从而揭示出整体。马克思曾说过，即使是抽象的理论思维，脑海中贮存的表象也要时常涌现。对此，我极为折服。抛开了生动活泼的实际，从抽象到抽象再到抽象，只能使文艺学、美学如天马行空，不着边际，虚无缥缈，不知所云，也就失却了生命力。目前，我们的文艺学、美学的最大缺憾，不是缺乏理论资料，而是不面对实际，忽视实践材料，不从具体中抽出问题，只是概念的空转，最后又不回到具体。所以，我常对一川、岳川、李健等人说，你们讲美学、文艺学，每当谈论一种理论，一定要能举出实例来说明，要不就是空论。常有人问我，我们应该怎样才能把握住文学艺术的奥秘？按我的经验，首先就是要直接接触文学艺术的实践，读文学艺术作品本身，有真切的体验，方可进行研究。对文学艺术的研究，既作内部研究，又有外部研究，把探索的自律和他律结合起来，才能弄明白文学艺术的生产是如何按照美的规律来进行创造的。

艺术创造是一种生产活动，其中就包含了符号的生产，语言符号或者是非语言的符号都在内，都是符号实践。符号，无论是语言符号还是非语言符号，也都是一种物质，但这是一种特殊的物，是人类创造出来用以表征精神世界的，所以，符号生产不能归入物质生产之列，而是另成一类。符号生产也要按照美的规律来创造，按美的规律创造出来的符号如格律、音韵、图像等等构成了艺术的形式美，即鲁迅所说的形美、声美等等，但艺术之美不能只归结为形式美，更重要的是内容美，即鲁迅所说的意美。艺术生产不仅是生产符号，更重要的是要生产精神，所以称之为精神生产。艺术生产作为精神生产，就是要作家、艺术家把自己脑海中的各种印象、思想、感情、幻想、愿望等心理要素"编织"起来，建构成一个相对独立的精神世界；而如何"编织"，却应该而且可以按照美的规律来进行创造。美的规律不仅体现在艺术生产中，而且也体现在其他实践活动和精神生产中，按马克思之见，物质生产也应按美的规律来进行创造。而在我们的生活世界中，生活实践中体现出来的美的规律，就更加屡见不鲜了。

美的规律属于"道"，但又寓于"器"中，我们通过"器"和"道"的中介"象"而领悟到了美的规律。我和徐复观有所不同，他称"形而中者谓之心"，而我则说"形而中者谓之象"。"象"和"心"，虽只有一字之差，但内涵差别甚大。我说的"象"，既包括"意象"，又包括"符象"，更包括"本象"，天地自然之象亦在内。"道"不可见，"象"中则可见到"道"。中国文化传统中，特别看重"象思维"，言一象一意相互贯通。苏轼在《东坡易传》中说道："圣人知'道'之难言也，故借阴阳以言之。"然而，阴阳之说还是太抽象，"阴阳果何物哉？虽有娄旷之聪明，未有得见其仿佛者也。阴阳交，然后生物，物生然后有象，象立而阴阳隐矣。凡可见者，皆物也，非阴阳也。"正是物有"象"，所以人才能感受到物。清代文史家章学诚在《文史通义》中说得好:"万事万物,当其自静而动,行迹未彰而象见矣。故道不可见,人求道而恍若有见者,皆其象也。"他还把"象"区分为两大类,一是天地自然之象,二是人心营构之象。我在这两大类"象"之外,还加上了一类,那就是人文创造之象,以区别于天地自然之象。天地自然之象并非人造,而是自然天成,属实在。人文创造之象是人的文化创造,但也是实在。所以,我把这两类象都称作实象。人心营构之象就不是实象,而是在脑海中营构出来的意象,我把这称作虚象。艺术生产作为精神生产的一种,在艺术构思时,就要在内心开展意象运动,我把这称为意象经营,不同于理论思维展开的概念运动。意象运动的结果是产生新的意象和意境,这都不是实象而是虚象,即人心营构之象。这人心营构之象经由符号实践(语言的和非语言的都在内)而加以符号化,就建构成了艺象。我把这人心营构之象的符号实践称之为意匠经营,以区别于意象经营,意匠更加突出了技艺,需有把符号建构成美的形式的功夫。人心营构之象来源于天地自然之象和人文创造之象,意象源于本象,艺术源于生活,艺术创造"外师造化,中得心源",意象经营和意匠经营的交织、融合,创造出来艺象,我在1979年写了一篇《论艺术形象》作了专门的论证。

意象并非都美,意象也可以是丑的,需作价值区分。本象,可以是丑的,也可能是美的,自然并不全美,人文创造之象并不因为是人的实践的产物而必美,人类也创造了假、丑、恶。所以,美不仅在意象,也可以在本象,亦可以在符象。朱光潜所说的只有意象才美,把美窄化了。他后期发展了,承认劳动创造美。但是,劳动创造出来的也不必定美,依马克思之见,只有按美的规律创造出来的才美。人的劳动生产,必须符合三个尺度——真的尺度,善的尺度,美的尺度,艺术生产就更是如此了。美是在人类生活中形成的,但人类生活中生成的种种现象并非都美,只有对人具有肯定的、积极的正面价值的现象才可能美。万事万物,踵事增华,完形呈象,向人生成,融洽适度,恰到好处,方显出美。人的内心世界和外在世界要处在动态平衡状态才生成美,美是动态平衡的最佳状态。

人来到这世界上,和世上的万事万物发生着千丝万缕的联系,结成一体。人生在世,这自我和世上的万事万物是处在和谐关系中,还是失衡关系中,这本身就是人的存在状态,亦即是生活本身的状况。自我和世界的关系性存在乃是第一性的本源性的存在,审美乃是对这种存在、生活的精神反应,其中既包括了对象的状态,又包括了自我的状态,更主要的是反映了自我和对象的关系状态。马克思、恩格斯在《德意志意识形态》中说得好:"人们的观念和思想是关于自己和人们的各种关系观念和思想,……人们是什么,人们的关系是什么,这种情况反映在意识中就是关于人自身、关于人的生存方式或关于人的最切近的逻辑规定的观念。"人类原初的意识是把自我和外界的关系作为一体来反映的,是人的生存方式的反映,正如马克思、恩格斯所说:"不是意识决定生活,而是生活决定意识。"这里所说的生活,正是自我和对象互动所构成的关系存在,生活既有日常生活,又有超日常生活,共同构成人的生活世界。美学应深入生活世界。

聂运伟:对此,您的美学有一个较为完整的理论表述:"美学,当然可以从审美对象这一客体入手进行研究,也可以从审美主体方面进行研究,但最终都要在审美主客体的相互关系中探得审美活动的奥秘。在审美活动中获得的审美体验是对象意识和自我意识的交融,熔主客体为一炉,它是艺术创造的灵魂。作家、艺术家如果没有对审美对象有真切的体验,只有清晰的认识或正确的评价,写出来的文章只是科学文章或道德文章，自有其科学价值或道德价值，但不是艺术作品，缺乏审美价值。只有对生活有了真切的体验，作家、艺术家才有可能进行艺术创造。因此，作家、艺术家如何由生活体验提升为审美体验，进而提炼艺术体验，将审美意象、意境符号化，创造出艺术形象（艺象），这是文艺美学要研究的重要课题。"[1]但更多的时候，您的理论阐述常常和对具体艺术家创作的深度分析融为一体。您有篇文章，写于1984年，题名"人生体验笔底流"，写郑板桥的艺术创作与人生轨迹的互动。您认为郑板桥的艺术个性不过是他人生体验的表现："文学艺术起因于体验人生。只有对人生有了体验，才能进入艺术创造。"[2]在您看来，板桥之所以"诗、词皆别调"，直撼血性为文章，笔墨之外有主张，并不是他的诗词字画"模仿"、反映了外在现实的什么本质属性，而仅仅是表现出艺术家内心的那块元气与造物间的互渗和融合。读您的文集，这样的例证很多，无所不在，古今中外诸多伟大的艺术家、经典作品都成为您解释审美体验、索解艺术奥秘的案例。

胡经之：伟大的艺术家、伟大的作品，都是个性化的存在，我说过："艺术创造，不仅创造出一种新的符号形式，更重要的是凝聚了人的独特的审美体验，这又反映出人与现实的审美关系。"[3]板桥不仙不佛不贤圣，笔墨之外有主张，他笔下的阔大豪情非常人可

---

[1] 胡经之：《文心奥妙"象"中寻》，《胡经之文集》第二卷，海天出版社，2015年版，第612页。

[2] 胡经之：《人生体验笔底流》，《胡经之文集》第一卷，海天出版社，2015年版，第516页。

[3] 胡经之：《〈文艺美学〉自序》，《胡经之文集》第一卷，海天出版社，2015年版，第5页。

比，你看他的题画诗——《题竹》："我有胸中十万竿，一时飞作淋漓墨。为凤为龙上九天，染遍云霞看新绿。"其中开阔的意境，澎湃的激情源自画家内心的那块元气，参透天地人生，方有卓尔不群的独立的人格意识。如《石兰图》题跋所言："画兰之法，三枝五叶；画石之法，丛三聚五。皆起手法，非为竹兰一道仅仅如此，遂了其生平学问也。古之善画者大都以造物为师。天之所生，即吾之所画，总需一块元气，团结而成。此幅虽属小景，要是山脚下，洞穴旁之兰，不是盆中磊石凑成之兰，谓其气整。故尔聊作二十八字以系于后：敢云我画竟无师，亦是开蒙上学时。画到天机流露处，无今无古寸心知。"鲁迅说："文学虽然有普遍性，但因读者的体验的不同而有变化，读者倘没有类似的体验，它也就失去了效力。"作为美学研究者，若只从概念出发，全然不顾艺术家个性化的审美体验，对欣赏者的审美体验的诸多差异也不闻不问，那他永远无法体会板桥"胸中之竹，并非眼中之竹""手中之竹又不是胸中之竹"之绝妙的。2001年，我去扬州参加了一次学术研讨会，在高建平、姚文放的特别安排下，我和钱中文、童庆炳等去兴化拜访了郑板桥、刘熙载的故居，还去了淮阴，造访了周恩来的祖居。在郑板桥故居的小小庭院里，我徘徊良久，亲身体验了园中之竹的美。这园中之竹，是郑板桥画竹的灵感来源。"眼中之竹"是他直面园竹，直觉到园竹之美；"胸中之竹"则是经过他心灵而转化成的意象之美；"手中之竹"则更是要把这心中的意象美用笔来固定在纸上，予以物化，变成符象。艺术之美在哪里？艺术之美既在意象之美，又在符象之美，更在符象和意象的融洽关系之中。但园中之竹美不美？依我的体验，不仅园中之竹可能美，就是山野之竹，未经人工培植的野竹也可能美，郑板桥的诗画中就不仅常出现园中之竹，而且山崖上的野生之竹也常露于笔端。山崖野竹是未经人化之物，园中之竹已是经人手植（人化）之物，但都是生活世界中的存在，不是意象之美，也不是符象之美。不同层次的美，具有不同的魅力，这是美的多样性。其实，古人早已觉察到美的多样性，张潮在《幽梦影》中就这样说道："有地上之山水，有画中之山水，有梦中之山水，有胸中之山水。地上者，妙在丘壑深邃；画上者，妙在笔墨淋漓；梦中者，妙在景象变幻；胸中者，妙在位置自如。"地上之山水为真山真水之美，是本象美，胸中山水乃意象美，梦中山水为幻象美，画中山水则是艺象美。

情有独钟自然美

聂运伟：我有个发现，您心中的那块元气，是由江南水乡的水氤氲而成的。您八十多岁，还坚持天天游泳，可见您对水的依恋是很深很深的。我近五十岁的时候，开始去东湖游泳，还坚持了数年的冬泳，也深刻感受到水给人身心带来的微妙感受，确实很奇特，既让人沉静，也给人无限的遐思。

胡经之：我对流水确是情有独钟，有着一种特殊的情结。天南海北，从北方的松花江一直到三亚的南天一柱，只要有人能游，我就会纵身跳水，以求一游，以至在厦门大学东南海滨，因不明水情我差点葬身海峡。我从小生活在江南水乡，少年时代，几乎天天和河水亲近。无论是住在小镇还是住在乡村，不是屋前有鱼塘，就是房后有河浜。江南水乡到处有水，不管是上苏州还是去杭州，都要乘着乌篷船走水路。苏州的石湖、杭州的西湖、无锡的太湖、常熟的阳澄湖，那荡漾的湖水是多么吸引人，多少次叩动了我那少年的心扉。在芦苇荡边眼望着夕阳西下，也曾几度使我陶醉，江河湖泊在我生活中曾经发生过巨大作用,从少年时代到青年时代,从牙牙学语到我首次走上人生道路,我都没有离开过它。我清楚地记得,二十世纪五十年代第一秋,我从一个师范学生成为一个教师的时候,我任教的课堂就在一条清澈而宽阔的河边,那河连接着更加宽广的湖荡。江南水乡的美这一客观存在,影响着我的审美趣味,使我对江河湖泊有特殊的审美爱好。随着年岁的增长,对水的审美体验更深。六十年代初的时候,我在颐和园参与编书,几乎天天都有机会在傍晚去昆明湖欣赏夕阳西下的美景;我也曾几次领略过海上日出和夕阳入海的胜景,在那茫茫大海之中,日出、日落都有另一番光景。晚年我天天坚持游泳,或仰天长卧,或水中散步似的划水,都以审美态度待之,并无多少延年益寿之想。对我来说,游泳主要是一种精神漫游,一种审美的享受,其乐无穷。这说明,每个人的内心世界,都储存着由岁月淘洗出来的审美经验和审美趣味,成了一种情结,有其恒常性。创造性的审美体验不是恒常审美经验和审美趣味的复制品,而是升华和提高。从这种体验出发,我曾写过《流水人生》一文,流水如人生,人生如流水,领悟到如何才能达致美好人生。

聂运伟:在您的文集里,我读到三次关于水的审美分析。第一次是在阐述审美主客体关系时,您用散文般的笔调记叙到:"二十世纪八十年代的第一个春天,在京城蛰伏多年以后,我陪朱光潜老人在昆明畅游了数天,又同李泽厚、杨辛等北大学长、美学同行结伴同游了峨眉山、乐山、成都,然后穿过长江三峡东下。心情的畅快,自不待细说——这是我有生以来第一次漫游西南,有着十分新鲜的感受。然而,真正深刻感受到审美的激动,却是在我乘船出长江三峡进入枝江江面眼看夕阳西下的那一瞬间:"就在这夕阳西下的一瞬间,我的心灵颤动了,心潮起伏,内心深处激起了一股激情,无法平静,好像才第一次觉得人生是如此美好哦,禁不住在内心呼出:啊,世界多美好!"[1]第二次是在阐述审美体验与非审美体验的复杂关联时,您以波德莱尔的散文《点心》为例,先分析"平静的小湖"的美景如何唤醒诗人的审美经验,赏心悦目之中,人与自然融为一体,然后转录诗人记叙两个贫苦孩子为一块面包而"引起一场兄弟间相互残杀的战争",[2]自然的美景与现实生活竟如此不堪对比。第三次是在谈自然美与理想美的关系时,您以恩格斯年轻时代的散文《风景》为例,分析了恩格斯从自然美向崇高的理想美递进的心路历程,即审美体验的升华:当恩格斯从莱茵河道经英国进入海面的那个场面,"在你眼前的,是宽阔的自由大道",面对大海的恩格斯,抑制不住内心的愉悦,以至挥舞着帽子大声欢呼:"向自由的英国致敬。"[3]这三段分析文字,堪称美文,尤其是在一本理论著作中如此抒发情感,且与义理之阐释珠联璧合,给我极大的启迪和影响。三个例证,时空迥异,意旨多有不同,但又蕴涵着一个深刻的道理:人类对自然美、艺术美、社会美的体验,归根结底,如您所说:是"同自由感相联系的体验",反之,现实生活中的诸多体验往往是不自由的。对极"左"思潮窒息精神自由没有切身体验的人,恐怕很难理解您"京城蛰伏多年"的个中滋味,更不能理解您为何触景生情,发出"世界多美好"的呼声。

胡经之:谢谢你的理解和解读,只有穿透历史的迷雾,理解和解读才具有精神的自由。同样,自由感是审美体验的最高境界,

---

[1] 胡经之:《文艺美学》,《胡经之文集》第一卷,海天出版社,2015年版,第26-27页。

[2] 同上,第54-56页。

[3] 同上,第440-442页。

也是贯通自然美、艺术美、社会美的灵魂。波德莱尔的散文《点心》是杰出的艺术作品，其中自然景物的美和社会现象的丑形成了强烈的对比，自由感在此发生了复杂的转化：在美妙景色之中，诗人"感到内心中和宇宙建的绝对安宁"，在令人不安的现实面前，温馨的审美自在与和谐突转成成为伦理的困惑与质问，两个本该天真纯洁的孩子为什么会为了一块面包而像狼一样相互撕咬？由一己之自由推及整个人类的自由，并为之呼号、奋斗，永远是艺术美的灵魂。所以，恩格斯在《风景》中表现出来的情感，不仅是在为英国的自由而欢欣鼓舞，而且是在为德国争取自由而大声疾呼。可以说，只有在心灵深处蕴藏着追求人类自由的崇高理想，有高尚、健全的人格，我们才能更深刻地体验到自然赐予心灵自由的愉悦之感。我同意你对我在枝江江面面对夕阳西下那一瞬间爆发的审美激情的解读，我们这一代人，身心所遭逢的压抑，后人恐怕很难理解的。中国古代知识分子，为何喜欢寄情于山水？显然不是一个纯粹自然美的问题，蔡元培提倡美育，就是想通过自然、艺术，陶冶国民情操、培养公民独立自由的人格意识。我常引用罗曼·罗兰的一句话："要有光！太阳的光明是不够的，人，必须有心灵的光明。"是的，人只有外在的光是不够的，心灵也应该闪光。心灵闪光！这是孜孜不倦地追求真、善、美的有志者共同希冀达到的境界。艺术和美，是人类灵魂之光。文艺美学的使命正在于探索和揭示艺术这一灵魂之光的奥秘。艺无止境，对艺术奥秘的探索也将是无止境的。"以追问艺术意义和艺术本体为己任的文艺美学，力求将被遮蔽的艺术本体和价值重新推出场，从而去肯定人的活生生的感性生命，去解答人自身灵肉的焦虑。因此文艺美学将从本体论和价值论的高度、将艺术看作人把握现实的方式、人的生存方式和灵魂栖息方式。"①

　　马克思把艺术看作是掌握世界的一种方式，很有道理。人生活在这个世界上，必须既在实践上又在精神上去掌握这个世界，艺术是在精神上去掌握世界的方式。人生在世，要和周围世界融为一体，方能生存、发展和完善，艺术就是在精神上把人和周围世界融为一体，从而促进人类从实践上去改造世界，建立和谐世界。什么是本体？我心目中的本体，就是人的整个生活世界，是人和周围世界结为一体的共同存在，亦即是人生。人生是本体，但人生有美好的，也有丑陋的，更多的是平庸的，所以人生也有区别，什么是美好人生，什么是丑陋人生，什么是平庸人生，这就要作价值区分，因而，美学也要从人生论进入价值论。但人生的价值要由人来体验，方能领悟得到，所以美学还要从人生论、价值论进入体验论。我国古人早就已体会到，对人生要有自己的切身体验，"以身体之，以心验之"，但对"体验"本身还未作深入剖析。我在1961年参编《文学概论》时，集中力量读了西方学者如狄尔泰等论体验的著作，逐渐了解，体验是不同于认识活动和意向活动的一种独特的精神活动。我请留苏的老同学孙美玲从莫斯科买了一本鲁宾斯坦所作的《心理学的原则和发展道路》（1959年俄文版），其中有专论"体验"的一节，深得我心："人的意识不只包含知识，而且也包含由于人的需要、利益等的关系而对世界上对他又有意义的东西的体验。由此在心理中就产生了动力的倾向和力量；……意识就不单是消极的反映，而且也是关系，不只是认识，而且也是评价、肯定或否定、企求或排斥。"从此，我就一直关注着体验论。

---

　　① 胡经之：《文艺美学》，《胡经之文集》第一卷，海天出版社，2015年版，第9页。

体验是人类从精神上掌握世界的一种方式，区别于认知活动和意向活动，总是带着感情来看世界，以情观物，从而在体验中获得审美愉悦。但体验并不只是停留在自身，根本目的还在掌握世界。世界浩荡，有自然世界，人文世界，精神世界等等。我对天地自然之所以情有独钟，那是因为深感大自然不仅是价值的载体，而且还是价值的源泉。人文世界、精神世界也是从自然界中生成、发展出来的，大自然是母体。1875年，马克思针对德国社会民主党纲领中所说的"劳动是一切财富和一切文化的源泉"，作了尖锐的批评"劳动不是一切财富的源泉，自然界同劳动一样也是使用价值（而物质财富就是由使用价值构成的！）的源泉。劳动本身不过是一种自然力即人的劳动力的表现。"马克思不仅同意这种说法：土地是母亲，劳动是父亲，而且，还进而肯定：大自然是第一源泉。我从自己的人生体验出发，领悟到人生三大维度，第一还是自然维度，第二方为人文维度，第三乃是精神维度，大自然乃是人得以生存、发展和完善的基础。没有人，大自然仍然存在；人却不能离开大自然而存在。大自然是母体、本原，有了大自然才有人类，才生成社会。

聂运伟：当我们把艺术看作人把握现实的方式、人的生存方式和灵魂栖息方式、把自然看作净化心灵的审美场所的时候，审美的实践性就必然彰显出来。我个人以为，二十世纪以来，美学研究领域里的文化转向，正是人类生存方式发生巨变的一种表现，文化工业的诞生与发展、个体自由选择空间的日益扩大、都市大众文化的兴起与繁荣等等，使得传统对于文艺、自然的静观式审美开始受到追求刺激、欲望享受的现代动态式审美的强劲冲击，以至我们不得不把当下审美的生产和消费看作是一种细化到日常生活每一个细节里的新的文化样式，并用新的审美概念去解释它。这大概就是您说的:"文化美学应时生"。

胡经之:中国在迅速走向现代化的过程中,各种文化现象纷纷涌现,时而令人振奋,又时而使人困惑、眼花缭乱,前现代、现代和后现代同时并存,共时杂错。文化研究把视角转向当下现实,捕捉社会实际中复杂现象,深入剖析,理属当然。我1984年到深圳后,最早接触的大众文化、通俗艺术是从港台传入的。第一次看到台湾歌星奚秀兰放歌《阿里山的姑娘》,引起了我的一种惊奇感。这位歌星在台湾并非一流,歌喉只能说圆润,说不上优美,更称不上高雅,但那唱法却很新颖,充满生命活力,富有青春动感,表情甚为丰富,洋溢着生活气息,给人以一气呵成的鲜活之感。过去,习惯了太多的沉闷、迟缓、拖沓的节奏,突然听到了充满青春活力的歌曲,一下感到惊奇,歌还能这么唱,世上还有这样的歌!以后,又听到了三毛的歌曲、邓丽君、蔡琴、费玉清等的演唱,更加深了我的印象:这同传统的审美已有了很大的不同。我对大众文化,既不一概否定,又不一概肯定,其中优秀之作蕴含着真善美,但也不乏低劣之作,更多的是平庸之作,需要作美学的分析。所以,在完成文艺美学的主要阐述后,开始走向文化美学。

聂运伟:胡老师,因为时间关系,我不能再就文化美学的问题和您深聊了。我知道您对于文化美学的研究,提出了许多重要的话题,比如文化的价值属性、研究文化也需要美学、特别是研究大众文化必须与对高雅文化的研究结合起来,寻求两者之间的审美共性,以此消解大众文化中低俗的商业化倾向等等。我想问的问题是,依您个人的审美体验,您认为古典审美与现代审美可以融合吗?

胡经之：我认为，两者的融合是锻造现代审美精神的唯一途径。理论上不多说了，以我自己切身的体验而言，现代审美往往有细腻的感性体验，但缺少心灵的深掘。刚来深圳的时候，不时来往于香港，看了许多港台小说，先是琼瑶的爱情小说，继而看亦舒的爱情小说，后来再看梁凤仪的财经小说，我很惊叹这些小说里扑朔迷离、惊心动魄的情节设计，惊异作者由对女性内心世界的细微勘探，曲折表现出人世的兴衰沉浮，坦率地说，阅读这些作品，入乎其内易，情感层面很容易受到它的感染，但出乎其外则难，因为作品的审美精神缺少净化心灵的向度和气质，更缺乏精神的体验和超越当下的反思力量。许多理论家由此断定现代审美与古典审美不可通约，此论过于绝对。我年少深受古典审美的熏陶，对世界名曲一向充满崇敬。第一次听到当代钢琴王子克莱德曼演奏他自己改编的古典名曲，我的直觉是：这些古典名曲和我们亲近了，融进了我们的现代生活。他对古典乐曲作了现代阐释、赋予了现代气息、加快了节奏，多了自由发挥，既符合现代人的审美趣味，又完整地表达了经典世界的深邃意境和高雅的品质。面对审美文化格局的新变，我们应该把探索大众文化、高雅文化的各自特点及相互关系，综合起来研究，而不是割裂开来；在互相渗透中把握发展趋向，切实研究、探讨两者融合的具体案例，而不是空谈理论假设。如此，我们才能让文化美学的目的真正落实到个体人格的健全与完善之上。润物细无声，审美是一种人类精妙的精神活动，当能直接影响人的思想感情，正如席勒所说，或使人精神振奋，或使人精神松弛，但都使人获得审美的乐趣。孔夫子早已悟得，"知之者不如好之者，好之者不如乐之者"，所以人类需要美育。但审美的作用，不仅在当下给人以乐趣，而且潜移默化，培养了人的情趣，塑造美的人格、自由个性，造就蔡元培所说的"完全的人格"。审美还有第三个功用，那就是在提高审美能力之后，进而提升创美实践能力，按马克思所说，运用美的规律来改造世界。人类在改造世界的历史发展过程中，如恩格斯之所说已有两次提升。一次是"在物种关系方面"，人从动物中提升了出来；一次是从"社会关系方面"的更高一层的提升。我觉得，我们现在又在经历第三次提升，那就是在"精神关系方面"的进一步提升，美学应在这第三次提升中发挥更大作用。马克思说得更具体，人应从"人依赖人"的境遇中解放出来，进而还要从"人依赖物"的境遇中解放出来，发展"自由个性"；而且，不是少数人，而是人人能得到自由而全面的发展。那么，美学的作用将越来越重要，不少哲学家把美学列为第一哲学，确有道理。

聂运伟：胡老师，在当下，我们该如何把哲人深邃的审美思辨和古典的审美情思转化为日常生活的审美样式呢？很想听听您的具体建议，向您学习，为自己设计一个优雅的晚年生活方式。

胡经之：随着岁月的流逝，我越来越领悟到，顺应自然的生活应是简朴的生活，如庄子所言"应物而不累于物"。暴饮豪食，暴殄天物，不仅伤害自然，亦乃自我戕害。人应以最少的时间和精力来满足自己的基本需求后，要多花时间和精力去读书、思索、漫步、游泳、赏乐。过简朴的生活，为的是追寻更丰富的精神生活。适者生存，善者优存，美者乐存。心有真善美的追求，才有完美的人生。我写过一首《感悟》：人生苦短波折多，不如意事常八九，尚幸留得平常心，犹持真善美追求。明年欣逢我国改革开放四十周年，深圳大学正在筹建校史馆。我是当年深圳大学初建时从北大、清华来支援的教师中侥幸还在此的最年长的一个了，一定要我回忆一下当初，还要简明扼要归纳一下人生，我写下了四句："乐读万卷书，好作万里行；心向真善美，敬重天地人。"读了万卷书有什么收获？正好，中国文字著作权协会给我寄来一份我的文字著作统计表，要我填上精确数字，我认真查阅了一下，我这一生只是写了三百多万字的文章，收在我的文集中了。但我主编了好几种高校教材和教学参考书，却有八百万字左右，这也可算是一种学以致用。至于万里行，早超过了，特别是到深圳以后，差不多每年都要出去考察，体察世界。一位友人还为我大略估算了我的游泳记录，竟已超过了一万次。我爱音乐，七十岁以后，天天要弹钢琴，自奏自乐，能背下来的乐曲也有百首了。按马克思的理解，生活领域广阔多样，他不时提及的就有物质生活、政治生活、精神生活和社会生活。到二十世纪初期，德国文德尔班就竭力倡导人生哲学，鼓励人类应追求有价值有意义的生活，他的《哲学导论》（蔡元培自己说，出版于1927年的《简易哲学纲要》就脱胎于此书）一书中，生活就包括了更多：社会生活、政治生活之外，还有道德生活、宗教生活、科学生活、艺术生活和审美生活。生活真的可以是丰富多彩，但我迈入晚年之后，更追求过简朴的生活，物质生活越来越简化，能满足生存的需要就可以了，无什奢求。万里行也到此为止，连近侧的香港、澳门也不去了，已力不从心。但我的学术生活和审美生活却要求越来越精致，虽还在博览群书，但发生兴趣的只在少而精之处。人从大自然中来，最后还是要回到大自然中去，越到晚年，就越要返璞归真，过简朴生活。唐代禅师青原惟信有一段精彩之论，时常浮现于我的脑海之中："老僧三十年前未参禅时，见山是山，见水是水。及至后来，亲见知识，有个入处，见山不是山，见水不是水。而今得个休歇处，依前，见山只是山，见水只是水。"我没有参过禅，不懂得参禅以后，有了知识，怎么会见山不是山，见水不是水。后来，我在《古尊宿语录》中见到了又一高僧的体悟："山僧近来非昔人也，天是天，地是地，山是山，水是水，僧是僧，俗是俗，别也，非昔人也。有人问：未审已前如何？山僧往时，天是天，地是地，山是山，水是水，僧是僧，俗是俗，所以迷情拥蔽，翳障心源，如今别也。"这位高僧也曾经历了"迷情拥蔽，翳障心源"的中间阶段，但最后经过彻悟，又返璞归真："直下摆脱情识，一念不生，证本地风光，见本来面目。"方知山中高僧，也会"迷情拥蔽"，受到干扰，"翳障心源"，本象遮蔽了。反思自己，我却也曾体会到，年少时无多少知识，见山是山，见水是水，体验到自然之美。到读了很多书，要做学问了，听百家言，各说各的理，莫衷一是，时常被引入知识的迷宫，被多种学说所迷惑，见山不是山，见水不是水了，而被所谓的"学说"所遮蔽。而到了晚年，"得个休歇处"了，就抛开各种"阐释"，从自己的知觉体验出发，见山还是山，见水还是水，回归本真，通过审美体验，获得美的享受，这也是一种返璞归真。

聂运伟：感谢您说了这么多，畅谈自己的人生价值体验，使我们度过了美好的一天。祝您身体健康，再书审美新篇章。

胡经之：我喜爱敞开心扉自由谈，欢迎您下次再来家里品茗畅谈。

《中外论坛》主编聂运伟教授来访、畅谈。访谈录刊于《长江文艺评论》2018年第4期。现收入文选，作为附录。

附录一

胡经之写作年表

1958年

《关于革命的现实主义与革命的浪漫主义相结合》，发表于《文艺报》1958年第23期。

1959年

《理想与现实在文学中的辩证结合》，发表于《文学评论》1959年第1期。

《谈谈〈野火春风斗古城〉》，该书列入"全国读书运动辅导丛书"，上海文艺出版社。

《王愿坚的短篇小说》，发表于《语文学习》1959年5月号，后由中央人民广播电台播放。

1960年

《〈七根火柴〉简析》，由中央人民广播电台播放，后收入《阅读和欣赏》，北京出版社（1980）。

1961年

《为何古典作品至今还有艺术魅力》，副博士毕业论文，发表于《北京大学学报》1961年第6期。

1963年

《文学是反映社会生活的特殊的意识形态》，此文为蔡仪主编《文学概论》一书的第一章，1963年内已铅印成册，在多所高校试用；1979年由人民文学出版社公开出版。

1979年

《文学——语言的艺术》，发表于《百科知识》1979第3期。
《艺术的民族特色》，发表于《光明日报》1979年12月19日。

1980年

《中国美学史方法论略谈》，在中华全国美学学会成立大会上宣读，发表于《北京大学学报》1980年第6期。

1981年

《比较文艺学漫说》，《光明日报》1981年2月25日。
《美学与"红学"》，《光明日报》1981年11月30日。
《枉入红尘若许年——谈〈红楼梦〉里的顽石故事》，《红楼梦研究集刊》第六辑，上海古籍出版社。
《论艺术形象》，发表于《文艺论丛》第12辑，上海文艺出版社；后收入《中国新文艺大系·理论一集》中国文联出版公司（1988）；又为布洛克、朱立元选入英文版《中国当代美学》一书。
《论艺术掌握——兼论人对世界的审美掌握》，发表于《求是学刊》1981年第2期；后收入《马列文论百题》一书，陕西人民出版社1982年。

《艺术的意境》,发表于《词刊》1981年第2~3期。

1982年
《文艺的伟大使命》,发表于《北京大学学报》1982年第3期。
《艺术的美》,发表于《舞蹈论丛》,1982年第1辑。
《文艺美学及其他》,发表于《美学向导》北京大学出版社;后收入钟敬文、启功主编的"二十世纪全球文学经典珍藏丛书"中的《二十世纪中国文论经典》,北京师范大学出版社2004年。

1983年
《"红学"与美学》,《红楼梦研究集刊》第十二辑,上海古籍出版社。

1984年
《学贯中西艺论精(读〈中国画论研究〉)》,先发表于《光明日报》,后收入《新华文摘》1984年第11期。

1985年
《人生体验笔底流——郑板桥评传》,载于《中国历代著名文学家评传》,山东人民出版社。
主编《文艺美学论丛》第1~3辑,内蒙古人民出版社,1985—1987年;撰有《文艺学:对文学艺术的系统研究》《论接受美学》等文。

1986年
主编《西方文艺理论名著教程》,北京大学出版社,撰《导论:西方文艺理论发展历程》;教学配套参考书《西方文艺理论名著选编》三卷,同时出版。

《中西审美体验论》,和王岳川合撰,发表于《文艺研究》1986年第5期。

《论审美体验》,和王岳川合撰,发表于《北京大学学报》1986年第8期。

《当代美学的嬗变》,在香港中文大学新亚书院所作演讲,1986年5月12日;后收入《胡经之文集》第一卷。

1987年

主编《中国现代美学丛编》,北京大学出版社,撰《前言》和《后记》。

《艺术美的探求》,和荣伟合撰,发表于《深圳大学学报》1987年第4期。

《论审美活动》,发表于《深圳大学学报》1987年第10期。

1988年

《西方二十世纪文论史》,和张首映合著,中国社会科学出版社;教学配套参考书《西方二十世纪文论选编》四卷,同时出版。

主编《中国古典美学丛编》三卷,中华书局;撰《序言》和《后记》。

《作为诗本体的艺术意境》,发表于《文艺理论研究》1988年第12期。

1989年

《文艺美学》,北京大学出版社,该书列入"北京大学文艺美学丛书";后《虚实相生取境美》一节,收入《高中语文读本·第五册》,人民教育出版社2001年。

《艺术本体真实性》,发表于《文艺研究》1989年第5期。

《精神文化与审美教育》,发表于《深圳大学学报》1989年第

7期。

《〈文心雕龙〉：文化融合的结晶》，发表于《北京大学学报》1989年第10期。

《艺术的审美价值》，1989年春为文艺学研究生所作的讲稿；后收入《胡经之文集》第一卷。

1990年

《比较诗学与比较美学》，原为中国文化书院所设"比较美学"一课的论纲；后收入《比较文学与比较美学》，暨南大学出版社。

《情系特区笔底真》，发表于《深圳特区报》1990年12月10日。

1991年

《流水人生》，发表于《特区文学》1991年第12期。

1992年

《现代文艺学美学方法论》，和王岳川合撰，发表于《深圳大学学报》1992年第12期。

1993年

《唱晚岭南应无悔》，发表于《深圳特区报》1993年10月3日。

1994年

《文艺学美学方法论》，和王岳川主编，北京大学出版社；并与王岳川合撰《绪论：文艺学美学方法论透视》。

1995年

《自成特色的深圳文化》，发表于《特区理论与实践》1995年第10期。

1996年

《走向新世纪的当代文艺学》，发表于《文艺理论研究》1996年第6期。

1997年

《走出家门是香港》，发表于《光明日报》1997年10月15日。

1998年

《世界华文文学的精神魅力——兼论世界华文文学新格局》，发表于《文学评论》1998年第2期。

《学术文化应瞻前》，发表于《特区理论与实践》1998年第9期。

1999年

《艺术创造为人民——邓小平文艺理论的美学基石》，和刘楚材合撰，发表于《广东艺术》1999年第3期。

《融合中西铸新范——我的美学期望》，发表于《文艺理论研究》1999年第1期。

《文艺美学的反思》，发表于《文艺理论研究》1999年第4期。

《艺术：按美的规律创造》，发表于《文艺研究》，1999年第4期。

《珍重天地自然美》，1999年为《人与自然》（海天出版社2003年）所作的总序。

《深圳文艺：寻找自己的路》，载于《圈点与追问——深圳文艺评论文选》，花城出版社。

《文艺美学》，北京大学出版社，1999年第二版；本书列入"北京大学文艺美学精选丛书"。

2000年

《文艺美学论》，华中师范大学出版社，列入钱中文、童庆炳主编的"新时期文艺学建设丛书"。

《超越古典：文艺美学新方向》，发表于《文艺理论研究》2000年第1期。

《美育：为了人的完善》，发表于《文艺理论研究》2000年第1期。

《深圳艺术之路》，载于《深圳文艺20年》，花城出版社，同时在《文艺报》刊载。

2001年

《走向文化美学》，发表于《学术研究》2001年第1期。

《面向当下现实——发展当代文艺学必由之路》，发表于《马克思主义美学研究》2001年第1期。

《论艺术创造》，载于《论艺术创造》，中国社会科学出版社。

《人生难得此回搏》，发表于《大地》2001年第20期。

《胡经之文丛》，作家出版社。

主编《中国古典文艺学丛编》三卷，北京大学出版社；撰序言。

2002年

《文艺学向何处去》，发表于《马克思主义美学研究》，2002年第4期。

《中华文化如何走向世界》，《深圳大学学报》，2002年第12期。

2003年

《西方文艺理论名著教程》第二版，上下两卷，北京大学出版社。

《言不尽意：语言的困惑与文学理论的拓展》，和李健合撰，发表于《深圳大学学报》2003年第5期。

《焕发新审美精神》，发表于《马克思主义美学研究》，2003年第1期。

2004年
《寻求中国古典文艺学、美学范畴研究的新思路》，发表于《阜阳师范学院学报》，2004年第1期。

2005年
《生活审美化，艺术应何为》，发表于《文艺报》2005年10月27日，后收入《胡经之文集》第四卷。

2006年
《应感论》，和李健合撰，发表于《南京师范大学文学院学报》，2006年6月。
《中国古典文艺学》，和李健合著，光明日报出版社。
《杨晦、周扬与文学理论教材建设——胡经之先生访谈录》，由李世涛访谈，发表于《云梦学刊》2006年5月。
《生态之美究何在》，载于《人与自然：当代生态文明视野中的美学与文学》，河南人民出版社。

2007年
《文艺评论求创新》，为"深圳文艺理论批评丛书"所作总序，海天出版社。
《建构新世纪中国文艺学的主体性——胡经之教授访谈·三代学者的对话》，由王晓华等访谈，发表于《中文自学指导》，2007年第2期。

2008年
《梁启超的美学贡献》，发表于《社会科学战线》2008年第7期。

2009年
主编《中国古典美学丛编》，凤凰出版社；重写《序论》。

2010年
《美学伴我悟人生》，发表于《美与时代（下半月）》，2010年第2期。

2011年
《周扬北大讲美学》，发表于《三周研究》2011年第10期。

2012年
《燕园谈艺再论道——周扬在北大谈文艺与政治之关系》，发表于《艺术百家》2012年第6期。

2013年
《中华文明重和美》，载于《世界和谐的通途》，新华出版社。
《蔡元培的美育精神》，发表于《艺术百家》2013年第5期。
《诗意的裁判与文艺的价值——文艺理论家胡经之访谈》，由熊元义访谈，发表于《文艺报》2013年9月9日。

2014年
《文艺美学试探路》，由李世涛访谈，载于《中国当代美学口述史》，中国社会科学出版社。
《"谁解其中味"——〈红楼梦〉意蕴再思索》，和陈伟合撰，《艺术百家》2014年第5期。

《天地大美而不言》，为《拨动宇宙的琴弦——跨越137亿年的审美之旅》（上海交通大学出版社）所作序。

2015年

《胡经之文集》五卷（第一卷《文艺美学》、第二卷《中国古典文艺学》、第三卷《比较文艺学》、第四卷《文化美学》、第五卷《美的追寻》），海天出版社。

2016年

《文艺美学及文化美学》，复旦大学出版社，列入朱立元、曾繁仁主编的"当代中国文艺学研究文库"。

《西方文艺理论名著教程》第三版，上下两卷，北京大学出版社。印刷已达15次。

2017年

《胡经之自选集》，中山大学出版社，列入慎海雄主编的"广东省优秀社会科学家文库"。

2018年

《美学论说二题》，发表于《中文论坛》2018年第1期。

《落日余晖仍从容 最美海上夕阳红——胡经之先生访谈录》，由聂远伟访谈，《长江文艺评论》2018年第4期。

2019年

应北京大学严家炎之邀，撰《难忘恩师引路情》，在北京大学"纪念杨晦120年诞辰"会上宣读。

中国现代美学大家文库

《美在境界——王国维美学文选》
《美育与人生——蔡元培美学文选》
《美是情趣与意象的契合——朱光潜美学文选》
《美从何处寻——宗白华美学文选》
《美即典型——蔡仪美学文选》
《从美感两重性到情本体——李泽厚美学文录》
《从美的理念到美的实践——汝信美学文选》
《美在创造中——蒋孔阳美学文选》
《实践本体论美学思想——刘纲纪美学文选》
《体验人生价值美——胡经之美学文选》
《美是和谐——周来祥美学文选》
《美的哲学——叶秀山美学文选》
《审美是自由的生存方式——杨春时美学文选》
《实践存在论美学——朱立元美学文选》
《生态美学——曾繁仁美学文选》

图书在版编目（CIP）数据

体验人生价值美：胡经之美学文选 / 胡经之著. —济南：山东文艺出版社，2020.1
ISBN 978-7-5329-5970-9

Ⅰ.①体… Ⅱ.①胡… Ⅲ.①美学—文集 Ⅳ.①B83-53

中国版本图书馆CIP数据核字（2019）第236932号

体验人生价值美
——胡经之美学文选

胡经之　著

主管单位	山东出版传媒股份有限公司
出版发行	山东文艺出版社
社　　址	山东省济南市英雄山路189号
邮　　编	250002
网　　址	www.sdwypress.com
读者服务	0531-82098776（总编室）
	0531-82098775（市场营销部）
电子邮箱	sdwy@sdpress.com.cn
印　　刷	山东临沂新华印刷物流集团有限责任公司
开　　本	890毫米×1240毫米　1/32
印　　张	12.75
字　　数	306千
版　　次	2020年1月第1版
印　　次	2020年1月第1次印刷
书　　号	ISBN 978-7-5329-5970-9
定　　价	78.00元

版权专有，侵权必究。如有图书质量问题，请与出版社联系调换。